今すぐ使えるかんたん

Photoshop Elements《フォトショップエレメンツ》 やさしい入門

2023/2022/2021 対応版

Imasugu Tsukaeru Kantan Series
Photoshop Elements
Yasashii-Nyumon

Windows & Mac 対応

技術評論社

本書の使い方

- 画面の手順解説だけを読めば、操作できるようになる！
- もっと詳しく知りたい人は、両端の「側注」を読んで納得！
- これだけは覚えておきたい機能を厳選して紹介！

機能ごとにまとまっているので、「やりたいこと」がすぐに見つかる！

Section 73

背景をほかの写真に置き換えよう

被写体はとてもよいのに背景がイマイチという写真は結構あ
編集］の背景の置き換えを利用すると、手持ちの写真やイラ
置き換え用の模様も用意されています。

操作前・操作後のイメージを示しています。

BEFORE 背景を見栄えよくしたい

AFTER 背景が紅葉になった。

具体的な操作内容の見出しです。

1 背景の写真を読み込む

❶写真をElements Editorで開いておきます。

❷［ガイド］の［特殊編集］をクリックし、

❸［背景の置き換え］をクリックします。

KEYWORD 背景の置き換え

「背景の置き換え」は、前景にする写真を選択しておいて、背景にする写真を変えたり、背景を削除したり、プリセットから模様を選択することで置き換えることができます。また、自分の写真を背景画像にすることもできます。

214

補足説明

操作の補足的な内容を「側注」にまとめているので、よくわからないときに活用すると、疑問が解決！

MEMO 補足説明

HINT 便利な操作

KEY WORD 用語の解説

STEP UP 応用操作解説

番号付きの記述で操作の順番が一目瞭然です。

④［背景を置き換え］パネルが表示されます。

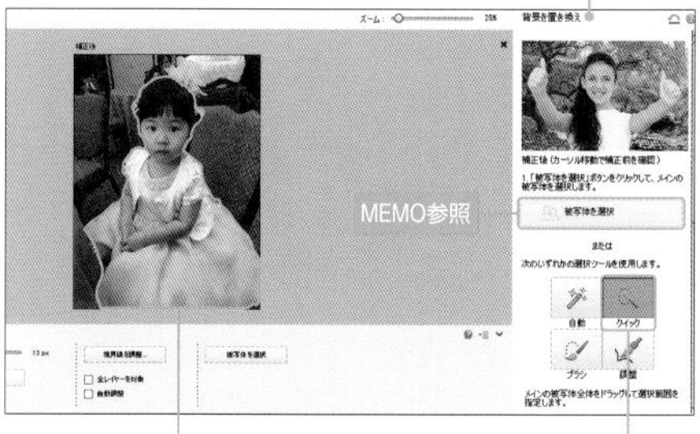

MEMO参照

⑥被写体（残す部分）をドラッグしながら選択します。

⑤［クイック］をクリックして、

HINT参照

⑦［プリセット］をクリックすると、

⑧［背景プリセット］が表示されます。

⑨好みのプリセットをクリックしてプレビューしてみます。

⑩プリセットを確定したら、

⑪［OK］をクリックします。

⑫［次へ］をクリックして保存します（P.185参照）。

MEMO

被写体の選択

被写体の選択には、4つのツールが用意されています。いずれかを利用して、被写体の選択範囲を作成します。

①自動（オートセレクション）
選択したい被写体の周囲をドラッグすると、選択範囲が自動的に作成されます（P.167のHINT参照）。

②クイック
選択する範囲をクリックまたはドラッグすると、テクスチャに基づいて範囲が選択されます。

③ブラシ
選択したい被写体を塗りつぶすと、選択されます。

④調整
選択エリア調整ブラシツールによって、エッジの自動検索が行われて、選択範囲の領域を変更することができます。

HINT

背景の選択

手順⑦では、置き換える写真をプリセットにしていますが、［なし］をクリックすると背景が削除され、［カラー］をクリックすると色を選択して背景にすることができます。また、［写真の読み込み］をクリックすると、写真を選択画面が表示されるので、手持ちの写真を背景として配置できます。

7 ガイドモードで印象的な写真を作ろう

215

補正・加工一覧

- 本書で解説している補正と加工の一覧です（2022、2023は各バージョンでの新機能）。それぞれの具体的な手順については、各ページを参照してください。
- これ以外に、スライドショーの作成、はがきやコラージュの作成、写真の整理や保存／印刷方法、写真の公開についても解説しています。

ぼけを補正する ……………… P.102

鮮やかさを補正する ……………… P.104

逆光の明るさを補正する ……………… P.106

明るさと色合いを同時に補正する …… P.108

手ぶれを補正する ……………… P.110

かすみを除去する ……………… P.112

幅を自然に縮める …… P.152

好きな形に切り抜く …… P.156

傾きを補正する …… P.182

一部だけ色を残す …… P.186

明るさを追加する …… P.188

一部をスケッチ風にする …… P.190

キャンバスに描いたように見せる …… P.192

トイカメラで撮ったように見せる …… P.194

彦根

AKI

MANA

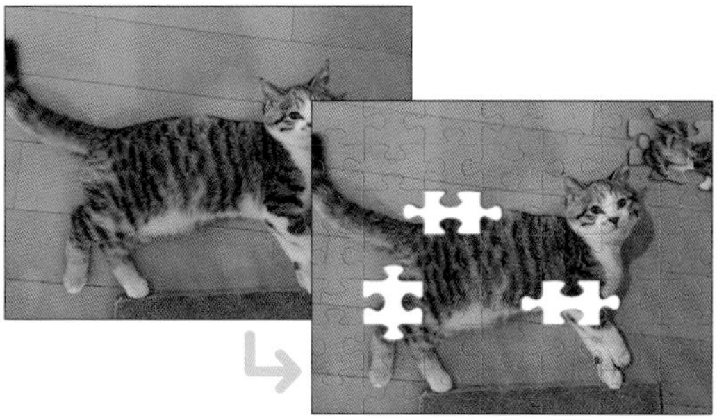

目次

Chapter 8 RAW現像を楽しもう

Chapter 9 写真を印刷しよう

サンプルファイルのダウンロード

本書で使用しているサンプルファイル（人物、動物等は除く）は、以下のURLのサポートページからダウンロードすることができます。ダウンロードしたときは圧縮ファイルの状態なので、展開してから使用してください。なお、サンプルファイルは本書操作の一助として提供していますので、個人での使用に限ります。SNSやWebサイト等への公開は不可といたしますので、あらかじめご理解の上ご利用ください。

https://gihyo.jp/book/2023/978-4-297-13257-6/support

本書をお読みになる前に

- 本書に記載された内容は、情報の提供のみを目的としています。したがって、本書を用いた運用は、必ずお客様自身の責任と判断によって行ってください。ソフトウェアの操作や掲載されているプログラム等の実行結果など、これらの運用の結果について、技術評論社および著者、サービス提供者はいかなる責任も負いません。
- 本書記載の情報は、2022年11月現在のものを掲載しています。ご利用時には変更されている場合もあります。ソフトウェア等はバージョンアップされる場合があり、本書での説明とは機能内容や画面図などが異なってしまうこともあり得ます。本書ご購入の前に、必ずバージョン番号をご確認ください。
- 本書の内容は、以下の環境で動作を検証しています。

  Adobe Photoshop Elements 2023
  Windows 11 ／ macOS Big Sur
- ショートカットキーの表記は、Windows版Photoshop Elementsのものを記載しています。macOS版Photoshop Elementsで異なるキーを使用する場合は、( )内に補足で記載しています。

以上の注意事項をご承諾いただいた上で、本書をご利用願います。これらの注意事項をお読みいただかずにお問い合わせいただいても、技術評論社および著者、サービス提供者は対処しかねます。あらかじめ、ご承知おきください。

Chapter

1

Photoshop Elementsをはじめよう

Photoshop Elementsは、写真の編集や管理を行うフォトレタッチアプリケーションです。ここでは、Photoshop Elementsとはどういうアプリなのか、機能の紹介とともに、インストールの方法、起動と終了方法など、Photoshop Elementsを使えるようになるための準備について解説します。

Photoshop Elementsとは

Photoshop Elementsは、写真の編集や管理を行うフォトレタッチアプリケーションです。撮影した写真をパソコンに取り込んで、写真の補正や編集を行うPhotoshop Elements Editorと、写真を管理するElements Organizerに分かれています。

1 Photoshop Elementsはフォトレタッチアプリケーション

❶デジタルカメラやスマートフォンで撮影した写真をもとに、

❷補正や加工、修正、ポストカードの作成などを行うことができます。

KEYWORD **Photoshop Elements**

Adobe Photoshop Elements（以降Photoshop Elementsと表記）は、アドビが開発・販売する入門者向けのフォトレタッチアプリケーションです。

デジタルカメラやスマートフォンからパソコンに写真を取り込んで、かんたんに整理・補正・加工することができます。

HINT **Photoshop Elementsを購入するには？**

Photoshop Elementsは、家電量販店やアドビのオンラインストアなどで購入できます。単体パッケージのほかに、ビデオ編集アプリケーションの「Premiere Elements」とセットになったパッケージも販売されています。

なお、アドビのWebページでは、30日間無料で使用できる体験版をダウンロードすることができます（App.02参照）。体験版を試用してから、製品版の購入を検討してもよいでしょう。

2 写真の補正と加工、合成を行う

かすみを除去する

かすみを除去して鮮明な写真に仕上げます。
色みを補正する
明度や彩度を調整して立体感をもたせます。

MEMO

写真の補正

Photoshop Elementsの補正機能を利用すれば、写真を思い通りに補正することができます。手ぶれや色の補正もかんたんです（第4章参照）。また、RAWデータの補正も行うことができます（第8章参照）。

絵画風に仕上げる

絵筆で描いたように加工します。
コミックのような世界観を出す
ペンで描いたような輪郭や色合いに加工します。

MEMO

写真の加工

Photoshop Elementsは画質を変えたり、模様や特殊効果を付けたりすることで、写真を1つの「作品」に仕上げることができます。

レイヤー
さわやかな休日
レイヤーを重ねて合成写真を作ります。
さわやかな休日

MEMO

レイヤーによる合成

Photoshop Elementsには、複数の写真を合成するための「レイヤー」という機能が用意されています。レイヤーを利用すると、複数の写真を重ね合わせて、1枚の写真に合成することができます（第6章参照）。レイヤーには不透明度や描画モード、レイヤースタイルなどの特殊効果を与えることもできます。

Section
02
Photoshop Elementsをインストールしよう

Photoshop Elementsを購入する前に、パソコンで動作するか、利用条件を確認しましょう。製品版には、パッケージ版とダウンロード版が用意されています。ここでは、アドビのWebサイトからダウンロードしてインストールする手順を解説します。

1 Photoshop Elementsを利用するための条件

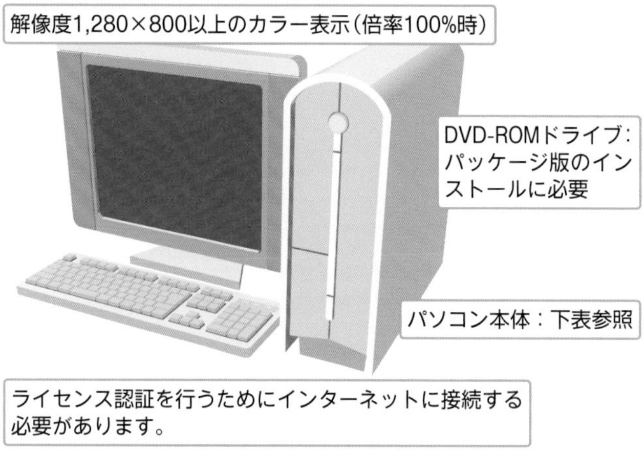

解像度1,280×800以上のカラー表示（倍率100%時）
DVD-ROMドライブ：パッケージ版のインストールに必要
パソコン本体：下表参照
ライセンス認証を行うためにインターネットに接続する必要があります。

Photoshop Elementsの動作に必要な条件

項　目	Windows	macOS
OS	Microsoft Windows 10バージョン21H1以降（バージョン21H2推奨）日本語版、Windows 11（バージョン21H2）日本語版（64-bit版のみ。Windows 7、Windows 8.1はサポート対象外）	macOS 11、macOS 12（12.4以降）
CPU	インテル第6世代以降またはAMDの同等以上のプロセッサー（SSE4.1サポートあり）	インテル第6世代以降のプロセッサー、Apple M1プロセッサー
RAM	8GB以上	8GB以上
ハードディスクの空き	5.8GB以上（オプションコンテンツをダウンロードするにはさらに20GB以上の空きが必要、右下のMEMO参照）	6GB以上（オプションコンテンツをダウンロードするにはさらに20GB以上の空きが必要、右下のMEMO参照）
その他	Microsoft DirectX 12互換のディスプレイドライバー	

MEMO
Photoshop Elementsの利用に必要なもの

Photoshop Elementsを利用するには、左図の条件を満たしたパソコンにPhotoshop Elementsをインストールします。Photoshop Elementsをはじめて起動する際には、Adobe IDを使ったサインインが必要になります。持っていない場合、インストール中に取得することができます（P.028参照）。

HINT
体験版の利用

Photoshop Elementsを購入する前に、体験版をインストールして動作確認することをおすすめします（App.02参照）。

MEMO
そのほかのインストール条件

左表の条件のほかに、ハードディスクに大文字と小文字が区別されるファイルシステムを使用している場合、外付けのフラッシュメモリーを利用したストレージデバイス上にはインストールはできません。

② Photoshop Elementsをダウンロードする

❶ Webブラウザーを起動して、「www.adobe.com/go/elements-esd」にアクセスします。

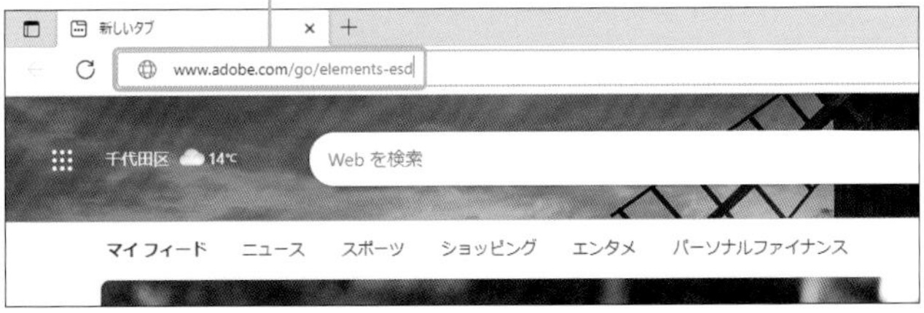

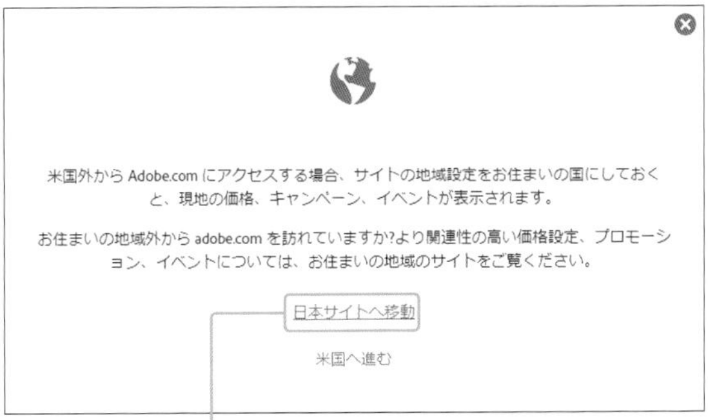

❷ [日本サイトへ移動] をクリックして、

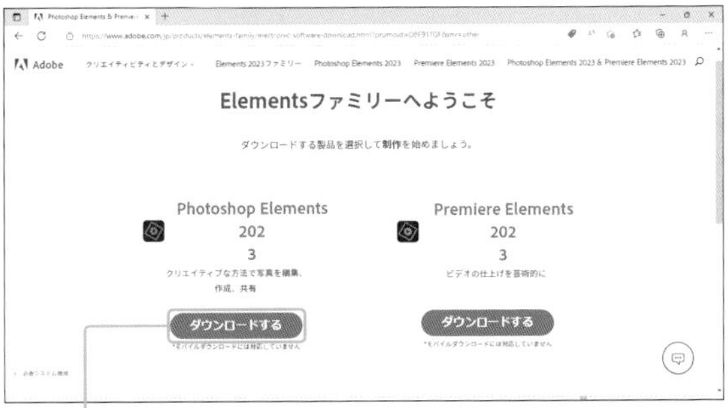

❸ Photoshop Elements 2023の [ダウンロードする] をクリックします。

❹「英語のページを翻訳しますか？」という画面が表示された場合は、

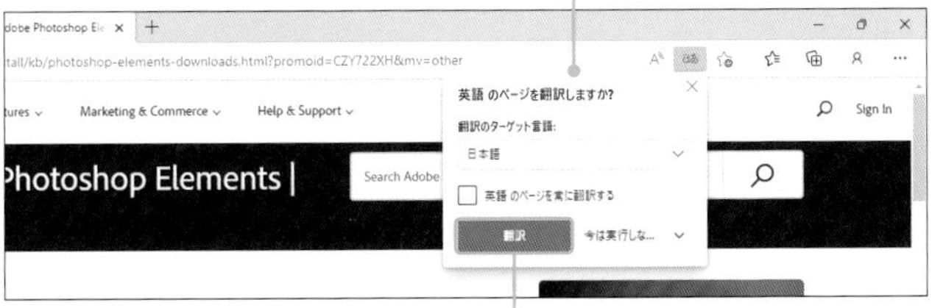

❺ [翻訳] をクリックします。

MEMO
パッケージ版のインストール

パッケージ版を購入した場合は、DVDをパソコンにセットして、[Adobe Photoshop Elements 2023] ダイアログボックスで [Adobe Photoshop Elements 2023をインストール] をクリックします。
ダイアログボックスが表示されない場合は、タスクバーの [エクスプローラー] アイコンをクリックしてDVD-ROMドライブを選択し、[Adobe Photoshop Elements 2023] フォルダーにある「Setup.exe」をダブルクリックします。

MEMO
ディスクでのインストール

Photoshop Elements 2023のディスクを購入した方は、ディスクをパソコンにセットして、[AutoPlay.exeの実行] をクリックし、画面に従って操作します。インストーラー画面からの手順は同様です。

❻「ウィンドウ用」の［ダウンロード64ビット］をクリックすると、

❼アプリがダウンロードされるので、

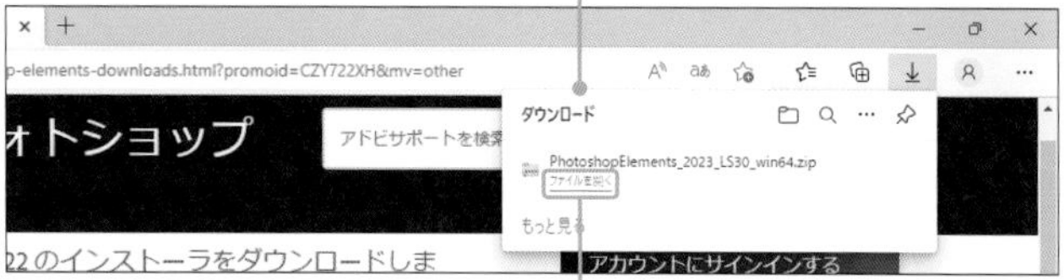

❽［ファイルを開く］をクリックします。

HINT

macOS版のダウンロード

macOS版のPhotoshop Elementsをインストールするには、手順❻で「macOSの場合」の［ダウンロード］をクリックします。

MEMO

ファイルを開く

手順❽で［ファイルを開く］をクリックするかわりに、エクスプローラーを表示して、［ダウンロード］フォルダーを表示し、インストーラーファイルをダブルクリックしてもかまいません。

3 Photoshop Elementsをインストールする

❶ダウンロードしたインストーラーファイルが表示されるので、

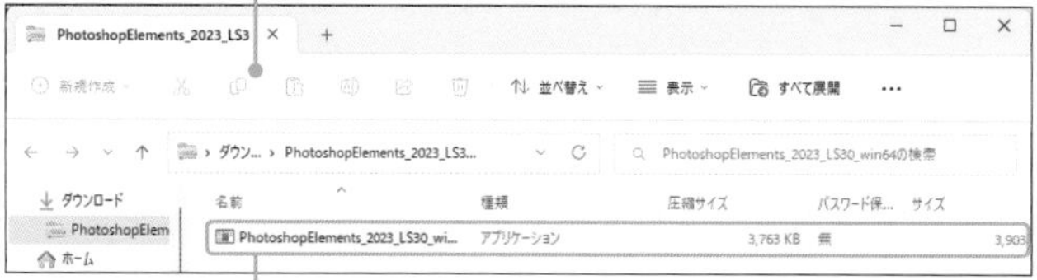

❷ダブルクリックします。

❸［ログイン］画面が表示されるので、

❹［アカウントを作成］をクリックします。

MEMO

アカウントの作成

手順❸の画面で、アカウントを作成することができます。アカウントの作成には、メールアドレスと任意のパスワード、氏名の入力が必要です。登録したメールアドレスとパスワードは、Photoshop Elementsの再インストールや、アドビの各種サービスを受ける際に必要になるので、忘れないようにしましょう。

HINT

アカウントをすでに持っている場合

アカウントをすでに持っている場合は、手順❸の画面でAdobe IDのメールアドレスとパスワードを入力してログインします。

❺電子メールアドレスとパスワードを入力して、

❻[続行] をクリックします。

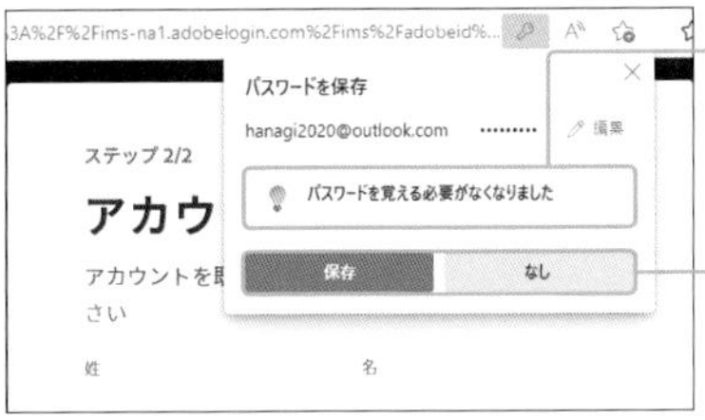

❼[パスワードを保存] 画面が表示された場合は、

❽[保存] あるいは [なし] をクリックします。

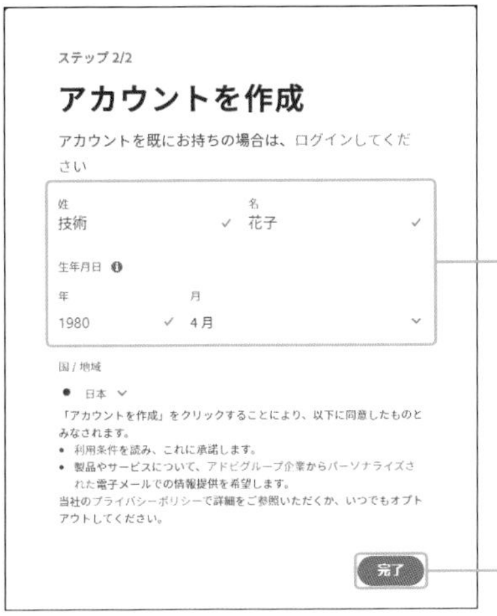

❾[姓] [名]、[生年月日] [国／地域] を入力あるいは選択して、

❿[完了] を クリックすると、

⓫ログインされます。

HINT

パスワードの保存

手順❽で [保存] をクリックすると、次回Webサイトにアクセスしたときに自動的に入力されるようになります。ただし、複数人でパソコンを使用している場合は、パスワードを保存しないようにしましょう。

MEMO

利用条件の同意

手順❿で [完了] をクリックすると、利用条件や電子メールでの情報提供、プライバシーポリシーに同意したとみなされます。[完了] をクリックする前に、これらの内容を確認しましょう。

⑫インストール画面が表示されるので、

⑬[続行]をクリックします。

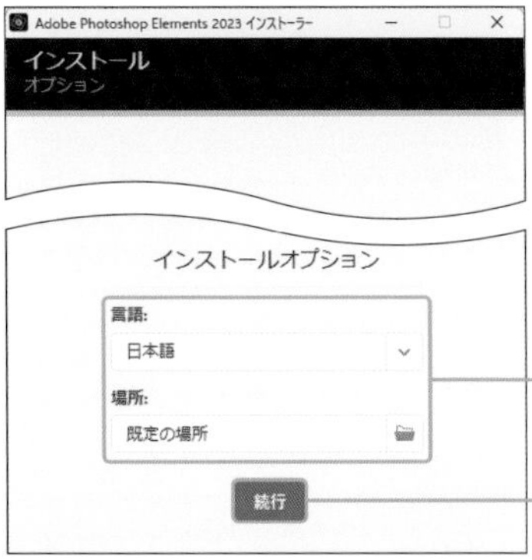

⑭[言語]に[日本語]、[場所]に[既定の場所]が指定されていることを確認して、

⑮[続行]をクリックすると、

⑯インストールが開始されます。

⑰インストールが完了すると、ホーム画面が表示されるので、

⑱[写真の編集]をクリックします。

HINT

インストールには時間がかかる

インストールが完了するまでには十数分ほどかかります。インストール画面に表示されている「インストール中」の%と残り時間を確認しましょう。

④ ライセンス認証を行う

① サインインの画面が表示されるので、

Adobe Photoshop Elements 2023
Adobe
サインインが必要です
Adobe ID でサインインしてください: hanagi2020@outlook.com。
(お客様の Adobe ID ではありませんか？)
サインイン

② [サインイン] をクリックします。

Adobe Photoshop Elements 2023
Adobe
スタートアップスクリーン
Photoshop Elements 2023 をどのように使用しますか？
ライセンス認証する
このソフトウェアを購入し、シリアル番号または引き換えコードがある。
今すぐライセンス認証
このソフトウェアを体験
このソフトウェアを購入する前に期間限定で試したい。
今すぐ試す

③「ライセンス認証する」の[今すぐライセンス認証]をクリックして、

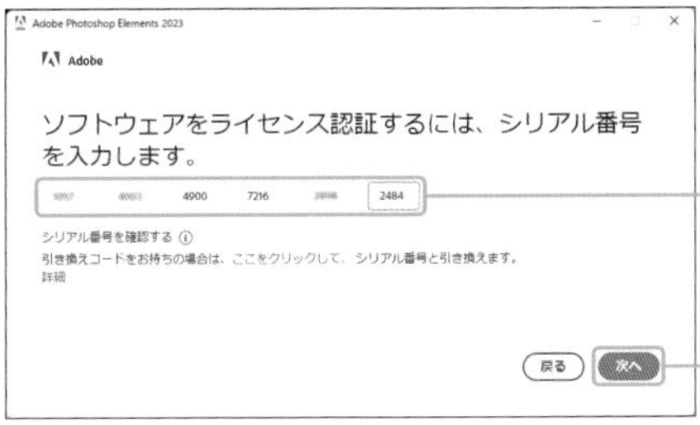
Adobe Photoshop Elements 2023
Adobe
ソフトウェアをライセンス認証するには、シリアル番号を入力します。
4900
7216
2484
シリアル番号を確認する
引き換えコードをお持ちの場合は、ここをクリックして、シリアル番号と引き換えます。
詳細
戻る
次へ

④ シリアル番号を入力し、

⑤ [次へ] をクリックします。

⑥ [Photoshop Elementsへようこそ] 画面が表示されるので、

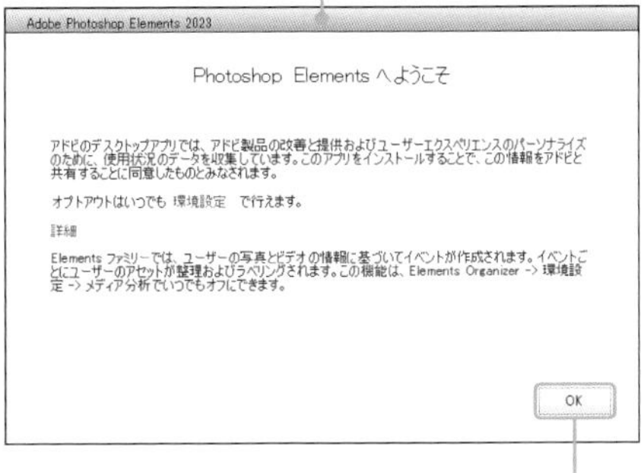
Adobe Photoshop Elements 2023
Photoshop Elements へようこそ
アドビのデスクトップアプリでは、アドビ製品の改善と提供およびユーザーエクスペリエンスのパーソナライズのために、使用状況のデータを収集しています。このアプリをインストールすることで、この情報をアドビと共有することに同意したものとみなされます。
オプトアウトはいつでも 環境設定 で行えます。
詳細
Elements ファミリーでは、ユーザーの写真とビデオの情報に基づいてイベントが作成されます。イベントごとにユーザーのアセットが整理およびラベリングされます。この機能は、Elements Organizer -> 環境設定 -> メディア分析でいつでもオフにできます。
OK

⑦ [OK] をクリックすると、Photoshop Elementsが起動します。

HINT

シリアル番号の入力

手順④では、Photoshop Elementsのシリアル番号をすべて半角で入力します。「-」(ハイフン)を入力する必要はありません。シリアル番号は、アドビからのメールや購入したパッケージに記載されています。

Section
03

Photoshop Elementsを起動／終了しよう

Photoshop Elementsを起動すると、ホーム画面が表示されます。利用するElements OrganizerもしくはElements Editorを起動します。終了する場合、ホーム画面のほか、開いているOrganizer、Editorの画面をすべて閉じます。

1 Photoshop Elementsを起動する

1 Windows 11を起動して、タスクバーの をクリックします。

2 [すべてのアプリ]をクリックして、

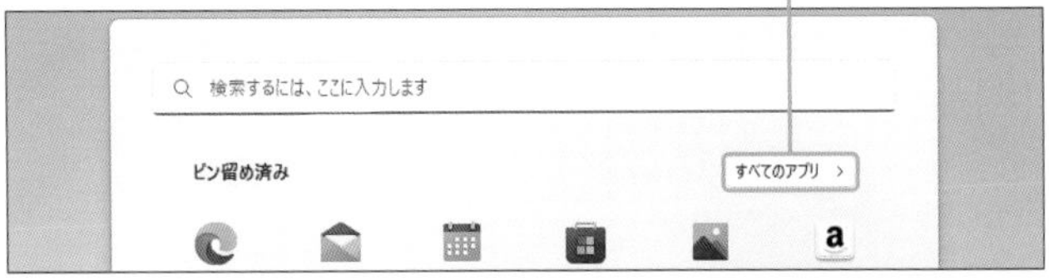

3 [Adobe Photoshop Elements 2023]をクリックすると、

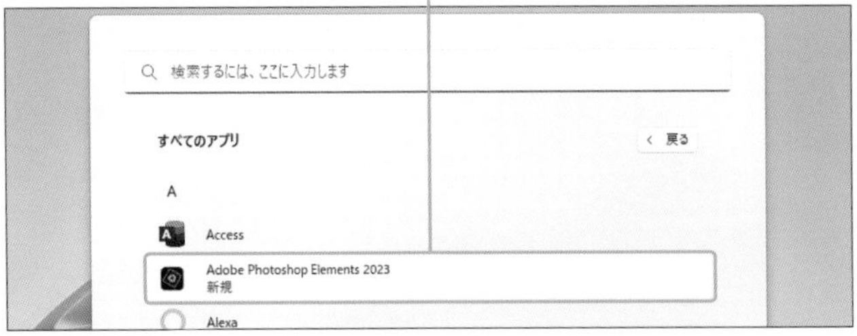

4 Photoshop Elementsが起動して、ホーム画面が表示されます。

5 ここでは、[整理]をクリックします。

MEMO

そのほかの起動方法

デスクトップに作成された[Adobe Photoshop Elements 2023]のアイコンをダブルクリックしても起動することができます。

HINT

Windows 10の場合

Windows 10の場合は、 をクリックして、スタートメニューの[Adobe Photoshop Elements 2023]をクリックすると起動します。

HINT

macOSでの起動

macOSの場合は、[Launchpad]をクリックして、[Adobe Photoshop Elements 2023]をクリックすると起動します。

❻ Elements Organizerの初回起動時は写真の追加画面が表示されます。

❼ [無視] をクリックすると、

ここをクリックするとメディアの読み込み画面が表示されます（Sec.07参照）。

❽ Elements Organizerが起動します。

❾ [ホーム画面] をクリックすると、ホーム画面に戻ります。

2 Photoshop Elementsを終了する

❶ ここをクリックすると、終了します。

MEMO

アプリを起動する

Photoshop Elementsを起動すると表示されるホーム画面で、[整理] をクリックするとElements Organizerが、[写真の編集] をクリックするとPhotoshop Elements Editorが起動します。なお、[ビデオの編集] はPremiere Elements（購入済みの場合）が起動します。

HINT

サインアウトする場合

Elements Editorの [ヘルプ] メニュー→[サインアウト] の順にクリックすると、サインアウトします。サインアウトした状態で再度起動すると、サインインとシリアル番号を求められますので、ライセンス認証（P.031参照）の操作を行ってください。

MEMO

Photoshop Elementsの終了

Photoshop Elementsを終了するには、全画面を閉じる必要があります。ホーム画面の [閉じる] ☒ をクリックし、起動しているOrganizer、Editorの ✕ （あるいは [ファイル] メニュー→ [終了]）をクリックします。タスクバーのアイコンを右クリックして [ウィンドウを閉じる] をクリックしてもかまいません。

Section 04

Photoshop Elementsの画面を切り替えよう

Photoshop Elementsのホーム画面で、Elements Organizer（写真の管理／整理）とPhotoshop Elements Editor（写真の修正／加工）を起動し、切り替えます。それぞれの画面から切り替えることもできます。

1 最初に起動するアプリケーションを選ぶ

ホーム画面

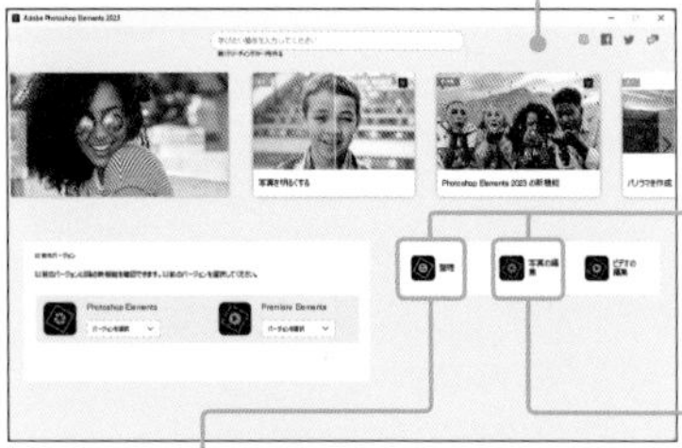

❶Photoshop Elementsを起動すると（P.032参照）、最初にホーム画面が表示されます。

❷いずれかのボタンをクリックすると、対応するアプリが起動します。

Elements Organizer

Photoshop Elements Editor

KEYWORD ホーム画面

ホーム画面は、利用するアプリケーションを選択するための画面です。［整理］をクリックすると、写真を整理／管理するためのアプリケーション「Elements Organizer」が、［写真の編集］をクリックすると、写真を補正／加工するためのアプリケーション「Photoshop Elements Editor」がそれぞれ起動します。

KEYWORD OrganizerとEditor

Elements Organizerは、取り込んだ写真を、人物やイベントなどで分類したり、目的に合わせて写真をまとめたりします。Photoshop Elements Editor（Elements EditorまたはEditorと表記）は、各編集メニューのほか、［クイック］［ガイド］［エキスパート］に用意された機能を利用して写真の編集を行います。

② 2つのアプリケーションを切り替えて使う

① Elements Organizerで写真を選択して、

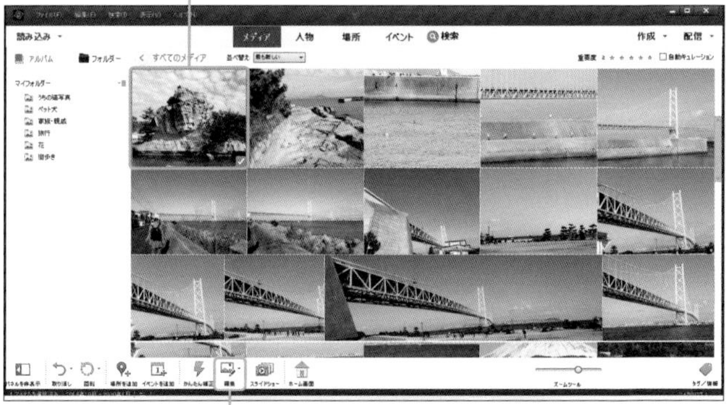

② [編集] をクリックすると、

③ Elements Editorで写真が開きます(MEMO参照)。

④ [整理] をクリックすると、

⑤ Elements Organizerの画面に戻ります。

MEMO

2つのアプリケーションの切り替え

Elements OrganizerとElements Editorは、左の手順に従って切り替えることができます。両方が起動している状態では、Windowsのタスクバーのアイコンをクリックして切り替えることもできます。なお、RAWファイルを選択した場合はCamera Rawが起動します(P.242参照)。

HINT

画像を編集中

Elements Editorで写真を表示している場合、表示したままElements Organizerに戻ると、[画像を編集中] が表示されます。編集が終了したら、写真を閉じておきましょう(P.089参照)。

3 ホーム画面を再表示する

Elements Editorの画面

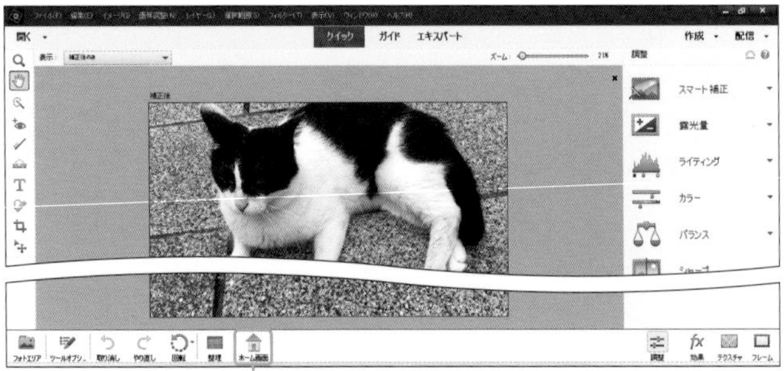

[ホーム画面] をクリックします。

Elements Organizerの画面

[ホーム画面] をクリックします。

MEMO

ホーム画面の再表示

ホーム画面を閉じてしまってから再表示したい場合は、Elements EditorまたはElements Organizerいずれかの画面のツールバーにある[ホーム画面]をクリックします。また、[ヘルプ] メニュー→[ホーム画面] の順にクリックしても表示できます。

KEY WORD

ホーム画面

Photoshop Elementsを起動すると、ホーム画面が表示されます。ここから、Organizer、Editorを起動します。そのほか、画面上部にある機能紹介をクリックすると、機能に関するWebページに移動できます。Photoshop Elementsを利用していくうちに、ホーム画面の表示が変わります。フォトコラージュが自動的に作成されるようになるほか、スライドショーを作成すると次回以降は直接表示することができるようになります。また、[最近使用したファイル]をクリックすると、すばやくファイルを開くこともできます。

機能が表示されます。

フォトコラージュが自動的に作成されます。

Chapter

2

写真を取り込んで整理しよう

Elements Organizerは、パソコン、あるいはカメラに保存されている写真を取り込み、写真を管理・整理するアプリです。ここでは、Organizerの機能や使い方や、写真の表示方法を紹介します。また、さまざまな目的に合わせて写真をまとめたり、分類したりする方法を解説します。

Section 05

Elements Organizerとは

Elements Organizerは、大量の写真をまとめて管理するアプリケーションです。撮影日時別、タグや重要度別などで表示するといった、さまざまな管理、閲覧ができます。また、フォトコラージュやスライドショーなどの写真を楽しむ機能も持っています。

1 Elements Organizerは写真管理アプリケーション

保存されている大量の写真を、フォルダーごとに見やすく一括管理できます。

全画面表示で、写真のすみずみまで確認できます。

写真の中からベストショットを選ぶことができます。

MEMO

パソコン中の写真をまとめて管理できる

パソコン内に写真をたくさん取り込むと、ファイルやフォルダーが増えて確認や整理がしにくくなりますが、Elements Organizerでは、パソコンに保存されている写真を見やすく一括管理できます。

2 写真をさまざまな方法で分類できる

日付やイベントごとにまとめる

カレンダー形式で、撮影した日付ごとに写真を表示できます。

タグによる絞り込み

タグを付けると、キーワードで写真をすばやく表示できます。

重要度による絞り込み

重要度を設定し、その段階別に写真を表示できます。

さまざまな検索オプション

色々な条件で写真を検索できます。

KEY WORD **Elements Organizer**

Elements Organizerでは、大量の写真をさまざまな方法で分類することができます。撮影期間ごと（Sec.14参照）など日時での管理はもちろん、人物（Sec.15参照）やイベント（Sec.17参照）ごとに管理したり、タグ（Sec.18参照）や重要度（Sec.19参照）を設定して管理したりすることもできます。これらのさまざまな設定から写真を探し出す、検索機能も備えています（Sec.21参照）。

HINT **4種類のビューの利用**

Elements Organizerでは、画面上部のビュータブをクリックしてビュー（写真の表示方法）を切り替えることができます。左で紹介している以外にも、写真に写っている人物ごとに写真を分類して表示する人物ビューや、撮影場所の情報をもとに写真を分類して表示する場所ビューがあります（Sec.06参照）。

HINT **写真の管理以外の機能**

Elements Organizerは、フォトコラージュの作成機能（Sec.104参照）やスライドショー作成機能（Sec.105参照）など、管理以外にも写真を楽しむ機能がたくさん搭載されています。

Section 06

Elements Organizerの画面構成を知ろう

Elements Organizerには、写真を管理するためのさまざまな機能が用意されています。写真の並べ替えや検索などをかんたんに行え、写真の表示方法（ビュー）を切り替えることができます。画面各部の名称を覚えておきましょう。

1 Elements Organizerの画面構成

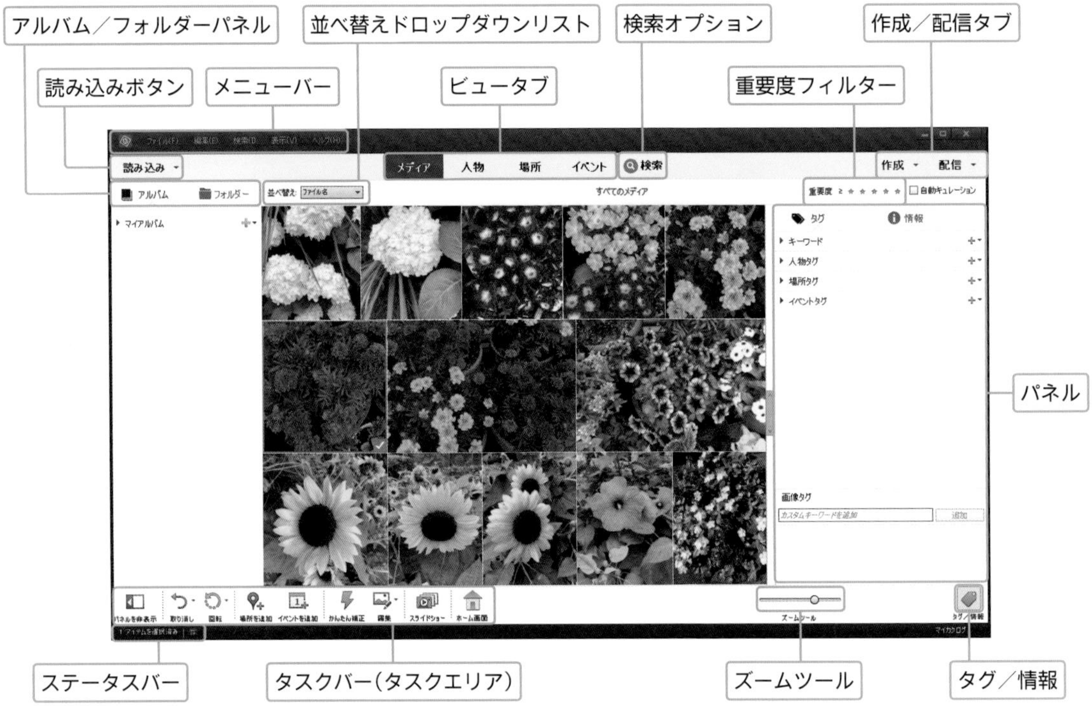

主な項目名	解説
メニューバー	Elements Organizerの機能を「メニュー」として分類し、まとめたものです。
検索オプション	さまざまな条件から検索できる検索画面に切り替わります。
アルバム／フォルダーパネル	アルバム、フォルダーの一覧を表示します。パネルの切り替えはタブで行います。
ビュータブ	写真を表示するビューの種類を切り替えます。
作成／配信タブ	フォトブックなどの作成、SNSへのアップロード、メールでの送信などを行います。
パネル	タグパネル、情報パネル、かんたん補正パネルなどを表示します。
タスクバー（タスクエリア）	主に写真に対する操作を行うボタンが集められています。
ズームツール	写真のサムネイル（縮小イメージ）を拡大／縮小します。
タグ／情報	パネルの表示／非表示を切り替えます。
ステータスバー	取り込んだ写真に関するさまざまな情報が表示されます。

2 ビューを切り替える

人物ビュー

人物タブをクリックすると、人物ごとに表示します。

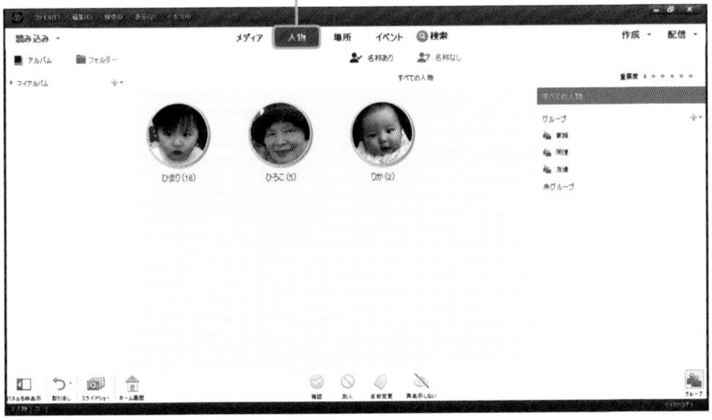

場所ビュー

場所タブをクリックすると、撮影場所ごとに表示します。

イベントビュー

イベントタブをクリックすると、日時やできごと別に表示します。

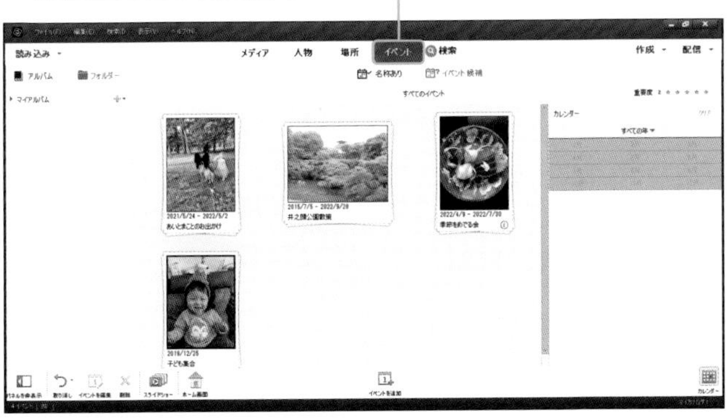

HINT

ビューの切り替え

ビューは、写真の表示方法のことです。画面上部のビュータブをクリックして、メディア、人物、場所、イベントの4つのビューを切り替えます。Photoshop Elements 2203では、［検索］が追加されました（P.076参照）。

- **メディアビュー**
  Elements Organizerに取り込まれた写真を表示します。タグや重要度など写真への情報の追加、アルバムの作成等を行います。
- **人物ビュー**
  写真に写っている人物ごとに写真を分類して表示します。人物による分類が必要です（Sec.15参照）。
- **場所ビュー**
  撮影場所ごとに写真を分類して表示します。写真の位置情報をもとに撮影場所を表示します。
- **イベントビュー**
  日時やできごと別に分類して写真を表示します。イベントによる分類が必要です（Sec.17参照）。

MEMO

パネルの表示

画面右下のパネル表示ボタンをクリックすると、パネルの表示／非表示を切り替えることができます。利用可能なパネルはビューの種類によって異なります。タグ／情報パネルの利用方法については、Sec.18を参照してください。

Section 07

パソコンの写真を一括で取り込もう

パソコン内に保存されている写真もElements Organizerに取り込んでおくと、一括して管理ができるようになるので便利です。読み込みの一括を利用すると、大量の写真を一度に取り込むことができます。

1 写真を一括で取り込む

❶［読み込み］→［一括］の順にクリックすると、

❷メディアの読み込み画面が表示されます。

❸読み込まないフォルダーはクリックしてオフにし（右下のMEMO参照）、

P.043のHINT参照

❹［読み込み］をクリックすると、

MEMO
Organizerに写真を取り込む方法

ここでは、一括で写真を取り込む方法を紹介します。Elements Organizerに写真を取り込む方法は、このほかに、ファイルやフォルダーを指定して取り込む方法（Sec.08参照）、デジタルカメラから直接取り込む方法（Sec.09参照）があります。ここでは、使用する写真をパソコンの［ピクチャ］フォルダーに保存しておきます。

HINT
取り込む写真の確認

取り込む写真は、読み込み画面の右側で確認できます。

MEMO
OneDriveからの読み込み

初期設定では読み込み元に［One Drive］も指定されています。ここでは読み込み元を「Pictures」（パソコンの［ピクチャ］フォルダー）のみにしたいので、「OneDrive」のチェックをオフにします。

❺読み込みが開始されます。

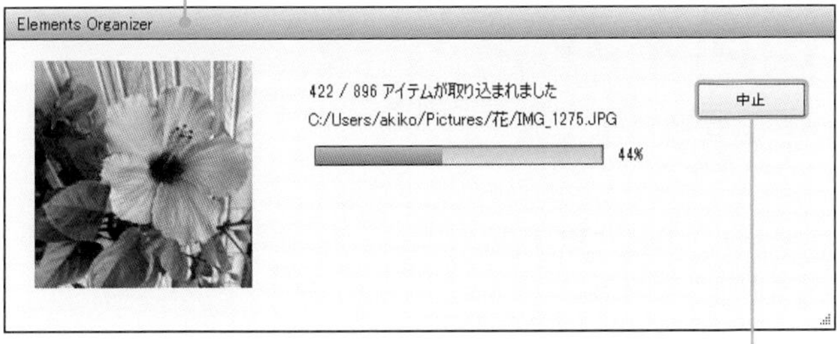

読み込みを中止したい場合は、ここをクリックします。

❻読み込まれた写真が表示されます。

MEMO

時間がかかることもある

フォルダー内に動画など容量の大きなデータが入っている場合や、大量の写真を一度に指定した場合は、読み込みに時間がかかることがあります。

MEMO

キーワードタグの読み込み

写真にキーワードタグを設定している場合、手順❺の後で、[写真に添付されているキーワードタグを読み込み]画面が表示される場合があります。読み込みたい場合はタグをオンにして[OK]を、読み込まない場合は[キャンセル]をクリックします。

HINT

読み込み元のフォルダーを追加する

初期設定では読み込み元は「Pictures」と「OneDrive」になっています。追加したい場合は、手順❷の画面で[フォルダーを追加]をクリックして表示される[フォルダーの参照]画面で目的のフォルダーを指定します。
フォルダーをクリックして[削除]をクリックすると、読み込み元フォルダーの一覧から削除できます。

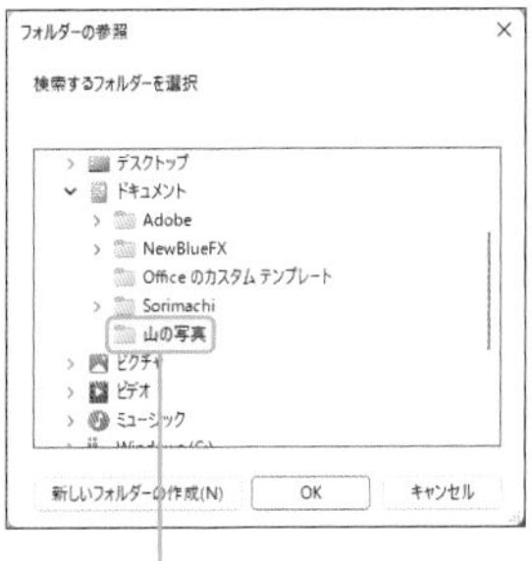

❶追加したいフォルダーを指定すると、

❷読み込み元のフォルダーとして追加されます。

フォルダーを削除できます。

Section 08

ファイルやフォルダーを指定して取り込もう

Elements Organizerでは、写真を一括で取り込むほかに、ファイルやフォルダーを指定して取り込むこともできます。取り込んだ写真はもとの写真とリンクされるので、もとのファイルを移動したりしないように注意します。

1 取り込む写真を選択する

❶［読み込み］→［ファイルやフォルダーから］の順にクリックして、

❷取り込む写真の保存場所を選択し、

❸取り込むフォルダーを選択します。

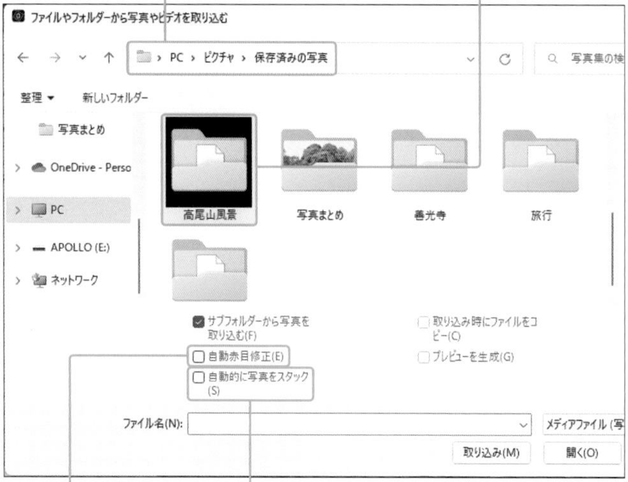

STEPUP参照

Sec.13参照

MEMO

Photoshop Elementsで取り込める画像の主な形式

取り込むことができる主なファイル形式は、次の通りです。

①Photoshop形式（*.PSD）

②JPEG形式（*.JPG）

③PNG形式（*.PNG）

④GIF形式（*.GIF）

⑤RAW形式

このうち、①～③の形式の詳細については、P.099のMEMOを参照してください。

KEYWORD

RAW形式

デジタルカメラの内部で写真データを記憶するために使われるファイル形式のことです。本書では第8章で取り扱っています。

STEP UP

自動赤目修正を行う

手順❷の画面で［自動赤目修正］をクリックしてオン☑にすると、写真を取り込む際に自動的に赤目の検出・修正が行われます。赤目についてはSec.41を参照してください。

2 選択したフォルダー内の写真を取り込む

❶ [取り込み] をクリックすると、

❷ 取り込みが開始され、

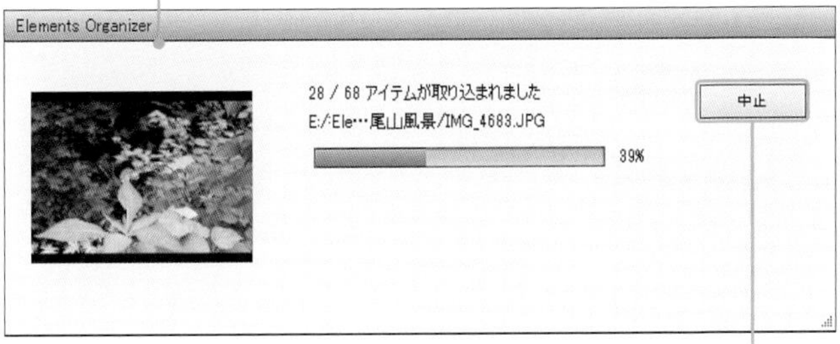

取り込みを中止したい場合は、ここをクリックします。

HINT参照

❸ 取り込まれた写真が表示されます。

MEMO

取り込んだ写真は移動させない

Elements Organizerに取り込んでから、画像ファイルの保存先を変えたり削除したりすると、サムネイルに マークが表示されます。ファイルが見つからないことを意味し、このままでは編集は行えません。サムネイルをダブルクリックして新しい保存先を参照させるか、もとの保存先にファイルを戻すことで、この状態を修復できます。

HINT

すべての写真を表示する

新しく写真を取り込むと、Elements Organizerには、そのとき取り込んだ写真だけが表示されます。すべての写真を表示するには、手順❸の画面で [戻る] をクリックします。

Section 09

デジタルカメラの写真を取り込もう

デジタルカメラの写真を取り込むには、カメラとパソコンをケーブルでつなぐか、メモリーカードをパソコンに挿し込んでElements Organizerを起動します。［フォトダウンローダー］ダイアログボックスで、保存先を指定して取り込みます。

1 ［フォトダウンローダー］ダイアログボックスを表示する

パソコンにUSB経由でカメラを接続し、Elements Organizerを起動しています（Sec.03参照）。

❶［読み込み］→［カメラまたはカードリーダーから］の順にクリックすると、

❷［フォトダウンローダー］ダイアログボックスが表示されます。

❸「写真の取り込み元」にデジタルカメラを指定すると、

❹ここにデジタルカメラに保存されている写真が表示されます。

HINT

メッセージが表示される

デジタルカメラをパソコンに接続すると、デスクトップ画面右下に下図のようなメッセージが表示されることがあります。ここから写真を取り込むこともできますが、ここではElements Organizerを起動して、写真を取り込む方法を解説します。

MEMO

カメラ内の取り込み先

手順❸の後でカメラ内のフォルダーが表示された場合は、取り込むフォルダーを指定して、［参照］をクリックします。

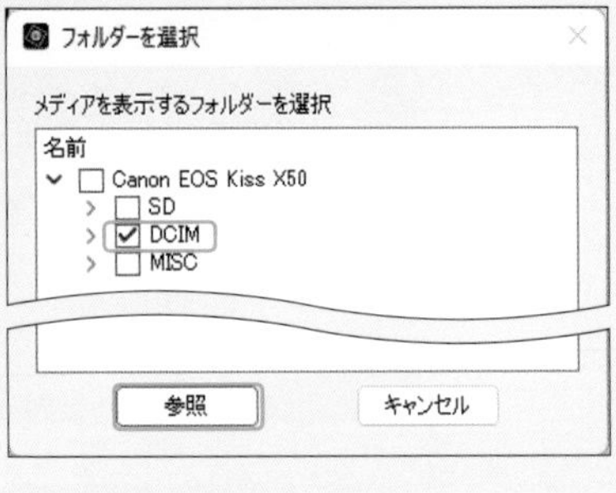

② 保存先を指定して写真を取り込む

❶[参照]をクリックして、

❷写真の保存先を選択し、

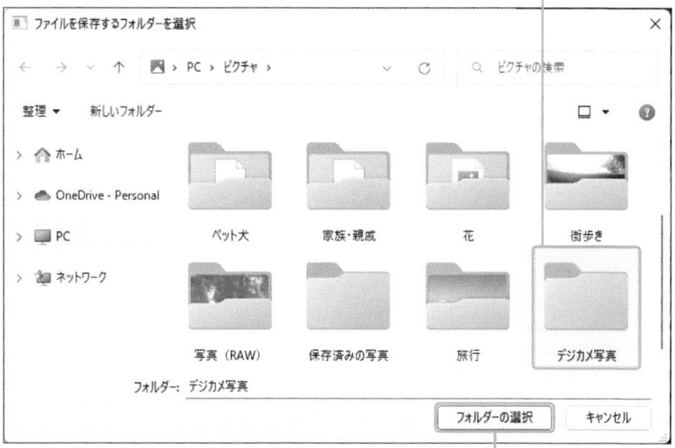

❸[フォルダーの選択]をクリックします。

❹このボタンをクリックし、

❺[カスタム名]を選択します。

MEMO

写真の保存先の変更

初期設定では、[ピクチャ]フォルダーの中に撮影日ごとにサブフォルダーが作成され、その中に撮影日ごとにそれぞれ写真が保存されます。写真の保存先フォルダーを変更したい場合は、手順❶のように[参照]をクリックして、写真の保存先を指定します。サブフォルダーについては[サブフォルダーを作成]から変更します。

HINT

サブフォルダーの作成

初期設定では、手順❷で指定したフォルダーの中に写真を撮影した日付のサブフォルダーが作成されます。サブフォルダー名を自分で指定したい場合は、手順❺のように[カスタム名]を選択して、フォルダー名を入力します。
なお、サブフォルダーを作成しない場合は[なし]を選択します。

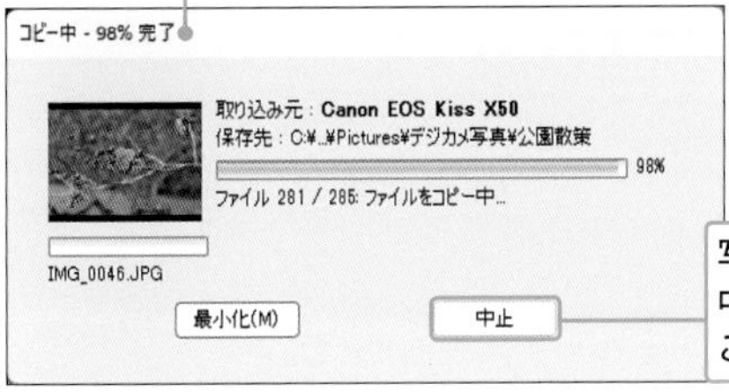

MEMO

取り込み後の
デジタルカメラの写真

初期設定では、デジタルカメラの写真をパソコンに保存した後、デジタルカメラ側の写真は削除されず、そのまま残ります。取り込んだ後にデジタルカメラ側の写真を削除するには、左図の[削除オプション]の一覧で[コピー後、オリジナル画像を削除]または[コピー後、確認してオリジナル画像を削除]を選択します。

HINT

取り込み時に写真のファイル名を変更する

デジタルカメラの写真をパソコンに取り込む際に、ファイル名を変更することができます。[フォトダウンローダー]ダイアログボックスの[ファイル名を変更]の⌄をクリックして、新しいファイル名の形式を選択すると、選択した形式にファイル名が変更され、写真を取り込むことができます。ファイルを区別するためにファイル名の末尾に「_0001」のように、「_(アンダーバー)」と4桁の連番が付けられます。

⑨コピー後、写真がElements Organizerに取り込まれます。

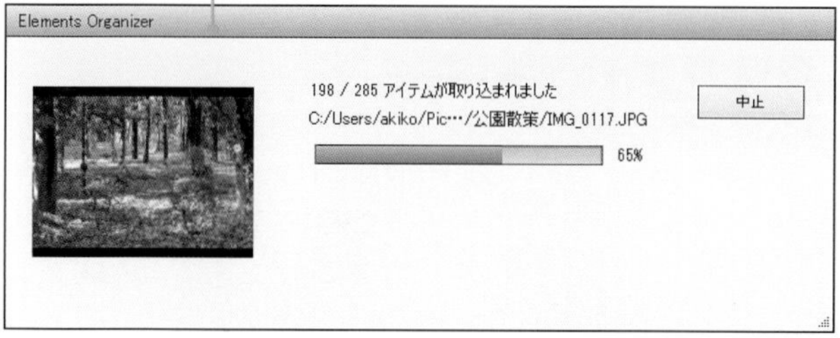

MEMO参照

⑩取り込まれた写真が表示されます。

MEMO 取り込んだ写真だけが表示される

取り込みが完了した直後は、そのとき取り込んだ写真のみがElements Organizerに表示された状態になっています。手順⑩の画面で［戻る］をクリックすると、すべての写真が表示されます。

HINT 取り込む際の詳細な設定を行う

Elements Organizerの［編集］メニュー→［環境設定］→［カメラまたはカードリーダー］の順にクリックすると、［環境設定］ダイアログボックスが開き、写真を取り込む際の詳細な設定が行えるようになります。［自動赤目修正］をオンにして写真の赤目を修正したり、［自動的に写真をスタック］をオンにして写真をスタック（Sec.13参照）にしたりすることもできます。

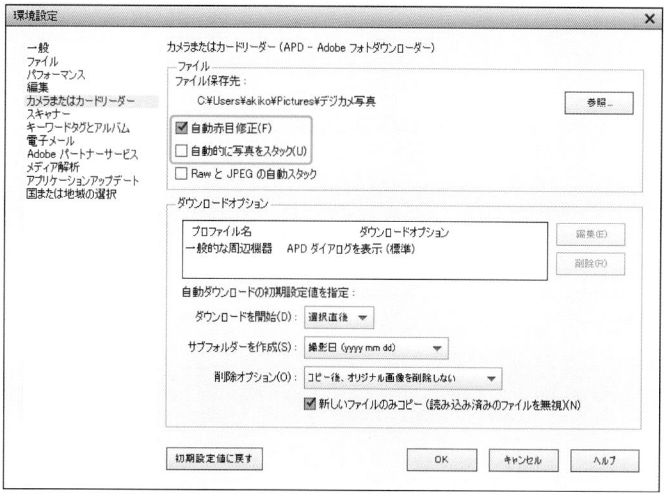

Section 10

写真を閲覧しよう

取り込んだ写真はElements Organizerのメディアビューにサムネイル（縮小画像）で一覧表示されます。サムネイルの表示数は、ズームツールによって変えることができます。目的の写真をダブルクリックすると、拡大表示できます。

1 サムネイルの表示サイズを変更する

❶スライダーを右側にドラッグすると（MEMO参照）、

❷サムネイルのサイズが大きくなりました。

STEP UP　表示を切り替える

Ctrl（macOSではcommand）を押しながらDを押すと、表示を切り替えることができます。

切り替え後の表示では、写真の情報がサムネイルと一緒に表示されます。表示をもとに戻すには、再びCtrl＋D（macOSではcommand＋D）を押します。

MEMO　サムネイルの表示サイズの変更

サムネイル（縮小画像）を大きくすると、より写真のディテールが見やすくなり、小さくすると、より多くの写真を一覧できるようになります。
サムネイルの表示サイズは、画面下部のスライダー（ズームツール）をドラッグして変更することができます。スライダーを左にドラッグすると小さく、右にドラッグすると大きく表示されます。

2 1枚の写真だけを拡大表示する

①拡大して表示したい写真のサムネイルをダブルクリックすると、

②写真が拡大して表示されます。

③キーボードの↓または→を押すと、

MEMO参照

④次の写真が表示されます。

HINT参照

ここをクリックしても、サムネイルの表示に戻ることができます。

⑤写真をダブルクリックすると、サムネイルの表示に戻ります。

MEMO

キャプションを追加する

写真を拡大表示しているときに、写真下にある［クリックしてキャプションを追加］をクリックすると、写真の説明文（キャプション）を入力することができます。

STEP UP

顔認識機能

人物の写真を拡大表示して顔のあたりにマウスポインターを合わせると、顔が認識されて、クリックで名前を追加できます。人物ビュー（Sec.15参照）でこの情報を利用できます。

HINT

ほかの写真を表示する

写真を拡大表示しているときに、↓または→を押すと次の写真が、↑または←を押すと前の写真が表示されます。また、写真の上に表示されているボタン❮❯や、スクロールバーの上下にあるボタン▲▼をクリックしても、前後の写真を表示できます。

3 写真を回転する

❶回転させたい写真をクリックして選択します。

❷[回転]のここをクリックして、

❸[右に回転]をクリックすると、

❹写真が時計回りに90度回転します(右下のMEMO参照)。

MEMO

写真の回転

[右に回転]か[左に回転]をクリックすると、写真を時計回りまたは反時計回りに90度回転させることができます。最初は[左に回転]しか表示されていないので、をクリックして[右に回転]を表示します。
また、複数の写真を選択した状態でボタンをクリックすると、まとめて回転させることができます。

HINT

PNG形式の写真を回転すると

JPEG形式の写真はそのまま回転しますが、PNG形式の場合は写真のコピーが作られ、それが回転します。また、回転前と回転後の写真はバージョンセット(P.098参照)にまとめられます。

MEMO

回転後の写真の表示

Elements Organizerは写真を敷きつめた割り付けグリッド表示のため、回転後の写真のサムネイルは回転前よりも小さく表示されています。写真の高さと幅の比率によっては大きくなることもあります。実際のサイズは変わりません。

4 写真を削除する

❶目的の写真をクリックして選択し、

❷ Delete (macOSでは delete)を押します。

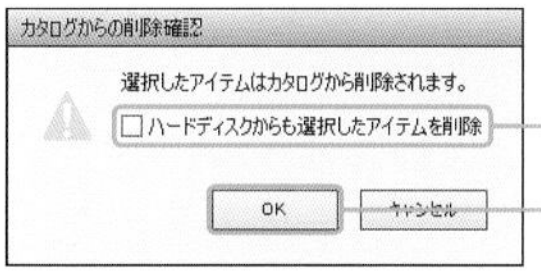

MEMO参照

❸ [OK] をクリックすると、

❹写真が削除されます。

MEMO 写真の削除

写真を選択して Delete (macOSでは delete)を押すと、「カタログからの削除確認」が表示されます。ここで [OK] をクリックすると、Elements Organizerからその写真が取り除かれます。パソコン内に写真のファイルそのものは残されるので、後から再読み込みすることもできます。
パソコン内からも削除する場合は、手順❸の画面で [ハードディスクからも選択したアイテムを削除] をオンにします。Elements Organizerを使わずにファイルを削除した場合、サムネイルが残りますが、編集できなくなるので注意しましょう(P.045のMEMO参照)。

HINT 一部の写真を非表示にする

たまにしか見ない写真を普段は表示したくないときは、削除ではなく非表示を使います。表示したくない写真を右クリックして [表示/非表示] → [表示しない] の順にクリックします。初期設定では非表示に設定した写真を隠す設定となっているため、その写真はElements Organizerの画面に表示されなくなります。
非表示は削除とは違い、必要になればすぐ再表示できます。非表示にした写真を再び表示したい場合は、表示されているいずれかの写真を右クリックして [表示/非表示] → [すべてのファイルを表示] の順にクリックします。

非表示に設定した写真には、アイコンが表示されます。

非表示の写真に対しての設定を変更できます。

Section 11

写真をフォルダーごとに表示しよう

Elements Organizerでの表示方法には、アルバム表示とフォルダー表示があります。フォルダーはマイフォルダーパネルに表示されます。また、パソコン内の実際のフォルダー階層を表示することもできます。

1 マイフォルダーパネルに切り替える

❶[フォルダー]をクリックすると、

❷マイフォルダーパネルに切り替わります。

❸目的のフォルダーをクリックすると、

❹選択したフォルダー内の写真が表示されます。

KEY WORD

マイフォルダー

Elements Organizerに取り込んだ写真は、保存されているフォルダーごとに分類して表示できます。[フォルダー]タブをクリックすると、アルバムパネルがマイフォルダーパネル(フォルダーパネル)に切り替わります。マイフォルダーパネルのフォルダーをクリックすると、そのフォルダー内に保存されている写真だけを表示できます。あくまでもフォルダー別に写真を表示できるだけで、フォルダーの階層構造は維持されません。

HINT

すべての写真を表示する

[すべてのメディア]をクリックすると、Elements Organizer内のすべての写真がまとめて表示されます。

2 実際のフォルダー階層を表示する

❶ をクリックして、

❷ [ツリーとして表示] をクリックすると、

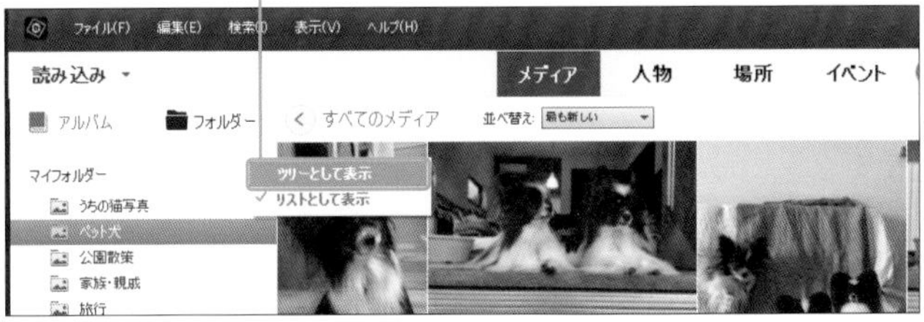

❸ パソコン内の実際のフォルダー階層が表示されます。

❹ をクリックして、

❺ [リストとして表示] をクリックすると、
もとのマイフォルダーパネルに戻ります。

KEY WORD

ツリーとして表示

[ツリーとして表示] をクリックすると、パソコン内のフォルダーが実際の階層で表示されます。
ツリー表示でも、Elements Organizerに取り込んでいない写真は表示できません。

MEMO

フォルダーアイコン

Elements Organizerに取り込まれた写真が保存されているフォルダーは、 のアイコンで表示されます。

MEMO

フォルダーの内容の表示

フォルダーの左に表示されている をクリックすると、そのフォルダーの中にあるフォルダーが表示されます。目的のフォルダーが表示されるまで、順次 をクリックしていきます。

Section

12

写真を画面全体に表示しよう

メニューやツールバーを非表示にすると、写真をディスプレイ全体に表示するフルスクリーン表示になります。写真の細部まで見ることができ、写真の回転やアルバムに追加するなどのかんたんな編集や整理も可能です。

1 フルスクリーン表示に切り替える

❶写真を選択して、

❷[表示]メニュー→[フルスクリーン]の順にクリックすると、

クイック編集パネル(MEMO参照)

❸フルスクリーン表示に切り替わります。

❹ここをクリックするか、キーボードの→を押します。

コントロールバー(P.057のKEYWORD参照)

KEYWORD

フルスクリーン表示

通常の画面モードで写真1枚だけの表示にしても、周りにはメニューやパネルが表示されているので、その分写真は小さく表示されてしまいます。フルスクリーン表示に切り替えれば、写真が画面全体を使って大きく表示されるため、目的の写真に集中して鑑賞することができます。

HINT

表示をキーボードで切り替える

F11(macOSではcommand+F11)を押すと全画面表示、F12(macOSではcommand+F12)を押すと全画面で左右2枚並べて表示することができます(Sec.13参照)。

MEMO

クイック編集パネル

フルスクリーン表示では、画面左側に2つのパネルが表示されます。各パネルでは編集や整理を行うことができます(P.057の下のHINT参照)。

❺次の写真に切り替わります。

❻[フィルムストリップの表示切り替え]をクリックすると、

❼フィルムストリップが表示されます。

❽[終了]をクリックすると、通常の画面に戻ります。

KEY WORD

コントロールバー

コントロールバーは、ビューの切り替えやパネルの表示などを行います。マウスを動かさずに数秒経つとコントロールバーが非表示になり、マウスを動かすとコントロールバーが表示されます。

KEY WORD

フィルムストリップ

フィルムストリップとは、写真のサムネイル(縮小画像)をフィルム状にまとめて表示したものです。クリックすると、すばやく写真を切り替えることができます。

HINT

通常の表示に戻す

通常の画面表示に戻すには、コントロールバーの[終了]をクリックするか、Esc (macOSでは esc)を押します。

HINT

クイック編集パネルで写真を編集する

フルスクリーン表示の画面左側に表示されるクイック編集パネルでは、通常の画面モードに戻ることなく、回転などかんたんな編集を行うことが可能です。パネルが左側に折りたたまれて隠れた場合は、マウスポインターを合わせると表示できます。

左に回転(反時計回り)	やり直し
右に回転(時計回り)	削除
取り消し	プリント

Section 13

似ている写真をまとめよう

同じアングルで撮影した複数の写真で、どれか1枚だけ残したいという場合は、スタック機能を使うとよいでしょう。複数の写真を1枚の写真のように扱うことができるので、一覧の表示もすっきりさせることができます。

BEFORE 似たような複数の写真をまとめたい。

AFTER 1つのスタックにしてすっきりさせた。

1 スタックを作成する

❶ 1つにまとめたい写真をすべて選択して（HINT参照）、

❷ [編集] メニュー→ [スタック] → [選択した写真をスタック] の順にクリックすると、

HINT

複数の写真の選択

連続した複数枚の写真をまとめて選択したいときは、連続する写真の最初（最後）の1枚をクリックしてから、Shift（macOSでは shift）を押しながら最後（最初）の1枚をクリックすると、まとめて選択できます。
選択したい写真が連続して並んでいない場合は、Ctrl（macOSでは command）を押しながら選択したい写真を順にクリックします。また、マウスでドラッグしても複数枚の写真を選択できます。

❸写真がスタックにまとめられます。

スタックにはこのようなアイコンが表示されます。

> **MEMO 先頭の写真が表示される**
>
> スタックを作成すると、スタック中で最新の写真が「先頭の写真」に設定されます。先頭の写真は、スタックにまとめられた写真の代表として表示され、1枚の写真と同様に扱えます。

2 スタックを展開する

❶スタックをクリックして選択し、

❷ Ctrl ＋ D (macOSでは command ＋ D)を押すと、

❸表示が切り替わります。

❹ ▶ をクリックすると、

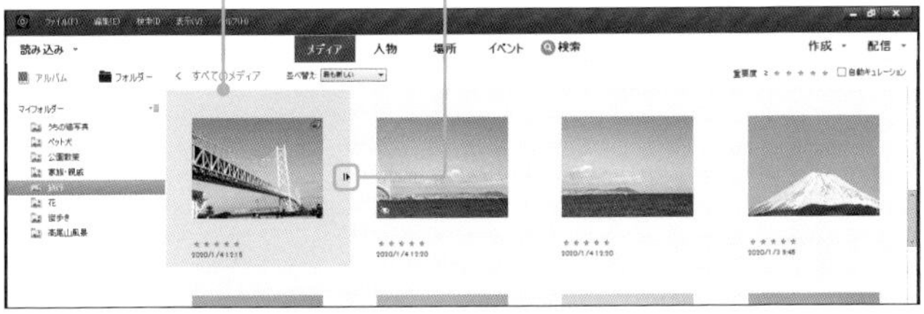

❺スタック内の写真が表示されます。

❻再び Ctrl ＋ D (macOSでは command ＋ D)を押して表示を戻します。

> **MEMO スタックの展開と折りたたみ**
>
> スタックを展開するには、表示を切り替え、サムネイルの右側に表示されている ▶ をクリックします。展開したスタックを折りたたむには、展開後に右側に表示される ◀ をクリックします。

> **STEP UP 写真を自動的にスタックにする**
>
> スタックにしたい写真が何組もある場合、1つずつ設定するのは手間がかかります。その場合はスタックにしたい写真をまとめて選択して、[編集]メニュー→[スタック]→[自動的に写真をスタック]の順にクリックすると、似た写真が自動的に検出されて表示されます。スタックにしたい写真の[スタック]をクリックし、最後に[完了]をクリックします。

Section

14

撮影年や月ごとに写真を整理しよう

大量の写真を整理するときにわかりやすいのは、撮影日時の順に表示することです。タイムグラフを利用すると、指定した期間内に撮影した写真だけを絞り込んで表示することができます。また、月ごとの撮影枚数の比較もできます。

1 タイムグラフを使って表示する写真を絞り込む

❶ [並べ替え] で [最も新しい] (または [最も古い]) をクリックします (MEMO参照)。

❷ [表示] メニュー→[タイムグラフ] の順にクリックすると、

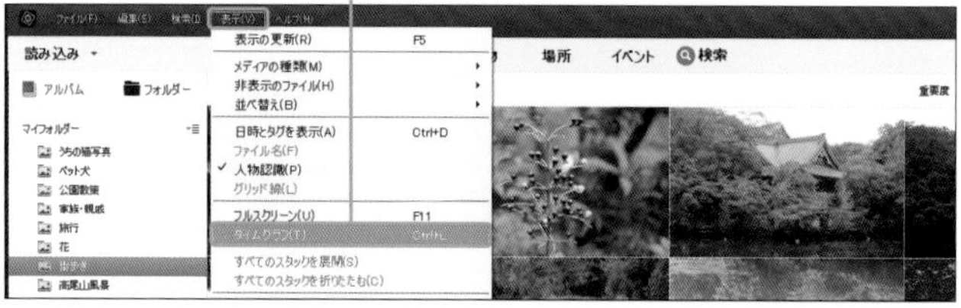

❸ タイムグラフが表示されます。

❹ 目的の年月に枠を移動すると、

❺ その年月に撮影した写真の先頭が、強調して表示されます。

KEY WORD

タイムグラフ

「タイムグラフ」は、撮影した年月別に写真の数量をグラフで表したもので、撮影された日付の情報をもとに写真の検索や表示ができます。タイムグラフはメディアビューでしか表示できませんが、タイムグラフで写真を絞り込むとほかのビューにも反映されます。[表示] メニュー→ [タイムグラフ] を再度クリックすると、非表示になります。

MEMO

タイムグラフに目盛が表示されない

目盛が表示されないのは、写真の並べ替えの基準が「ファイル名」になっているためです。画面上の [並べ替え] で [最も新しい] または [最も古い] を選択します。[表示] メニューの [並べ替え] からも選択できます。

② タイムグラフで期間を設定する

❶ タイムグラフのマーカーをドラッグすると、

❷ 左右のマーカーの間の期間の写真だけが表示されます。

❸ [表示] メニュー→ [期間を削除] の順にクリックしてもとの表示に戻ります。

STEPUP参照

MEMO

特定の期間の写真を表示する

タイムグラフで左右のマーカーを移動すると、2つのマーカーが示す期間内に撮影した写真だけが表示されて、ほかの写真が非表示になります。スライダーがマーカーの範囲外にあった場合は、マーカーの範囲内にずらされます。

HINT

タイムグラフに目的の年月が表示されない？

写真の撮影日が大きく離れている場合、タイムグラフにすべての年月が表示しきれないことがあります。目的の年月が表示されていない場合は、タイムグラフの両端の < または > をクリックすると、表示される年月の範囲が変わります。

STEP UP

期間を正確に設定する

手順❸で [期間を設定] をクリックすると表示されるダイアログボックスで、表示する画像範囲の年月日を設定することができます。

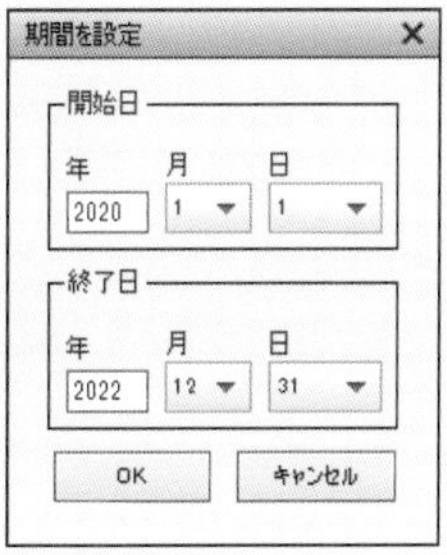

Section 15

人物ごとに写真を分類しよう

写真を人物ごとに分類するには、人物ビューを使います。人物ビューは顔認識機能を持ち、自動的に顔写真を分類して、似ていると判断した写真をまとめて表示します。ビューを指定せずに、1枚ずつ手動で指定することも可能です。

1 人物ビューに切り替えて名前を登録する

❶ [人物]をクリックして(MEMO参照)、人物ビューにすると、

HINT参照

❷ 顔認識機能で自動的にグループ分けされます。

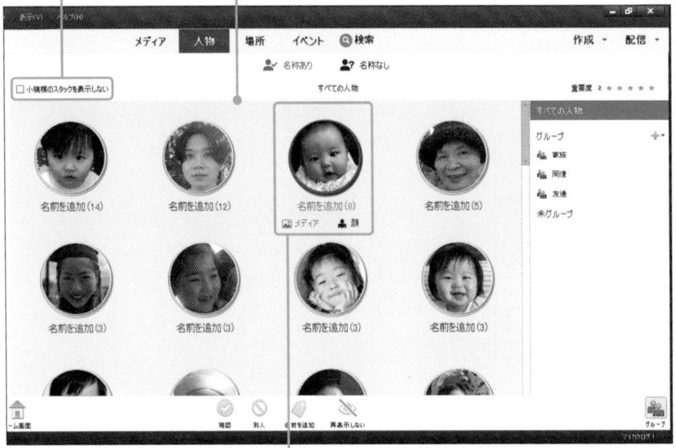

❸ 分類する写真をクリックします。

KEYWORD

人物ビュー

人物ビューでは顔認識機能で自動的に写真が分類され、顔が似ているものがまとめられて表示されます。「名称あり」では、人物として名前が登録されたもののみが表示されます。

MEMO

すべてを表示して分類する

個別のフォルダーを選択している場合は、[すべてのメディア]をクリックしてから操作を開始します。

HINT

小規模のスタック

含まれている写真の数が少なかったり、照明や顔の角度の関係で同一人物と認識されなかった顔は「小規模のスタック」としてまとめられています。[小規模のスタックを表示しない]をオフにすると、すべての抽出データを確認することができます。

❹写真中の認識された顔が表示されるので確認します。

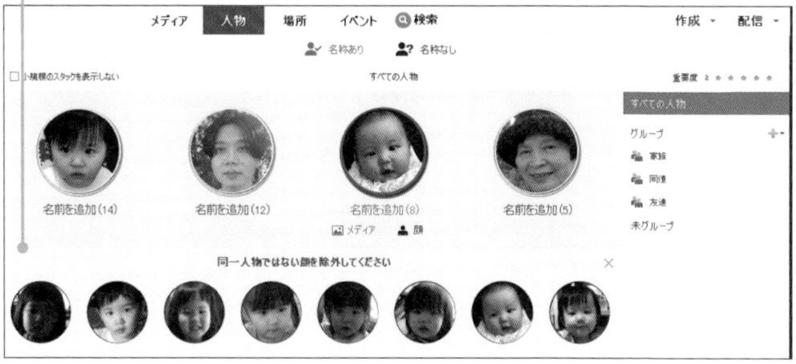

❺もし間違って認識されていたら、その顔をクリックして選択し、

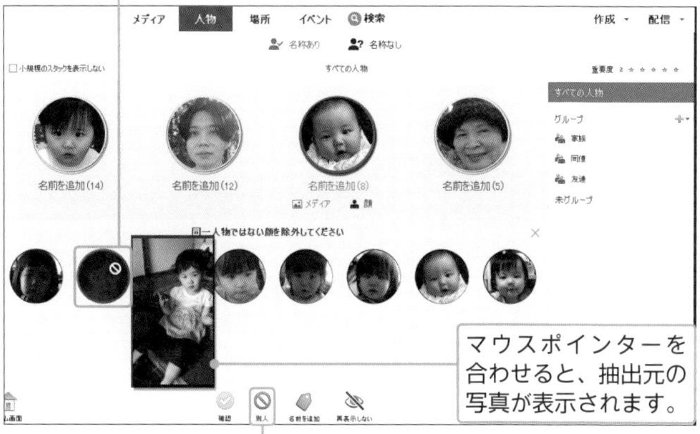

マウスポインターを合わせると、抽出元の写真が表示されます。

❻[別人]をクリックします(STEPUP参照)。

❼[名前を追加]をクリックして名前を入力します。

❽ここをクリックして名前を追加します。

❾[名称あり]をクリックすると、

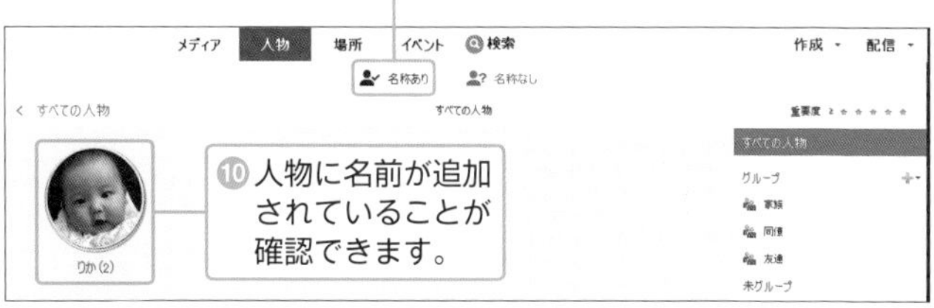

❿人物に名前が追加されていることが確認できます。

HINT

抽出元の写真を表示する

写真の下の[メディア]をクリックすると、抽出元の写真全体が表示されます。

MEMO

省略されて表示される

認識された顔が15つ以上ある場合は、表示が省略されます。+> をクリックすると、すべての写真を表示することができます。

STEP UP

「別人」と「再表示しない」

タスクエリアには、[別人]と[再表示しない]の2種類があります。どちらもクリックすることで、写真をスタックから外すことができます。[別人]はスタックから外した後も「名称なし」の人物として人物ビューに表示されますが、[再表示しない]は、人物ビューへの表示もされなくなります。銅像や人形など人間以外のものが顔認識されてしまった場合は、[再表示しない]を選択しましょう。

Section 16

アルバムを作成しよう

旅行の写真、花や動物などの写真というように、テーマに沿った写真を集めてアルバムを作成しましょう。アルバム機能は、複数の写真を1つのグループとしてまとめるもので、後から追加したり、削除したりすることもできます。

1 アルバムを作成する

❶ [アルバム] をクリックします。

❷ このボタンをクリックすると、

❸ [新規アルバム] パネルが表示されます。

❹ アルバムの名前を入力し、

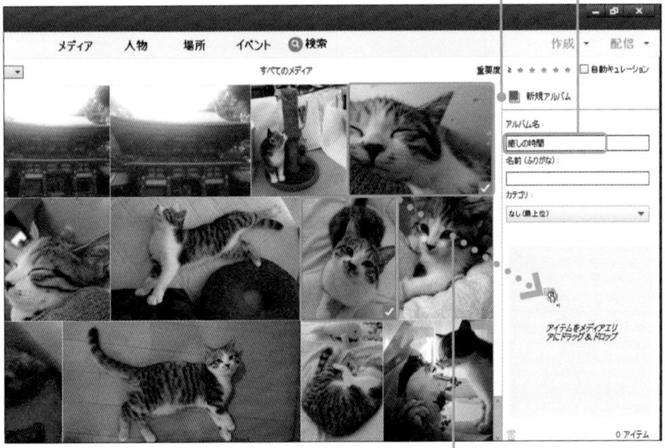

❺ 追加したい写真を選択してドラッグ&ドロップします。

KEY WORD アルバム

「アルバム」は、複数の写真を1つのグループとしてまとめておく機能です。それぞれのアルバムにまとめておくと、アルバムパネルから確認できます。そのアルバムに含まれる写真をさらにタグなどで絞り込んで表示できるので、後から写真をチェックするときやまとめて印刷する場合に便利です。
「人物」や「場所」などの分類機能は、日時や撮影場所など分類の基準が固定的ですが、アルバムにはその制限がなく、自由な基準で分類できるのも特徴です。

⑥[OK]をクリックします。

HINT カテゴリでアルバムを分類する

アルバムの数が多い場合は、カテゴリを作成し、アルバムを分類することもできます。[マイアルバム]の▾をクリックし、[新規アルバムカテゴリ]をクリックして、カテゴリ名を入力します。

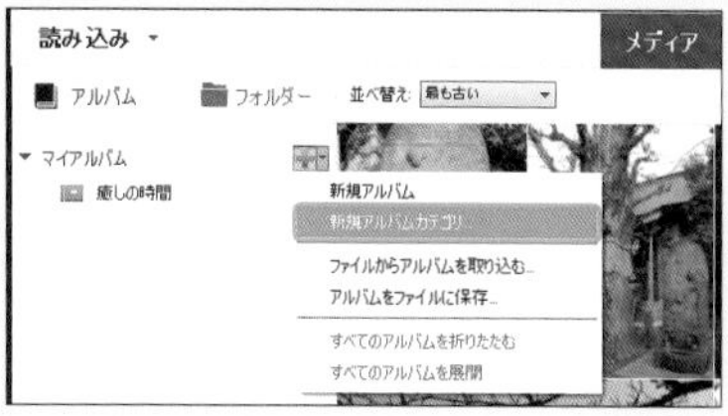

② アルバムを閲覧する

①[マイアルバム]をクリックし、

②見たいアルバムをクリックすると、

③アルバム内の写真が表示されます。

HINT 後から写真を追加する

アルバムに写真を後から追加するには、アルバム／フォルダーパネル内のアルバムに写真をドラッグ＆ドロップします。

STEP UP アルバムを印刷する

アルバム内の写真をまとめて印刷するには、写真をすべて選択するか、アルバムの中身を表示して写真を1枚も選択していない状態で、[ファイル]メニュー→[プリント]の順にクリックします（Sec.92参照）。

Section
17

イベントごとに写真をまとめよう

旅行や誕生会、さまざまな記念日など特別な日の写真をまとめたい場合は、イベント機能を利用してイベントを作成するとよいでしょう。イベントには、名前や期間を設定できるので、日々の出来事をまとめるのにも最適です。

1 イベントを作成して写真をまとめる

❶イベントに含めたい写真を選択して、

❷[イベントを追加]をクリックします。

❸イベントの名前を入力し、

HINT参照

❹[完了]をクリックします。

MEMO
イベントの作成

自動で撮影日別に分類せず、手動で特定の期間の写真をまとめたりイベントに名前を付けたりしたい場合は、自分でイベントを作成します。開始日や終了日のほかに、グループ分けや説明文章を付けることができます。

MEMO
同じ名前でも登録できる

複数のイベントに同じ名前を付けることもできますが、区別しやすいように別の名前を付けることをおすすめします。

HINT
写真を追加／削除する

イベントの作成パネルには、イベントに含める写真のサムネイルが表示されています。そこにドラッグ＆ドロップすると、新たな写真を追加できます。
また、写真を選択してゴミ箱のアイコンをクリックすると、削除できます。

2 作成したイベントを確認する

❶ [イベント] をクリックして、

❷ [名称あり] を
クリックすると、

❸ 作成したイベントが表示されます。
イベントをダブルクリックすると、

❹ イベント内の写真が表示されます。

HINT参照

イベントに写真を追加できます。

STEP UP

イベントに説明を付ける

イベントの名前を入力する際に、イベントの説明も入力することができます。説明付きのイベントには情報アイコン ⓘ が付き、アイコンをクリックすると説明が表示されます。イベント作成後では、右クリックして [編集] をクリックすると説明文を追加できます。

HINT

イベント候補から作成する

イベントビューの [イベント候補] を使用すれば、撮影時刻の近いものをまとめてイベントを作ることができます。カレンダーから日付を指定したり、「グループ数」のバーで変えることができます。

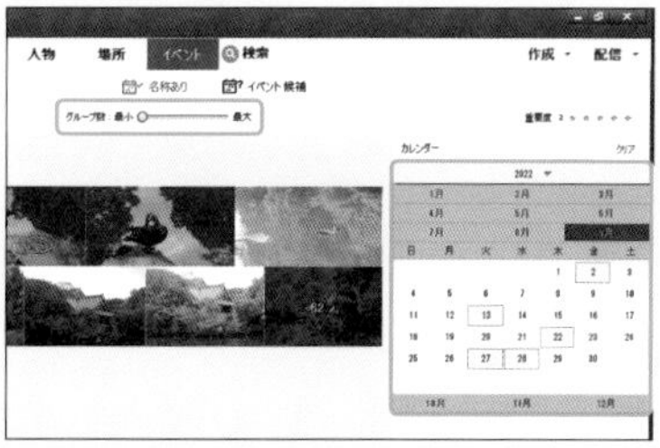

Section
18

タグで写真を分類しよう

写真を分類・整理するには、写真にキーワードタグと呼ばれるタグを付けておくと便利です。カテゴリを作成して、その中に各タグを格納しておきます。タグは複数付けることができるので、写真を探しやすくなります。

1 新しいカテゴリとタグを作成する

❶右下の[タグ／情報]をクリックしてパネルを表示します。

❷[タグ]をクリックして、

❸[キーワード]のここをクリックし(HINT参照)、

❹[新規カテゴリ]をクリックします。

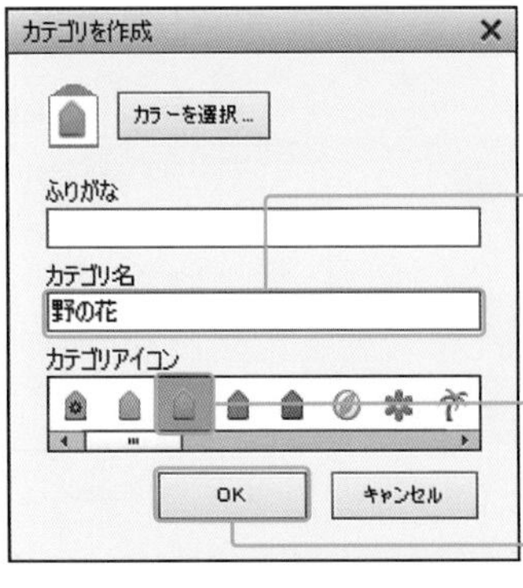

❺カテゴリ名を入力し(必要であればふりがなも)、

❻カテゴリアイコンを選択して、

❼[OK]をクリックします。

KEY WORD
タグとカテゴリ

「キーワードタグ(タグ)」は、写真にキーワードを付けて分類するための機能です。写真にタグを付けると、それを基準に写真を絞り込めるようになります。

「カテゴリ」は、タグを格納するもので、タグを分類するために使います。タグが多くなっても見つけやすくなります。

カテゴリには、さらに詳細に分類する「サブカテゴリ」を作成できます。たとえば、スポーツカテゴリの野球サブカテゴリのホームランタグのように使います。

キーワードタグパネルの初期設定では、[自然][カラー][写真][その他]のカテゴリがあらかじめ作成されています。

HINT
新規キーワードタグの作成ボタン

タグパネルのキーワードタグやカテゴリを追加するボタンは＋の部分と▼の部分に分かれています。＋をクリックすると、P.069手順⑫の[キーワードタグを作成]画面が表示されます。

⑧[キーワード]をクリックすると、

⑨カテゴリが作成されています。

⑩[キーワード]のここをクリックして、

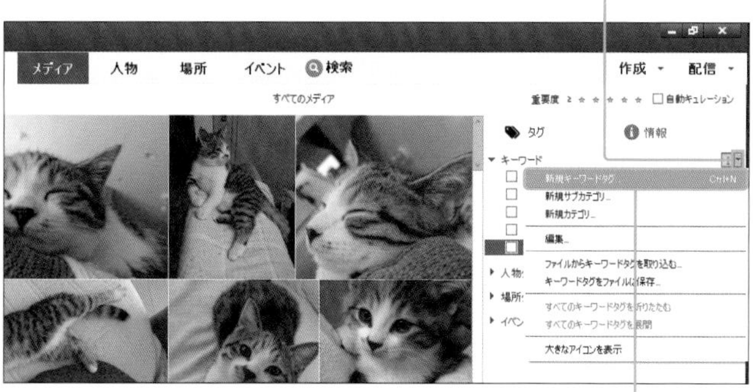

⑪[新規キーワードタグ]をクリックします。

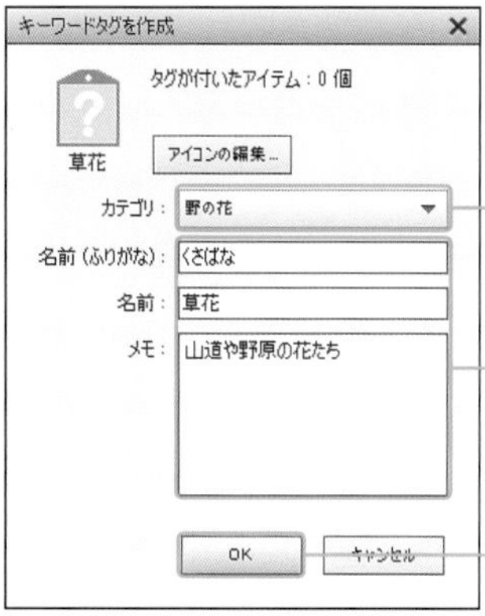

⑫目的のカテゴリが選択されていることを確認します。

⑬必要な情報を入力し、

⑭[OK]をクリックすると、

⑮タグが作成されます。

HINT

カテゴリの札の色を設定する

カテゴリに含まれるキーワードタグの色は、[カラーを選択]をクリックすると表示される[カラーピッカー]ダイアログボックスで設定できます。

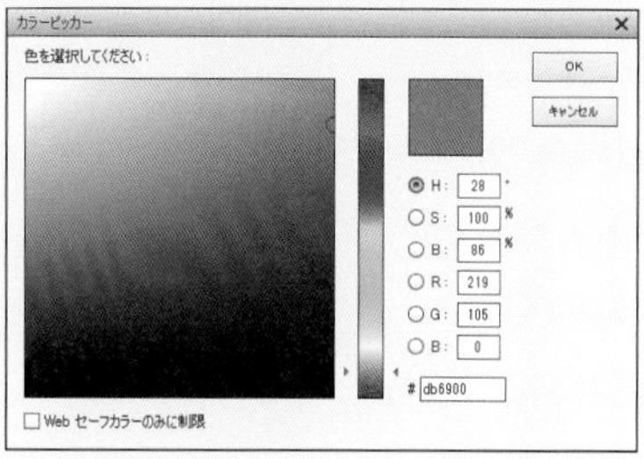

HINT

サブカテゴリを作成する

手順⑪の画面で[新規サブカテゴリ]をクリックすると、カテゴリ内にサブカテゴリを作成できます。

MEMO

タグの作成

キーワードタグは、カテゴリかサブカテゴリの中に登録します。新しく作成するときは、目的のカテゴリかサブカテゴリを選択しておきます。

HINT

キーワードタグの編集

キーワードタグの名前やふりがな、カテゴリなどは後から変更することができます。キーワードタグを編集するには、キーワードタグパネルで目的のタグを右クリックして[編集]をクリックし、表示される[キーワードタグの編集]ダイアログボックスで、目的の項目を変更します。

② 写真にタグを付ける

❶タグを付けたい写真を選択して、

❷タグにドラッグすると、

❸選択したすべての写真にタグが設定されます。

MEMO参照

❹複数枚の写真から一度にタグを削除するには、
写真を選択して右クリックし、

❺［選択アイテムからキーワードタグを
削除］をクリックして、

❻［草花］を
クリックします。

HINT

タグの削除

写真に設定したタグを削除したい場合は、タグ内の写真を1枚選択して、タグパネルの画像タグに表示されるタグを右クリックし、［キーワードタグ〇〇を削除］をクリックします。

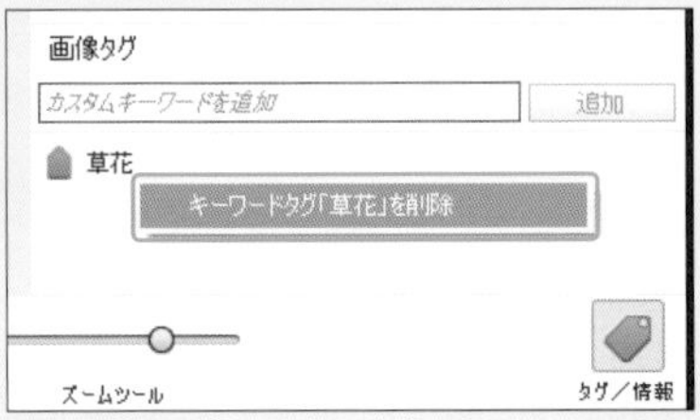

MEMO

そのほかのタグの設定

キーワードタグ以外にも、人物タグ／場所タグ／イベントタグを設定できます。これらのタグはそれぞれのビューと連動しています。また、これらのタグについては、タグを付けやすいよう写真の取り込み時に類似情報（顔写真／撮影場所／撮影日時）が抽出されて表示されます（Sec.15参照）。

3 タグを使って写真を絞り込む

❶目的のタグの□をクリックすると、

HINT参照

❷そのタグが付けられた写真だけが表示されます。

[すべてのメディア] をクリックすると、もとの画面に戻ります。

HINT タグの作成から設定までを一気に行う

タグを設定したい写真を選択してから、キーワードタグパネル、画像タグの [カスタムキーワードを追加] ボックスにタグ名を入力して [追加] をクリックしても、写真にタグを設定することができます。このとき、既存のタグ名を入力した場合は、そのタグが設定されます。新しいタグ名を入力した場合は、そのタグが新しく作成されて設定されます。

HINT 場所で分類する

撮影した場所をもとにタグを作成することもできます。

場所ビューに切り替え、[グループ数] を [最大] にすると、場所ごとのグループに振り分けられます。タグを付けたいグループの [場所を追加] をクリックし、場所を指定します。

メディアビューでも、画像を選択して、画面下の [場所を追加] をクリックすると指定することができます。

❶ [場所を追加] をクリックし、

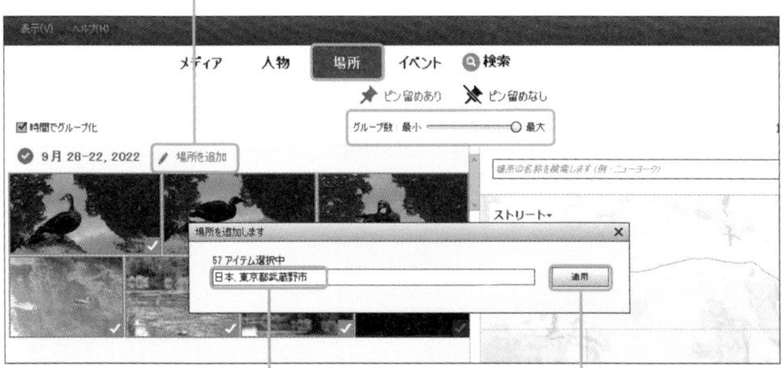

❷撮影場所を入力します。

❸ [適用] をクリックします。

Section
19

写真に重要度を設定しよう

写真には重要度を付けることができます。重要度は5段階あり、誤って削除したくない大事な写真などに設定しておくとよいでしょう。重要度は［情報］パネルで設定して、写真には星の数で重要度が表示されます。

1 重要度を設定する

❶［タグ／情報］をクリックし、パネルを表示します。

❷［情報］をクリックします。

KEY WORD

情報パネル

重要度の設定は情報パネルで行います。情報パネルを表示するには［タグ／情報］をクリックしてパネルを表示し、［情報］をクリックします。このパネルにはファイル名やファイルサイズなどの情報も表示されています。

MEMO

表示を切り替えて星を付ける

重要度の設定方法はここで紹介した方法のほかに、Ctrl＋D（macOSではcommand＋D）を押して表示を切り替え、直接クリックして星を付ける方法があります。また、拡大表示（P.050参照）した際にも星を直接付けることができます。

HINT

キャプションを設定する

情報パネルの［キャプション］で写真にタイトルを付けることができます。このキャプションは、フルスクリーン表示（Sec.12参照）やスライドショー（Sec.105参照）で表示されます。

③目的の写真を選択して、　④クリックして重要度を設定します。

P.072のHINT参照

MEMO　重要度を設定する

重要度は星の数で設定します。星をクリックして、金色の星に変更します。付けられる星の数は1～5個です。なしの状態も含めると6段階となります。重要な写真ほど星を多く付けましょう。

2 重要度を使って絞り込む

①重要度の星をクリックすると、

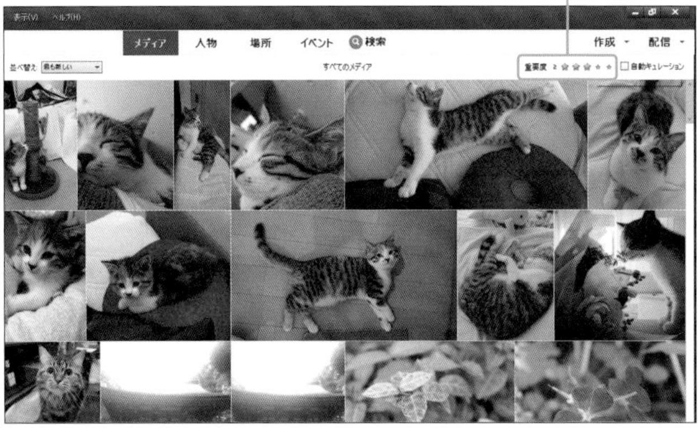

②それ以上の重要度の写真だけが表示されます。　HINT参照

MEMO　重要度で絞り込む

画面の上側にある［重要度］の星をクリックすると、指定した星の数以上の重要度が設定されている写真だけが表示されます。絞り込みを解除するには、再度星をクリックしてグレーの状態に戻します。

HINT　絞り込みの条件を細かく設定する

初期状態では「指定した重要度以上」の写真が絞り込まれます。≧をクリックすると、［同じ重要度のアイテム］や［重要度がこれ以下のアイテム］に条件を変更できます。

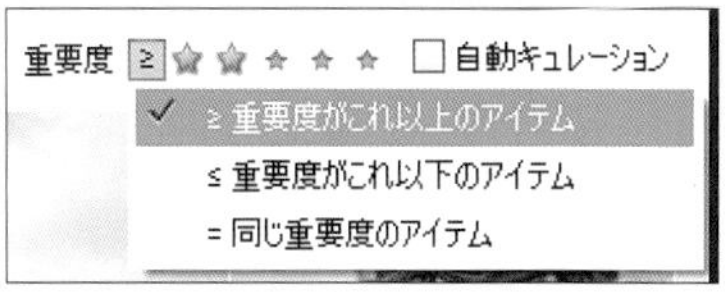

Section 20

ベストショットをえり抜こう

大量の写真からベストショットを選ぶのは難しいですが、自動キュレーションを利用すると、指定した枚数分の写真をすばやく選んでくれます。自動キュレーションは、画像の質や写真のさまざまな情報をもとに写真をえり抜く機能です。

1 自動キュレーションをオンにする

❶［メディア］ビューを表示して、

❷［自動キュレーション］をクリックします。

❸［自動キュレーション］がオンになり、

❹自動キュレーション用のスライダーが表示されます。

❺スライダーをドラッグして、えり抜く写真の枚数を指定します。

HINT参照

KEYWORD 自動キュレーション

自動キュレーションは、Elements Organizerのメディアビュー内にある写真から、指定した枚数の写真を自動的に表示する機能です。画像の質などのほか、スマートタグ（P.076参照）などをもとに、自動的にベストショットをえり抜いてくれます。事前処理に時間がかかるため、取り込み後すぐには使えないこともあります。

MEMO 写真枚数の制限

自動キュレーションは、10～20,000枚の写真に対して利用することができます。

HINT 枚数の指定

えり抜く写真の枚数は、テキストボックスに数値を入力しても指定できます。

❻ 指定した枚数に応じた写真が表示されます。

MEMO

もとの表示に戻す

［自動キュレーション］をクリックしてオフにすると、もとの表示に戻ります。

2 タグからえり抜く

❶［タグ／情報］をクリックして、

❷［タグ］パネルを表示します。

❸ 目的のタグをクリックして、

❹［自動キュレーション］をクリックしてオンにすると、

❺ そのタグが付いた写真からえり抜かれます。

HINT

タグの作成

タグを作成しておくと、人物や場所などの写真をもとに自動キュレーションを利用できます。タグの作成については、Sec.18を参照してください。

MEMO

えり抜かれた写真

えり抜かれた写真は、複数選択した状態と同じです。アルバムを作成したり（Sec.16参照）、スライドショーを作成したり（Sec.105参照）、自由に利用することができます。

MEMO

自動キュレーションが利用できない場合

使用状況によっては、［自動キュレーション］をクリックしても、メッセージが表示されて処理ができない場合があります。

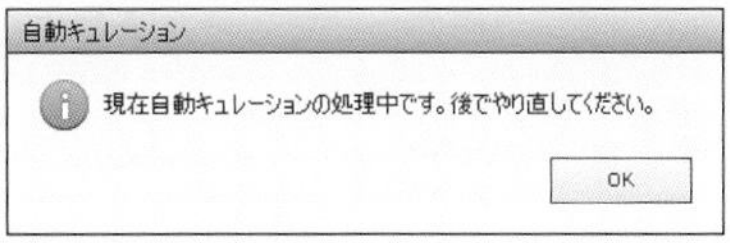

Section 21

さまざまな情報から写真を検索しよう

数年分もの大量の写真を保管していると、写真を探し出すのも大変です。写真を探すには検索機能を使いますが、検索オプションを利用すると、日付やタグなどさまざまな条件を指定できるので便利です。

1 検索画面を利用する

❶［検索］をクリックすると、

❷検索画面に切り替わります（P.077のMEMO参照）。

❸ここをクリックすると、

❹スマートタグ（KEYWORD参照）で分類された写真が表示されます。

❺［子猫］をクリックします。

MEMO

［検索］の位置

手順❶の［検索］はPhotoshop Elements 2023で新しく配置されました。それ以前のバージョンはメニューバーにあります。

KEYWORD

スマートタグ

Elements Organizerによって自動的に似ていると判断された写真には、「スマートタグ」という類似要素を示したタグが付けられてまとめられています。
スマートタグを消去するには、画像を右クリックして表示されるメニューの［スマートタグを削除］から、該当するタグをクリックします。

スマートタグは各画像に自動的に複数付けられています。

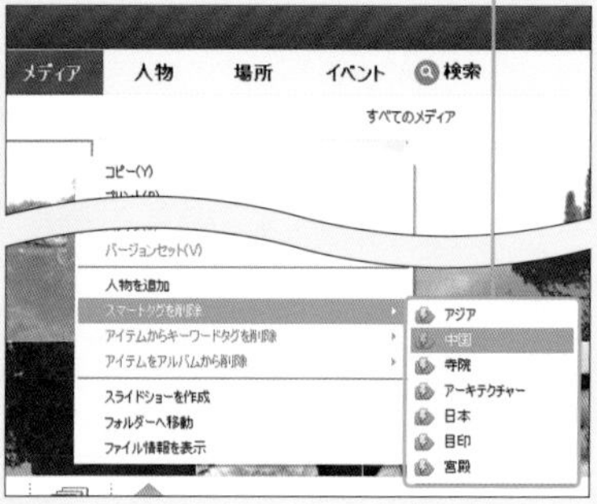

検索条件がここに表示されます（STEPUP参照）。

❻ スマートタグ「子猫」が付けられた写真の一覧が表示されます。

❼ [グリッド]をクリックし、

❽ [戻る] をクリックすると、手順❶の画面に戻ります。

複数の条件を指定して検索する

STEP UP

複数の条件に該当する写真を検索したい場合は、それぞれの条件を続けてクリックします。下の画像は「スマートタグ“子猫”」と [日付] から指定した「スマートタグ“10月2022”」の両方の条件に該当する写真の一覧です。検索条件は画面上部のバーで確認できます。

MEMO

検索画面で検索できるオプション一覧

検索画面には、検索オプションがすべてまとまっているため、ここまでで設定してきた人物／場所／重要度などさまざまな条件を指定して検索できます。

	スマートタグの分類による検索
	人物タグ（Sec.15参照）の分類による検索
	場所タグ（P.071のSTEPUP参照）の分類による検索
	日付（Sec.14参照）による検索
	フォルダー（Sec.11参照）による検索
	キーワードタグ（Sec.18参照）の分類による検索
	アルバム（Sec.16参照）による検索
	イベントタグ（Sec.17参照）の分類による検索
	重要度（Sec.19参照）の分類による検索
	メディアの種類（写真／オーディオ／ビデオ／プロジェクト）による検索

2 ［検索］メニューを利用する

❶［検索］メニュー→［すべてのスタック］の順にクリックすると、

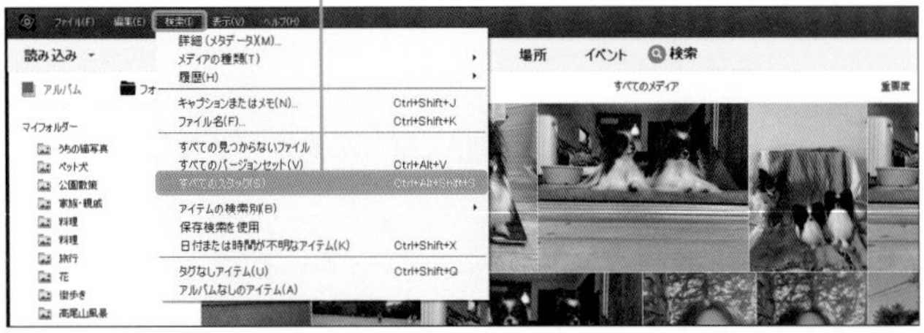

❷スタックだけが表示されます。

❸ここをクリックして戻ります。

MEMO

［検索］メニューの利用

［検索］メニューを利用すると、特定の種類の写真だけを絞り込むことができます。左の例のようにスタック（Sec.13参照）だけを表示したり、バージョンセット（P.100のKEYWORD参照）だけを表示したりできます。

MEMO

［検索］メニューから実行できる機能

［検索］メニューでは、検索画面とは異なったさまざまな条件で写真を検索できます。

サブメニューの種類に該当するファイルを表示します。

サブメニューの操作を行った写真を表示します。

キャプション、メモ、写真のファイル名から検索します。

バージョンセットまたはスタックを表示します。

保存条件、撮影日時が不明な写真を表示します。

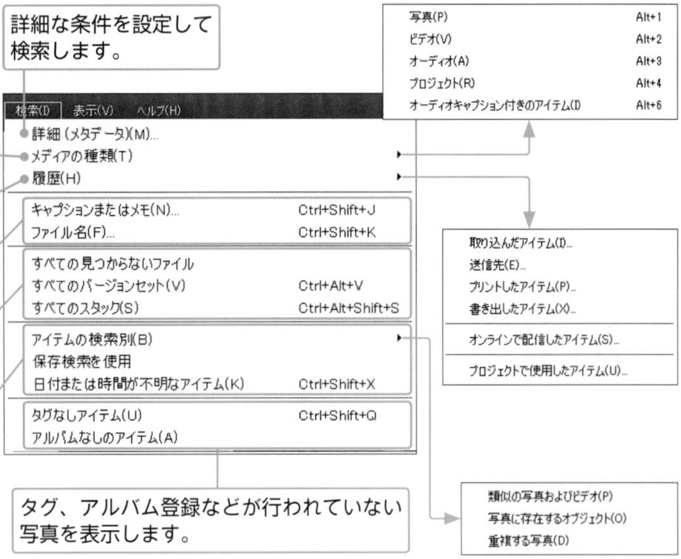

Chapter

3

写真加工の基本を学ぼう

Photoshop Elements Editorの使い方を解説します。Elements Editorには、写真の編集機能がたくさん用意されています。編集の目的によって、メニューを使ったり、パネルを使ったり、モードを使ったりします。これらの画面と操作方法を理解しておきましょう。また、編集した写真をもとの写真とは別に保存する方法を紹介します。

Section 22

Elements Editorの画面構成を知ろう

Elements Editorは、写真の編集・加工を行うアプリケーションです。Photoshop Elementsのホーム画面で［編集］をクリックして表示します。画面にはクイック、ガイド、エキスパートの3つのモードがあり、用途に合わせて、その都度切り替えて表示します。

1 クイックモードの画面構成

本書は基本的にクイックモードで解説します。

項目名	解説
メニューバー	Elements Editorの機能を呼び出すためのメニューが配置されています。
モードセレクター	現在のモードが強調表示されます。各モードのタブをクリックしてモードを切り替えることができます（P.081のMEMO参照）。
ツールボックス	写真を編集するためのツールが配置されています。
オプションバー	拡大率を調整するスライダーなどが配置されています。
ツールオプションバー／フォトエリア	選択したツールのオプション設定や写真の一覧が表示されます。エリア右上の ⌄ をクリックすると閉じます。
タスクバー	操作の取り消しなど、よく使われる機能のボタンが配置されています。
パネルバー	パネルが配置されている領域です。クイック編集の画面では、かんたんに画像補正を行うためのパネルが表示されています。

2 エキスパートモードの画面構成

[エキスパート]をクリックして切り替えます。

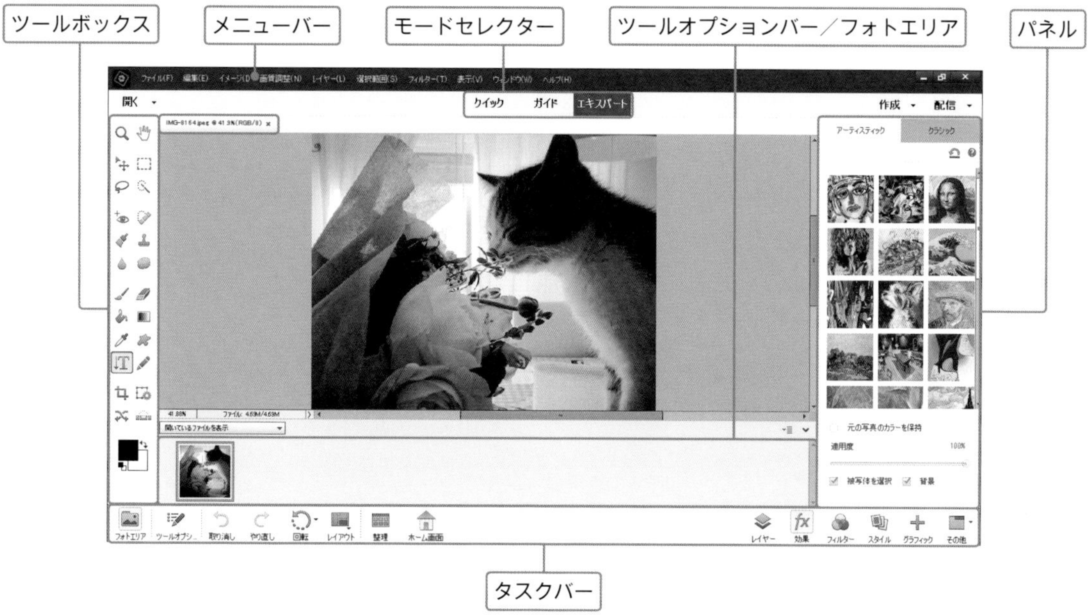

MEMO

3つの編集モードの使い分け

クイック、ガイド、エキスパートの3つのモードはメニューバー直下のモードセレクターで切り替えることができます。誰でもかんたんに写真補正ができる「クイックモード」、ガイドの指示に従って写真を加工する「ガイド付き編集モード」（本書では以後「ガイドモード」と表記します）、そしてElements Editorのすべての機能を活用できる「エキスパートモード」を使い分けましょう。なお、一番最初に起動したときは「クイックモード」画面で開かれますが、以後は前回最後に使用したモードで開かれます。本書では特にことわりのない場合、クイックモードで操作を解説します。

ガイド付き編集モードの画面

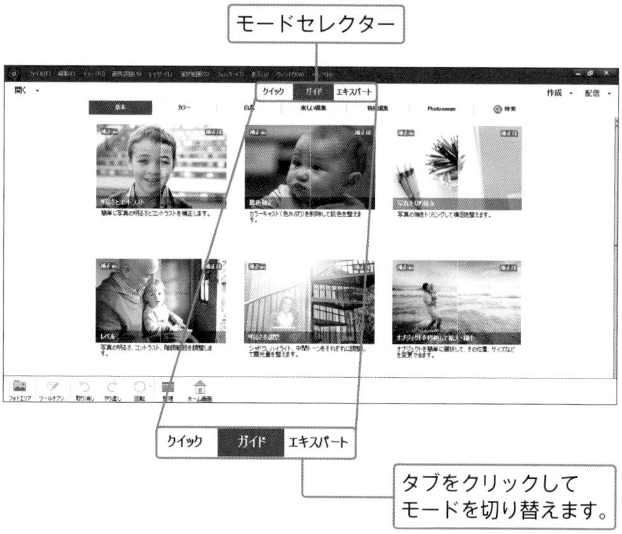

Section

23 ツールボックスの操作方法を知ろう

ツールボックスは、写真編集のツールが配置されている領域です。写真の範囲を選択するクイック選択ツール、写真の一部を動かす移動ツール、写真の一部を消す消しゴムツールなど、さまざまなツールが用意されています。

1 ツールの名称

HINT

クイックモードのツール

左図はエキスパートモードのツールボックスです。クイックモードでは、このうち特によく使う9つのツールと、クイックモードのみで使える歯を白くするツールの計10ツールが使用できます。ガイドモードでは、ズームツールと手のひらツールの2ツールが使用できます。

KEY WORD

ツールボックス

「ツールボックス」では、アイコンをクリックして選択することで、使用するツールを切り替えることができます。

STEP UP

ショートカットキーでのツールの切り替え

半角英数字が入力できる状態で、左図のツール名の横に記載されているアルファベットのキーを押すと、そのツールに切り替えることができます。同じキーを繰り返し押すと、隠れているツール（P.083のMEMO参照）に切り替えることができます。

2 ツールオプションバーを利用する

❶ [エキスパート] をクリックしてエキスパートモードに切り替えます。

❷ テキストツールをクリックして選択すると、

❸ テキストツールのツールオプションバーが表示されます。

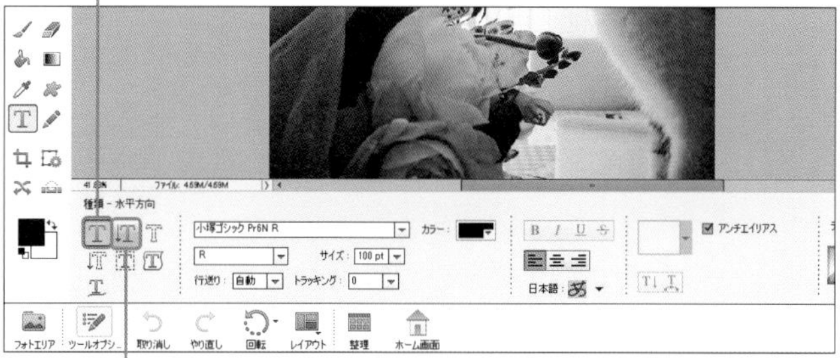

❹ 縦書き文字ツールのアイコンをクリックして選択すると、

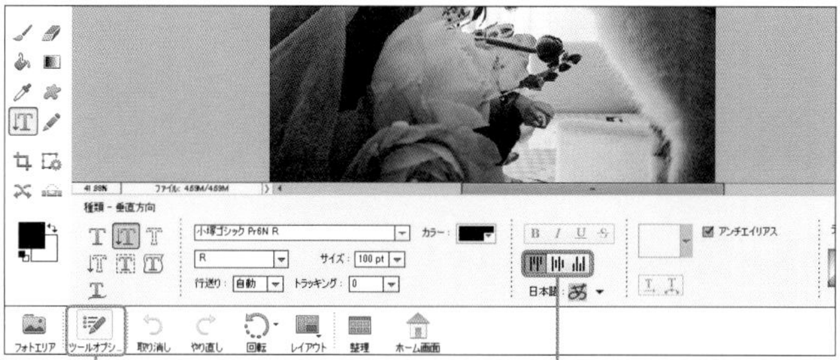

❺ ツールオプションバーの内容も縦書きツールのものに変わります。

HINT参照

KEY WORD **ツールオプションバー**

ツールオプションバーには、選択したツールのための設定項目が表示されます。たとえば、文字を入力するための「横書き文字ツール」であれば、フォントや文字サイズを設定するためのリストやボタンが表示されます。

MEMO **隠れているツールを利用する**

ツールオプションバーの左端にツールのアイコンがいくつか配置されていることがあります。これらは「隠れているツール」と呼ばれ、ツールボックスに配置されているツールと同系統のツールがまとめられています。たとえば、横書き文字ツールの隠れているツールには、「縦書き文字ツール」や「横書きマスク文字ツール」などがあります。隠れているツールをクリックして使うと、ツールボックスにはそのツールが表示されるようになります。

HINT **ツールオプションバーの表示/非表示**

タスクバーの[ツールオプション]をクリックすると、ツールオプションバーの表示/非表示を切り替えることができます。

Section
24
パネルの操作方法を知ろう

パネルとは、色や効果、フィルターなどの項目を設定したり、各種情報を表示したりするウィンドウのことで、通常は画面の右側に配置されます。エキスパートモードでは、自由に移動できるその他のパネルも利用できます。

1 パネルを表示する

MEMO
エキスパートのパネル

エキスパートモードでは、合計13のパネルを利用できます。

①レイヤーパネル：レイヤーを管理します。
②効果パネル:写真に特殊効果を与えます。
③フィルターパネル：写真の色合いを変えるフィルターが多数用意されています。
④スタイルパネル：レイヤースタイルを適用できます。
⑤グラフィックパネル：背景などの素材を選択できます。
⑥情報パネル：大きさなどの情報を表示します。
⑦ナビゲーターパネル：現在の表示範囲を示します。
⑧お気に入りパネル：よく使う効果などを登録します。
⑨ヒストリーパネル：操作の履歴を表示します。
⑩ヒストグラムパネル：色や明るさをグラフで表します。
⑪スウォッチパネル:色を登録しておきます。
⑫アクションパネル:自動操作を実行します。
⑬調整パネル：調整レイヤーの色調を補正します。

2 その他のパネルを画面上に配置する

❶［その他］をクリックすると、

❷その他のパネルが表示されます。

❸タブ（ここでは［ナビゲーター］）をドラッグすると、切り離すことができます（MEMO参照）。

MEMO パネルを切り離す／まとめる

その他のパネルは個別に切り離してそれぞれを好きな場所に配置することができます。また、タブをドラッグしてほかのパネルに重ねると、まとめることができます。

HINT パネルを初期状態に戻す

パネルの表示をインストール直後の状態に戻したい場合は、［ウィンドウ］メニュー→［パネルを初期化］の順にクリックします。

Section
25

編集する写真を表示しよう

Elements Editorで編集する写真を表示してみましょう。Elements Organizerで選んだ写真を表示したり、Elements Organizerに取り込んでいない写真を表示したりすることができます。写真は、ズームで拡大／縮小表示ができます。

1 Elements Organizerから編集したい写真を開く

❶ Elements Organizerを起動して、目的の写真を選択します。

❷ [編集]をクリックすると、

❸ Elements Editorで写真が開かれます。

RAWファイルの場合は
Camera Rawが起動します(P.242参照)。

右下のMEMO参照

MEMO
初回起動時に表示される画面

初回起動時に「Photoshop Elementsへようこそ」の画面が表示された場合、[OK]をクリックすると、Elements Editorが起動します。

HINT
複数の写真を開く

Ctrl (macOSでは command) を押しながら複数の写真をクリックして選択し、[編集] をクリックすると複数の写真をまとめて開くことができます。

HINT
最後に使用したモードで開かれる

左図ではクイックモードで開かれていますが、最初に表示されるモードは前回使用したものになります。

MEMO
ツールオプションバーの表示

初回起動時はツールオプションバーにフォトエリアが表示されます。不要な場合は、⌄ をクリックして非表示にします。

2 写真を拡大表示する

❶ズームツールを選択して、

❷ここをクリックします。

❸拡大表示したい範囲を囲むように斜めにドラッグすると、

❹指定した範囲が拡大表示されます。

右上のMEMO参照

倍率が表示されます。スライダーを左右にドラッグして調整することができます（右下のMEMO参照）。

❺［整理］をクリックすると、Organizerの画面に戻ります。

MEMO

ズームツールを利用する

ズームツール は写真を拡大／縮小表示するためのツールです。マウスポインターの形が の状態で、拡大表示したい範囲を斜めにドラッグすると、囲んだ範囲がウィンドウ内に納まるように拡大されます。写真を縮小したい場合は、ツールオプションバーで［ズームアウト］ を選択してから、写真をクリックします。また、［ズームイン］ が選ばれている状態でも、Alt（macOSでは option）を押している間はズームアウトとしてはたらきます。

MEMO

ズームスライダーを利用する

画面右上の［ズーム］も、ズームツールの［ズーム］と同じ機能です。ツールオプションバーを開かずに、かんたんに拡大縮小ができます。

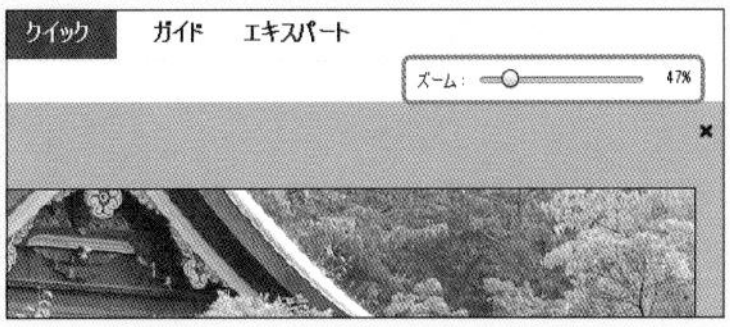

HINT

Windowsの タスクバーで切り替える

OrganizerとEditorの切り替えは、Windowsのタスクバーのアイコンからも行えます（P.035参照）。

3 Elements Organizerなしで写真を開く

❶Elements Editorを起動して（P.035参照）、

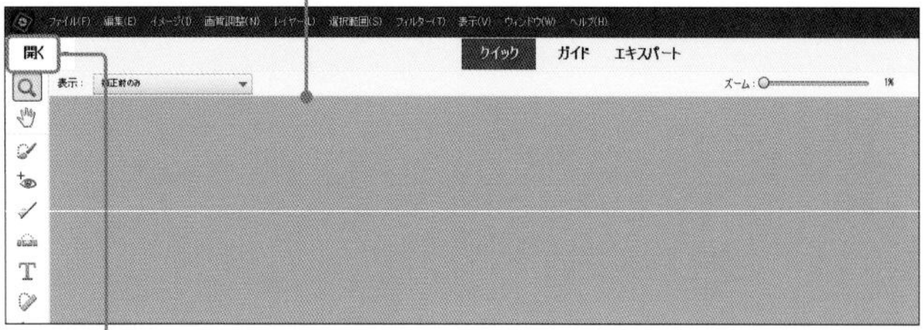

❷［開く］をクリックします。

❸写真の保存場所を選択して、

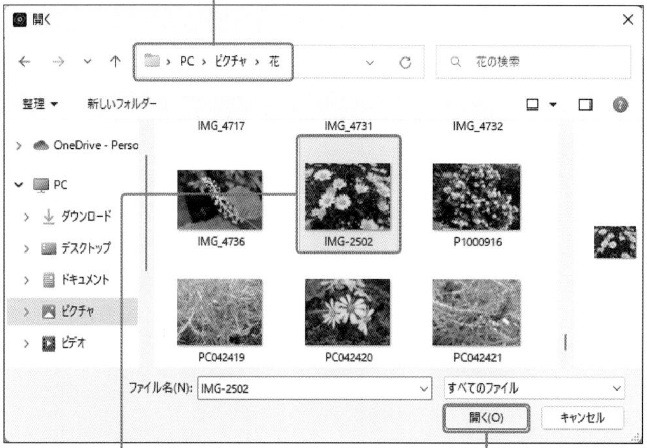

❹目的の写真を
クリックして選択し、

❺［開く］をクリックすると、

❻写真が開かれます。

MEMO

［開く］ダイアログボックスの表示

［開く］ダイアログボックスは、左の手順のほか、Ctrl＋O（macOSではcommand＋O）を押しても表示することができます。また、［ファイル］メニュー→［開く］の順にクリックしても表示できます。

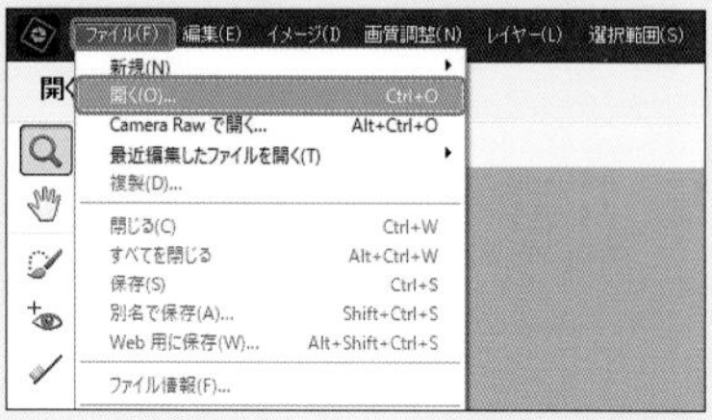

HINT

閉じたファイルを開く

一度開いた写真は、［開く］の■をクリックすると表示されるので、そこから選ぶことができます。

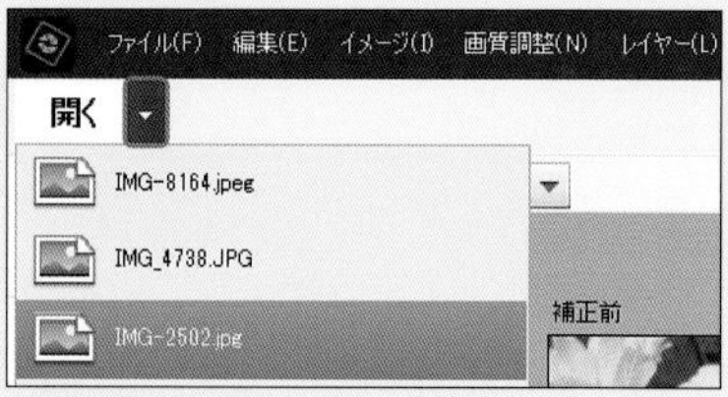

STEP UP

複数の写真を一度に開く

手順❹でCtrl（macOSではcommand）を押しながらクリックすると、複数のファイルを選択して開くことができます。［フォトエリア］で編集する写真を切り替えることができます。

4 写真を閉じる

クイックモード／ガイドモードの閉じ方です。

❶[閉じる]をクリックすると、

❷写真が閉じます。

写真を閉じてもEditorは起動したままにできます。

MEMO

写真を閉じる

クイックモード／ガイドモードでは、写真の右上に表示される ✖ をクリックすると、写真を閉じることができます。

STEP UP

複数の写真を一度に閉じる

開いている複数の写真を一度に閉じるには、［ファイル］メニュー→［すべてを閉じる］の順にクリックします。

HINT

エキスパートモードで写真を閉じる

エキスパートモードでは、写真のタブに閉じるボタンが付いています。また、写真の編集を行った後で閉じようとした場合は、ファイルを保存するかどうかを確認するメッセージが表示されます。

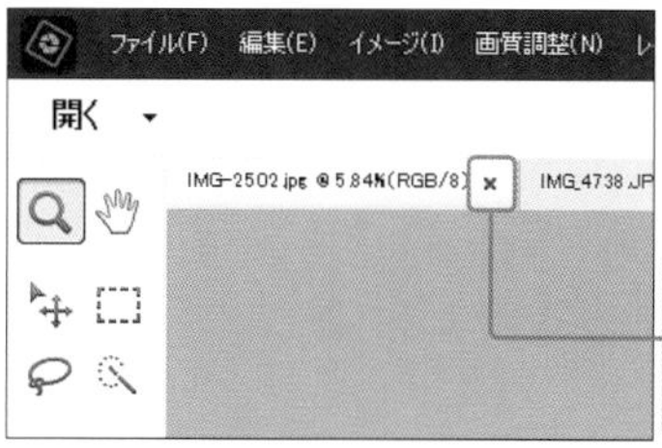

エキスパートモードの場合は、ここをクリックします。

Section
26
写真の表示方法を変更しよう

写真の拡大表示の場合に隠れてしまった部分を表示するには、手のひらツールを使って、ドラッグしながら表示する範囲を変更します。また、写真を補正した場合は、補正前と補正後の状態を並べて表示することもできます。

1 写真の表示範囲を変更する

ズームツールで写真を拡大表示しておきます。

クイック
ガイド
エキスパート
❶手のひらツールを選択すると、
❷マウスポインターが手の形に変わるので、

クイック
ガイド
エキスパート
❸写真をドラッグすると、

❹ドラッグした方向に、写真の表示範囲が移動します。

KEY WORD

手のひらツール

手のひらツールは、ウィンドウ内に写真が表示しきれない場合に、ドラッグ操作で表示範囲を移動するツールです。また、ほかのツールを使用しているときにSpaceを押すと、マウスポインターの形がになり、一時的に手のひらツールに切り替えることができます。

STEP UP

ボタンを利用した表示倍率の変更

ズームツールと手のひらツールのオプションバーには、表示倍率を変更するためのボタンが用意されています。

①**[1：1] ボタン**
等倍で写真を表示します。

②**[画面サイズ] ボタン**
ウィンドウ内に写真全体が納まるよう倍率調整されます。

③**[画面にフィット] ボタン**
幅と高さのうち、短いほうが画面に合うように倍率調整されます。

④**[プリントサイズ] ボタン**
印刷（Sec.91参照）時のサイズで写真を表示します。

② 補正前と補正後の写真を並べて表示する

あらかじめ写真に変更を加えておきます。

❶ここをクリックし、

❷[補正前と補正後-左右に並べて表示]をクリックすると、

❸補正前の写真と補正後の写真が横に並んで表示されます。

補正前の写真が表示されるエリア

補正後の写真が表示されるエリア

MEMO **写真を並べて表示する**

写真を左右または上下に並べて表示すると、どのように補正されたかを見ながら作業することができます。なお、エキスパートモードでは並べて表示することはできません。

① **[補正後のみ]**
補正を行っている写真が表示されます。

② **[補正前のみ]**
もとの写真が表示されます。

③ **[補正前と補正後-左右に並べて表示]**
もとの写真と補正を行っている写真が横に並んで表示されます。

④ **[補正前と補正後-上下に並べて表示]**
元の写真と補正を行っている写真が縦に並んで表示されます。

HINT **ドラッグして同時に移動／拡大できる**

並べて表示した状態では、ズームツールによる拡大／縮小や、手のひらツールによる移動が連動するので、比較しながら作業できます。

Section
27

おまかせで自動的に補正しよう

クイックモードの調整パネルには、写真の補正を自動的に行えるスマート補正機能があります。パネルの候補から選択するだけで、かんたんに補正ができます。そのほか、レベルやコントラスト、カラー、シャープ補正なども自動でできます。

1 写真の明るさを自動的に補正する

❶［スマート補正］ツールをクリックして、

調整パネルが表示されていない場合は、ここをクリックしてください。

❷［自動］をクリックします。

KEY WORD

スマート補正

スマート補正は、いくつかの補正機能を組み合わせて、かんたんに補正できるようにする機能です。細かい指定を行わなくとも、写真がきれいになるように補正できます。

候補のサムネイルから選ぶか、手順❷の［手動］を選んで補正します。

KEY WORD

自動スマート補正

手順❷で［自動］をクリックすると、写真全体の色合いや明るさを自動で最適な状態に補正します。これが「自動スマート補正」です。ただし、自動補正の特性上必ずしも意図したような明るさ、色合いになるわけではない点に注意してください。

❸補正前と補正後を並べて表示します。

HINT参照

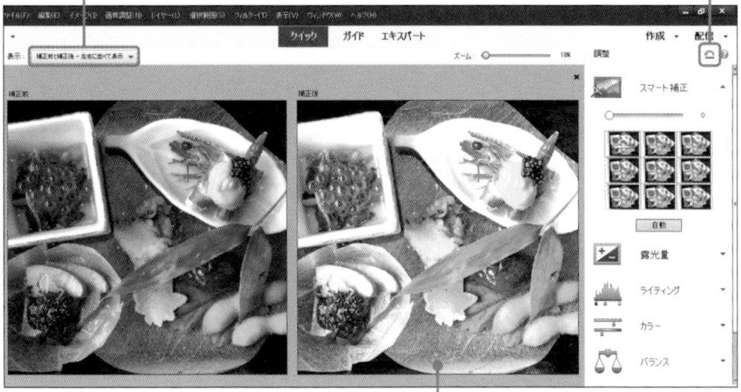

❹明るさやコントラストが自動的に補正されます。

HINT 補正をキャンセルする

補正した結果をキャンセルして補正前に戻したい場合は、パネルの右上にある をクリックすると初期状態まで戻ります。また、[取り消し] をクリックして取り消すこともできます。

HINT そのほかの自動補正機能

調整パネルのほかに、[画質調整] メニューを利用することができます。自動レベル補正、自動コントラスト、自動カラー補正、自動シャープの4つの補正です。自動スマート補正と同様に、パネルバーの各パネルのボタンをクリックするだけで補正できます。利用できる補正の効果は写真の通りです。なお、自動シャープ補正についての詳細は、Sec.30を参照してください。

自動レベル補正

ライティングツールで[自動レベル補正]をクリックします。写真の最も明るい部分と最も暗い部分を中心に補正して、明暗差のバランスを整えます。

自動カラー補正

カラーツールで[自動]をクリックします。写真の色合いを鮮やかに、自然に補正します。

自動コントラスト

ライティングツールで[自動コントラスト]をクリックします。写真の明暗差をより大きくして、メリハリを付けます。

2 プレビューを見ながら補正する

❶［スマート補正］ツールをクリックして、

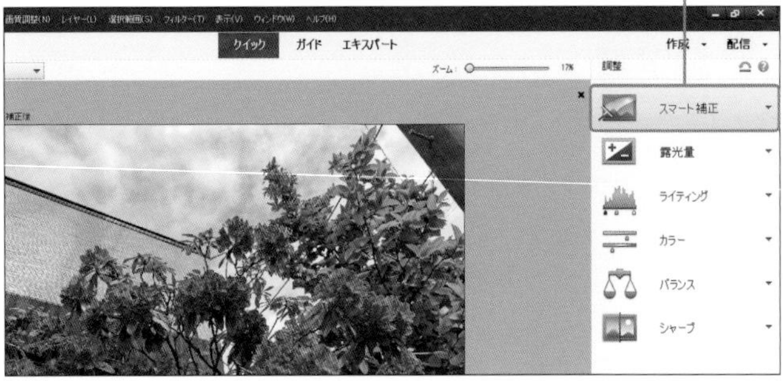

❷マウスポインターを
サムネイルの上に移動させると、

❸補正結果がプレビューできます。

❹適用するサムネイルをクリックします。

MEMO

候補の中から補正する

いくつかの候補の中から、自分のイメージ通りの写真に仕上げたい場合は、左の手順のようにパネルに表示されたサムネイルをクリックして、補正効果の適用量を調整します。9枚のサムネイルはそれぞれ補正の度合いを示すもので、サムネイルの上にマウスを移動させるだけでその効果をプレビューできるので、色々試しながら補正をするのに向いています。

HINT

補正を確定する

サムネイルをクリックすることによる補正を確定させるには、現在操作しているツール以外のツールを使うか、［調整］をクリックして補正パネルを閉じます。

HINT

補正のしすぎに注意!

暗く補正した写真を後から明るく補正し直しても、もとの状態に戻るわけではありません。写真を補正するたびに、写真の中にある明るさや色の情報がわずかに損なわれていきます。そのため、補正を何度も何度も繰り返し実行すると、写真がどんどん劣化し、微妙な明るさの変化（グラデーション）などが失われてしまいます。意図と違った結果になってしまったときは、P.095のHINTを参照して補正を取り消しましょう。

3 補正を細かく調整する

❶サムネイルをクリックして補正して(ここでは[カラー]を補正)、

❷スライダーをドラッグすると、

❸補正が微調整されます。

補正の微調整

MEMO

パネルの各ツールの補正項目には、補正の度合いを示すサムネイルのほか、スライダーが用意されています。このスライダーをドラッグすることで、補正の適用量を微調整できます。サムネイルよりも細かく調整したいときはスライダーを使いましょう。

補正を取り消す

HINT

サムネイルをクリックすることによる補正は、確定前であれば「起点のサムネイル」をクリックすることで取り消すことができます。また、確定した後でもタスクバーの［取り消し］をクリックすれば、直前の補正を取り消すこともできます（P.096参照）。

1つの写真には、複数の補正効果を重ねて適用することができますが、すべての補正を取り消したい場合は、パネルバー上部の［調整をリセット］をクリックします。

なお、リセットすると、横書き文字ツールの入力などのほかの変更もリセットされるので注意しましょう。

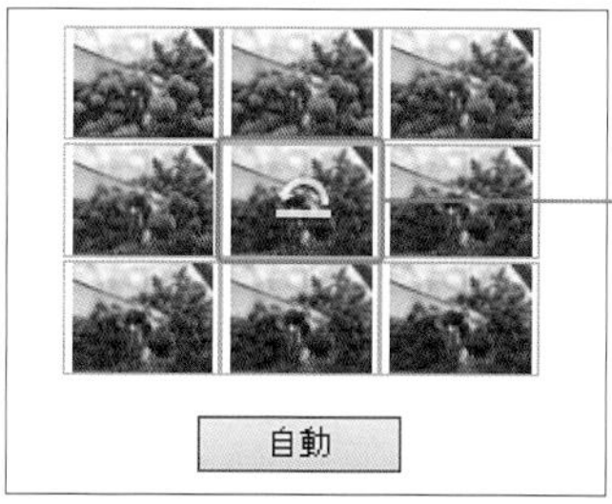

が表示されている起点のサムネイルをクリックして確定前の補正を取り消します。

［調整をリセット］をクリックしてすべての補正を取り消します。

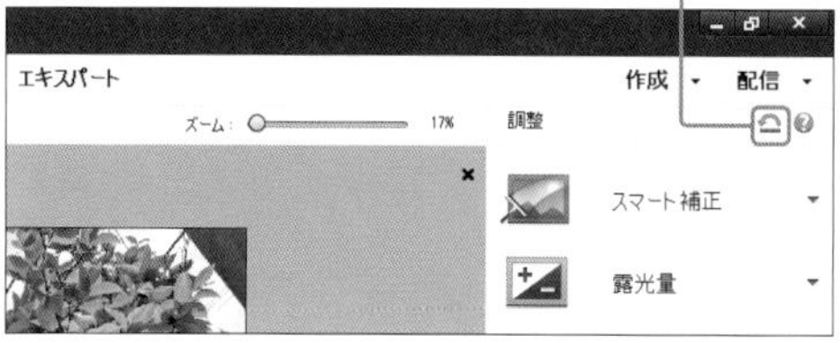

Section
28
操作の取り消しとやり直しを知ろう

写真を補正したときに、意図通りにはならないことはよくあります。そういうときは、操作を取り消してもとの状態に戻し、補正をやり直しましょう。ただし、写真を保存してしまうと、取り消しはできません。

1 ボタンで操作を取り消す

❶写真に変更を加えます。

❷[取り消し](KEYWORD参照)をクリックすると、

❸直前の操作が取り消され、写真が操作前の状態に戻ります。

KEY WORD

取り消し／やり直し

[取り消し]をクリックすると直前に行った操作が取り消され、[やり直し]をクリックすると直前に取り消した操作がやり直されます。クリックした回数分、操作を取り消し／やり直しすることができます。

HINT

メニューから操作を取り消す

[編集]メニュー→[(操作名)の取り消し]の順にクリックして、操作を取り消すこともできます。また、[編集]メニュー→[(操作名)のやり直し]の順にクリックして、取り消した操作をやり直せます。メニューからの操作では、何の操作を取り消そうとしているのかが確認できます。すべての編集を取り消すときは[復帰]をクリックします(P.097のHINT参照)。

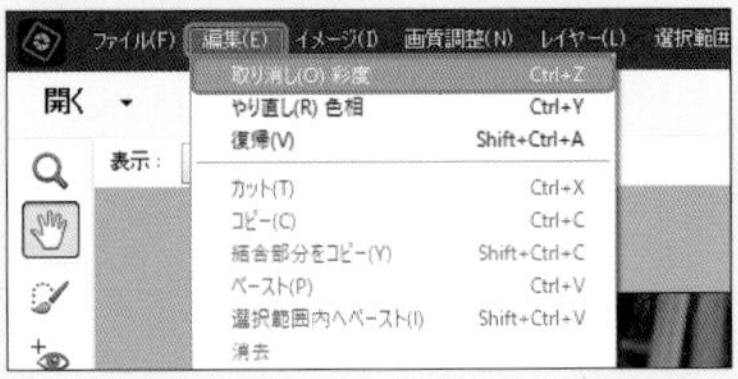

2 ヒストリーパネルを利用する

❶[エキスパート]をクリックして、

❷[その他]をクリックすると、

❸その他のパネルが表示されます。

❹[ヒストリー]をクリックして、

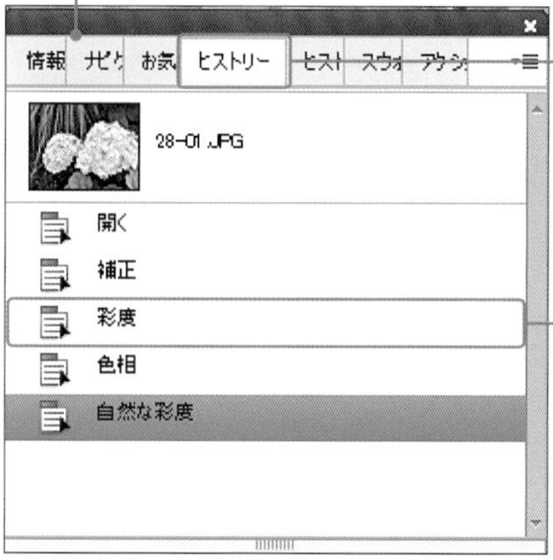

❺その操作の直後まで戻りたいところをクリックすると、

❻その操作直後の状態まで戻ります。

MEMO
ヒストリーパネルの利用

エキスパートモードでは、ヒストリーパネルを利用できます。ヒストリーパネルには、ファイルを開いてから行った操作の履歴が表示されており、履歴をクリックすると写真がその操作後の状態まで戻ります。ヒストリーパネルに表示される履歴の数は最大50までですが、メモリの空きが少なくなると古いものから順に消去されます。

MEMO
ヒストリーパネルが表示されない

[その他]をクリックしてもヒストリーパネルが表示されない場合は、[ウィンドウ]メニュー→[ヒストリー]の順にクリックし、チェックマークが付いた状態にします。

HINT
写真を最後に保存したときの状態に戻す

[編集]メニュー→[復帰]の順にクリックすると、それまでに行った一連の操作を取り消して、写真を最後に保存したときの状態に戻すことができます。

Section 29

補正した写真を保存しよう

写真を補正したら、ファイルとして保存します。Photoshop Elementsでは、補正前と補正後の写真をバージョンセットとしてまとめることができるので、もとの写真に補正後の写真を上書きしてしまうということはありません。

1 写真を保存する

あらかじめ写真に変更を加えておきます。

❶ [ファイル] メニュー→ [保存] (または [別名で保存]) の順にクリックすると、

❷ [名前を付けて保存] ダイアログボックスが表示されます。

❸ 保存先を指定し、

❹ [オリジナルと一緒にバージョンセットで保存] をクリックします。

MEMO

ファイルの保存

Elements OrganizerからElements Editorで写真を開いて補正した場合は、左の手順に従うと、[名前を付けて保存] ダイアログボックスが表示されます。

一度補正した写真を保存すると補正前と補正後のファイルはElements Organizer上でバージョンセットにまとめることができます。

なお、TIFFファイルを編集してJPEGファイルとして保存するなど一部の操作ではバージョンセットになりません。

MEMO

自動的に付けられるファイル名

[オリジナルと一緒にバージョンセットで保存] が、もとの写真と同じ保存先を指定すると有効になります。オンになっていないときは、クリックしてオンにすると、「(もとのファイル名)_edited-(連番)」というファイル名が自動的に入力されます。

❺ファイル名が変わります。

❻[JPEG (*.JPG;*.JPEG;*.JPE)] を選択し、

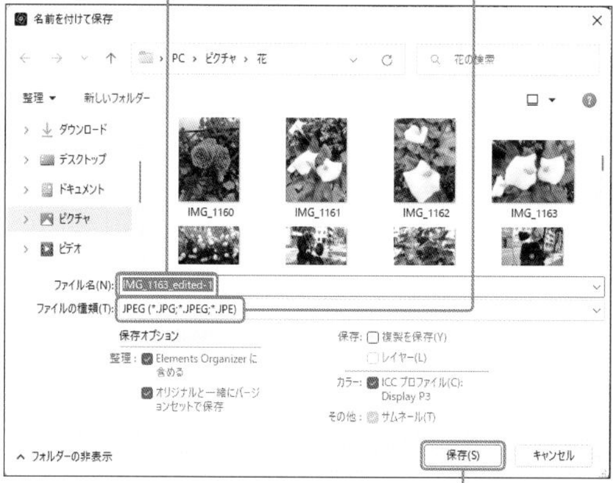

❼[保存]をクリックします。

❽画質を選択して、

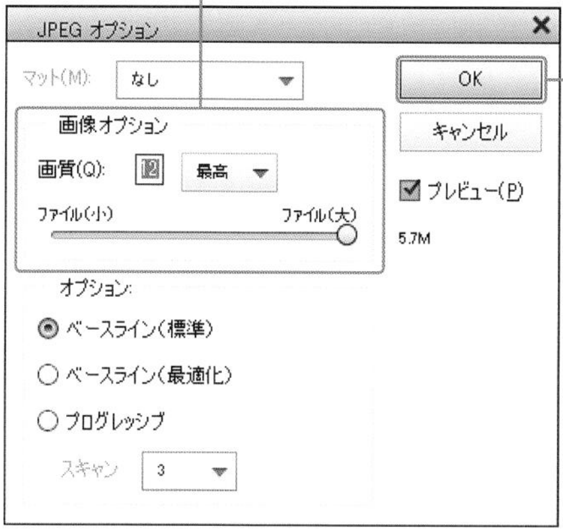

❾[OK] をクリックすると、ファイルが保存されます。

❿[閉じる] ボタンをクリックして、ファイルを閉じます。

MEMO

保存可能なファイル形式

手順❻で選択できる主なファイル形式は、次の通りです。

①JPEG形式

写真の保存をするのに適したファイルサイズの小さい形式です。レイヤー情報を保存できないなど編集作業にはあまり向かない点もあります。

②PNG形式

ファイルを無劣化で保存できますが、ファイルサイズはJPEG形式と比べて大きくなってしまいます。また、レイヤー情報は保存できません。

③Photoshop形式

Photoshop専用の形式で、レイヤーなどのPhotoshop固有の情報を記録できます。ただし、ほかの画像形式に比べて開けるアプリケーションが少なく、写真の共有などには適さないので、作業の途中でのみ使うとよいでしょう。

HINT

保存せずにファイルを閉じようとすると？

保存せずにファイルを閉じようとすると、保存するかどうかを確認するダイアログボックスが表示されます。[はい] をクリックすると、保存処理が実行されます。保存せずに補正結果を破棄したい場合は [いいえ] を、ファイルを閉じたくない場合は [キャンセル] をクリックします。

2 補正前の写真を確認する

Elements Organizerで補正した写真を表示しています。

❶ Ctrl + D (macOSでは command + D) を押すと、

バージョンセットを示すアイコン が表示されています。

❷ 表示が切り替わります。

❸ をクリックすると、

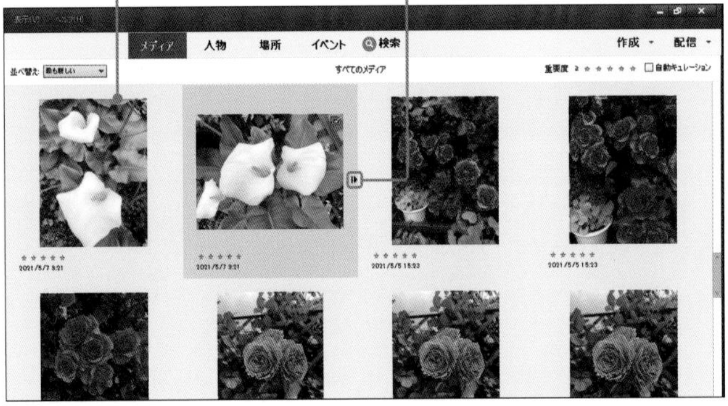

❹ 補正前の写真も表示されます。

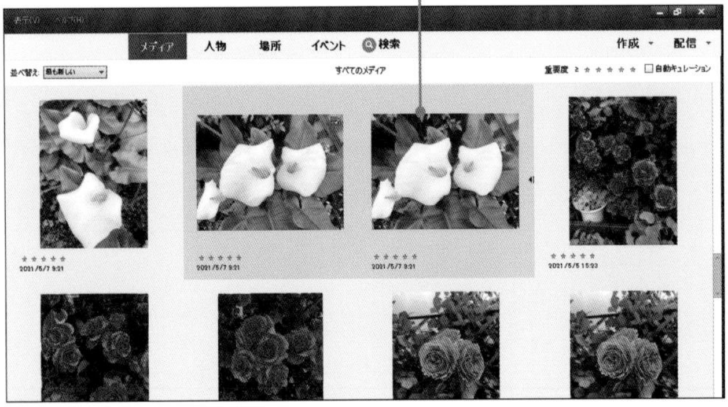

❺ Ctrl + D (macOSでは command + D) を押してもとに戻します。

KEYWORD **バージョンセット**

Elements Organizerから開いた写真を保存すると、もとの写真と補正後の写真が「バージョンセット」というグループになります。バージョンセットはスタック（Sec.13参照）と似た、写真をまとめるための機能です。必要に応じて展開し、もとの写真を選んで編集することができます。

MEMO **バージョンセットの展開と折りたたみ**

バージョンセットを展開するには、表示を切り替え、サムネイルの右側に表示されている をクリックします。展開したバージョンセットを折りたたむには、展開後に右側に表示される をクリックします。

STEP UP **常に別のファイルとして保存する**

別のファイルとして保存されるのは、最初に保存したときだけで、2回目以降の保存時は補正後のファイルに上書き保存されます。
さらに別のファイルにしたい場合は、[ファイル] メニュー→ [別名で保存] の順にクリックします。

Chapter

4

色やぶれを補正して自然な写真にしよう

Photoshop Elements Editorは、ぶれたり、暗くなったりというような撮影に失敗した写真の修正に力を発揮します。さまざまな編集ツールのほか、自動的に補正してくれる機能が用意されています。どういうときにどのツールを使うのか、慣れないうちは戸惑いますが、使っているうちに理解できるようになります。

Section

30

ぼけた写真をはっきりさせよう

ピントが合っていない、ぼけた写真の場合は、シャープツールを使ってはっきりさせましょう。明るさや色の差をはっきりさせることで、輪郭を目立たせます。ただし、あまりかけすぎると画質が粗くなり、逆効果になることもあります。

BEFORE　ぼやけている部分をはっきり表示したい。

AFTER　全体が見えるようになった。

1 シャープを設定する

❶調整パネルの[シャープ]をクリックします。

KEYWORD　シャープ

シャープツールは写真のぼやけた部分をはっきりさせる機能です。ずれやぼけの修正に使うことができます。ただし、明るさや色の差を強調して輪郭を目立たせるため、なめらかにしておきたい部分も粗くなることがあります。明確さと粗さのバランスに注意して設定してください。

❷ サムネイルにマウスポインターを合わせてちょうどよい結果を探します。

❸ 意図に近いイメージのサムネイルをクリックすると、

❹ 輪郭や細部がはっきりします。

STEP UP

アンシャープマスクの利用

アンシャープマスクを使えば、シャープにしつつ画質が粗くならないように微調整することができます。［画質調整］メニュー→［アンシャープマスク］の順にクリックして、設定画面を表示します。

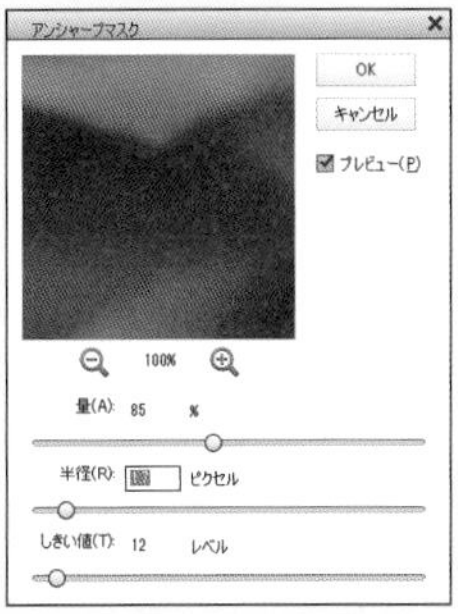

①量

大きくするとより輪郭のコントラストが強調されます。

②半径

大きくすると輪郭周辺のより広い範囲に効果がかかります。

③しきい値

大きくすると色の差が小さい部分にはシャープ効果がかからなくなり、画像の粗を防げます。

HINT

ノイズに注意

シャープパネルでの補正で、シャープの度合いを高めすぎると、特に夜景や室内などの暗い写真では、「ノイズ」が目立つようになってしまうことがあります。ノイズは暗部に現れる粒子状の不規則模様のことで、写真全体が汚く見えてしまう原因になります。ノイズが目立つ場合は、［フィルター］メニュー→［ノイズ］→［ノイズを低減］の順にクリックして、［ノイズを低減］ダイアログボックスで調整します。

Section
31 くすんだ色の写真を鮮やかにしよう

全体的に灰色っぽくくすんだ色合いになってしまった写真は、カラーツールの彩度を調整するとよいでしょう。彩度とは色の鮮やかさの値を表し、彩度が高いほど原色に近づきます。また、自然な彩度を利用することもできます。

BEFORE くすんだ色合いを鮮やかにしたい。

AFTER 花びらが鮮やかになった。

1 彩度を調整する

❶調整パネルの[カラー]をクリックして、

❷[彩度]をクリックします。

KEY WORD 彩度／色相

彩度とは、色の鮮やかさを表す値です。彩度を上げるとそれぞれの色が原色に近づき、彩度を下げると色が浅くなり、灰色に近づきます。色相とは、赤や青などの色味の違いです。

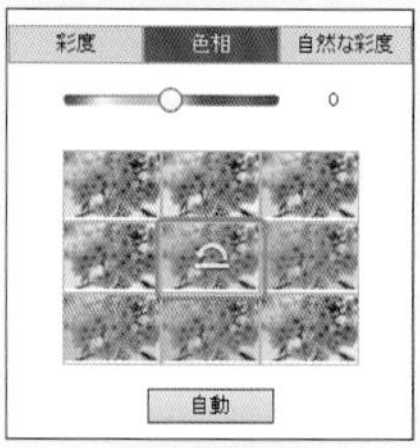

❸サムネイルにマウスポインターを合わせて、プレビューを確認します。

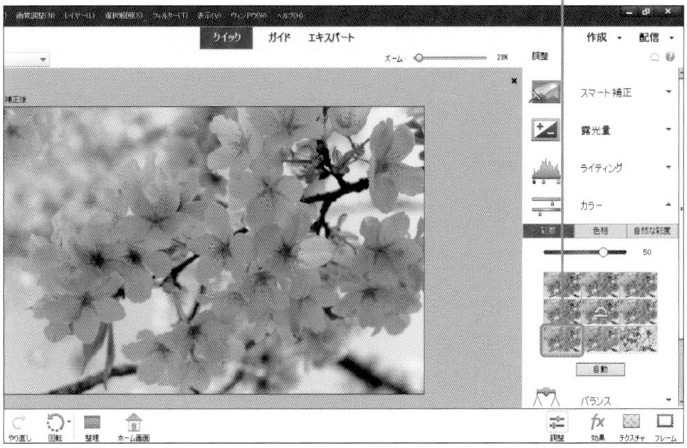

❹意図に近いイメージのサムネイルをクリックします。

MEMO

彩度の上げすぎに注意

彩度を上げすぎると、もともとはわずかに色が付いていた部分が完全な赤や青に変わってしまい、写真の色のバランスが崩れてしまうことがあります。

彩度を上げすぎると、色のバランスが崩れてしまいます。

HINT

自然な彩度を利用する

彩度を強めすぎると、写真の色がおかしくなってしまうことがあります。[自然な彩度]を利用すると、色がおかしくならない範囲で彩度を調整することができます。

❶[自然な彩度]をクリックして、

❷サムネイルをクリックします。

Section
32
逆光で撮影した写真を明るくしよう

陽の光に向かって写真を撮ると逆光になり、被写体が暗くなってしまいます。スマート補正を利用すると、バランスよく補正できます。さらに、ライティングも組み合わせて明るさを調整すると効果的です。

BEFORE 逆光で被写体が暗くなってしまった。

AFTER 全体的に明るくなるように調整できた。

1 スマート補正で大まかに明るさを調整する

❶ 調整パネルの[スマート補正]をクリックして、

MEMO
スマート補正の利用

スマート補正は明るさや色合いを補正して写真をきれいにします。バランスよく最適化された補正がかかるので、まずはスマート補正で写真の補正をはじめてみるとよいでしょう。

❷明るいサムネイルをクリックすると、

❸被写体が明るくなります。

HINT参照

MEMO

ほかの補正効果と組み合わせる

スマート補正はバランスのよい補正効果を与えることができますが、そのぶん強い効果を与えることはできません。スマート補正の効果が弱いと感じたら、この例のようにほかの補正効果と組み合わせてみましょう。

2 暗い部分を少し明るくする

❶調整パネルの[ライティング]をクリックして、

❷[シャドウ]をクリックします。

❸ほどよい明るさのサムネイルをクリックすると、

❹背景を白飛びさせずに暗い部分を明るくできます。

KEY WORD

ライティング

ライティングは、写真を「シャドウ(暗い部分)」「ハイライト(明るい部分)」「中間調(中間の明るさの部分)」の3つの領域に分け、それぞれの明るさを調整する機能です。ここではシャドウ(暗い部分)を明るくして、背景の青空を変えずに、手前を明るくしています。

HINT

露光量では全部が明るくなる

露光量も明るさを調整する機能ですが、画像全体の明るさを一律に変更します。そのため、明るい部分が白一色になる、白飛びをしてしまうことがあります。

Section 33

自然な明るさに補正しよう

写真全体の色や明るさ、コントラストの補正には、写真の露出とコントラストを自動的に調整してくれる自動スマートトーン補正を利用します。また、コントローラーを左右にドラッグすると明るさの調整、上下でコントラストの調整ができます。

BEFORE 写真全体が暗いイメージになってしまった。

AFTER 自動調整で明るさと色合いがよくなった。

1 明るさと色合いを自動補正する

❶ [画質調整] メニュー→ [自動スマートトーン補正] の順にクリックすると、

KEY WORD 自動スマートトーン補正

「自動スマートトーン補正」は、写真の露出とコントラストを自動調整して、最適な明るさ、色合いに補正するための機能です。暗すぎて色が沈んでしまった写真や、明るすぎて色が白っぽくなってしまった写真などの補正に効果があります。自動スマートトーン補正では、コントローラーによる微調整の結果が次回以降の補正にも記憶されるので、同じような明るさ、色合いの写真をまとめて補正する際に役立ちます。

❷明るさと色合いが自動調整され、[自動スマートトーン補正] 画面が表示されます。

コーナーサムネイルをクリックすると、サムネイルと同じ明るさ・色合いに調整されます。

自動スマートトーン補正
画像補正を微調整するには、コントローラーを動かします。四隅には、その方向にドラッグした場合に得られる修正結果が表示されます。
HINT参照
補正前
補正後
初期化
OK
キャンセル

HINT

補正前後の写真を見比べる

自動スマートトーン補正による補正結果と補正前の状態を比較するには、一時的に補正前の写真を表示します。補正前の写真を表示するには、[自動スマートトーン補正] 画面で [補正前／補正後] のスイッチをクリックして、スイッチを [補正前] に切り替えます。もとの表示に戻すには、再度スイッチをクリックして [補正後] に切り替えます。

2 明るさと色合いを微調整する

❶コントローラーをクリックすると、

❷グリッドが表示されます。

❸コントローラーをドラッグすると、写真全体の明るさや色合いが変化します。

[初期化] をクリックすると、コントローラーが中心に戻ります。

❹ [OK] をクリックすると、補正が確定します。

MEMO

補正の微調整

グリッドの範囲内でコントローラーは移動でき、右方向で明るく、左方向で暗く補正されます。また、上方向でコントラストが高く、下方向でコントラストが低くなり、色合いの濃淡を補正できます。

HINT

微調整の結果は記憶される

コントローラーの移動による補正結果は学習されるため、次回以降 [自動スマートトーン補正] 画面を開いたときにも反映されます。これによりほかの写真にも同じ補正をかけやすくなります。

Section
34

手ぶれを補正しよう

カメラのシャッターを押すときに動いたり、カメラに振動を与えたりすると、写真がぶれてしまいます。ぶれの軽減機能を使って補正しましょう。ぶれの発生している領域を自動的に解析して、自然な補正をかけてくれます。

BEFORE　手ぶれで写真がぼやけてしまった。

AFTER　ぶれが取れ、くっきりとした。

1 ぶれの軽減機能を利用する

❶［画質調整］メニュー→［ぶれの軽減］の順にクリックすると、

KEY WORD　**ぶれの軽減**

「ぶれの軽減」は、写真を解析し、ぶれの生じている領域を指定して調整する機能です。自動的に解析されるほか、ドラッグで好きな場所を指定することもできます。ぶれやぼけの補正には、シャープ機能（Sec.30参照）も便利ですが、部分的に細かな調整を行いながら補正したい場合はこちらの機能を使うとよいでしょう。なお、［画質調整］メニュー→［自動ぶれ軽減］の順にクリックすると、自動的にぶれが軽減されます。

❷［ぶれの軽減］画面が表示されます。

❸ぶれの生じている領域が自動的に解析され、調整されます。

❹ここをクリックすると、

❺拡大鏡ウィンドウが表示され、すみずみまで確認することができます（右中のHINT参照）。

❻ここをクリックすると、

❼写真がさらに解析され、ぶれの生じている領域が新たに追加されて自動調整されます。

❽［OK］をクリックすると、補正が確定します。

HINT

警告が表示される

解析されたぶれの軽減領域の情報量が不足している場合は、警告マーク ⚠ が画面右上に表示されます。拡大鏡ウィンドウを表示して軽減領域を確認すると、表示は消えます。

HINT

拡大鏡ウィンドウの活用

拡大鏡ウィンドウでは、表示する拡大率を0.5x、1x、2x、4xの中から選択できます。また、ドラッグで表示部分を移動することができます。左上の ☒ をクリックすると、ウィンドウが閉じます。

MEMO

領域の移動と削除

解析されたぶれの軽減領域を一時的に除外したい場合は、◉をクリックして●の状態にします。また、◉をドラッグして移動させることができます。⊗をクリックすると、削除することができます。

Section
35

かすみを除去しよう

撮影時の天候の状況によって、写真にかすみがかかってしまった場合は、かすみの除去機能を利用しましょう。かすみのかかっている領域を自動的に解析して調整してくれるので便利です。この機能は、水中写真にも使えます。

BEFORE　かすみがかかってぼやけている。

AFTER　かすみが取れ鮮明になった。

1 かすみの除去機能を利用する

❶[画質調整]メニュー→[かすみの除去]の順にクリックすると、

KEY WORD　かすみの除去

「かすみの除去」は霧やかすみなどによって生じてしまったマスク効果を除去する機能です。除去量は「かすみの除去」バーと「感度」バーの2つから調整できます。どちらか一方を強めすぎると、コントラストが強まったりノイズがかかって粗く見えたりしてしまう場合があるので、注意が必要です。

❷［かすみの除去］画面が表示されます。

❸かすみの生じている領域が自動的に解析され、調整されます。

❹ここをドラッグして、かすみの除去量を調整します。

❺ここをドラッグして、かすみ検出の感度を調整します。

❻［OK］をクリックすると、

❼かすみの除去処理が行われ、かすみが取れます。

MEMO

自動かすみ除去

［画質調整］メニュー→［自動かすみ除去］の順にクリックすると、自動的にかすみが除去されます。細かな調整を必要としない場合に適しています。

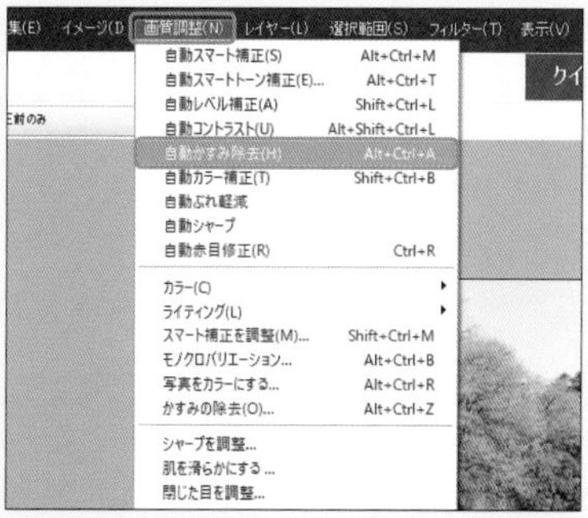

HINT

さまざまな補正に使える

白っぽくなってしまった写真や、アナログ写真の読み込み時の白みなども、「かすみの除去」機能を使うと修正することができます。また、ガラス越しに撮影した写真や水中写真の補正にも効果を発揮します。

Section

36

肌をいきいきとした色にしよう

天気の悪い日や蛍光灯の下などで撮影すると、肌が青みがかった暗い色になってしまうことがあります。肌色補正機能を使って、自然な色に補正しましょう。さらに補正したい場合は、日焼け色、赤み調整、環境光などで調整できます。

BEFORE 青みがかかった顔色をきれいに見せたい。

AFTER 暖かみのある自然な肌色に直した。

1 肌色を基準に全体の色を補正する

❶ [画質調整] メニュー→ [カラー] → [肌色補正] の順にクリックすると、

KEY WORD

肌色補正

肌色補正は、撮影の際に色合いの変わってしまった肌の色を、自然な色に直すために用意された機能です。色合いを補正するほかの機能を使っても補正はできますが、肌色補正機能を使えばよりかんたんに自然な肌色を得られます。

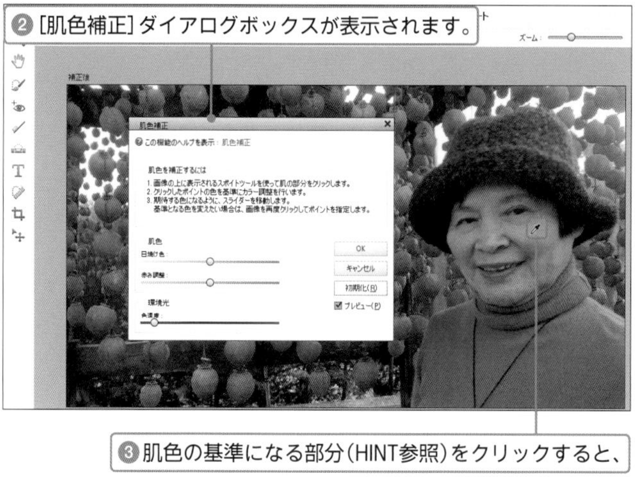
❷［肌色補正］ダイアログボックスが表示されます。
❸肌色の基準になる部分（HINT参照）をクリックすると、

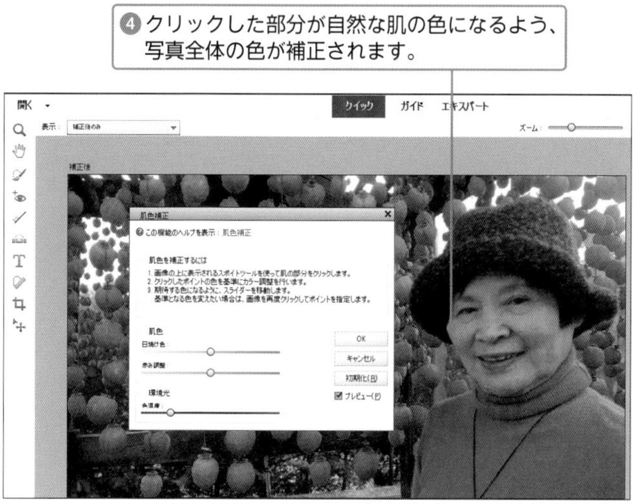
❹クリックした部分が自然な肌の色になるよう、写真全体の色が補正されます。

❺スライダーをドラッグしてさらに微調整を行い（STEPUP参照）、
❻［OK］をクリックします。

MEMO

顔写真をきれいにする

調整するのが難しい場合は、ガイドモードの［特殊編集］の［顔写真をきれいに］機能（Sec.76参照）を利用してもよいでしょう。

HINT

肌色の基準にする部分

肌色の基準は、凹凸のある部分や影になっている部分を避けて指定しましょう。

STEP UP

肌の色の微調整

補正した結果、希望よりも肌の色が薄くなってしまったり、逆に濃くなりすぎてしまったりすることもあります。その場合は［肌色補正］ダイアログボックスの［肌色］グループと［環境光］グループの各スライダー◯を、希望通りの色になるまでドラッグします。
それぞれのスライダーで調整できる項目は次の通りです。

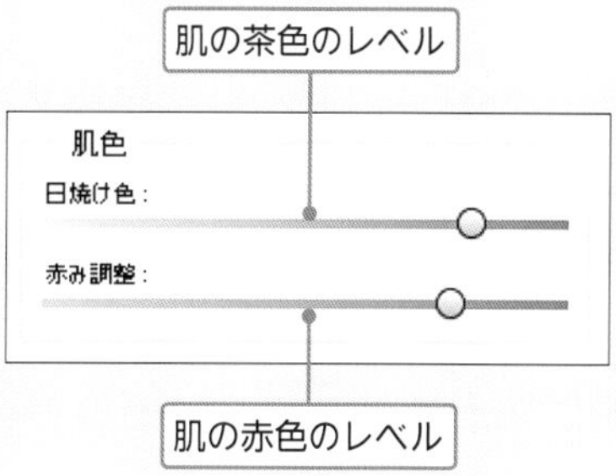
肌の茶色のレベル
肌色
日焼け色：
赤み調整：
肌の赤色のレベル

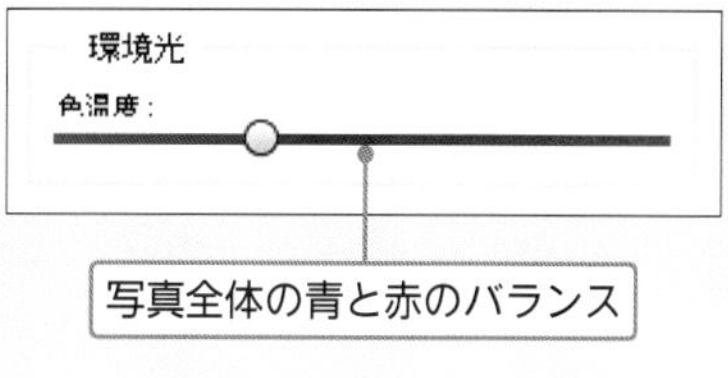
環境光
色温度：
写真全体の青と赤のバランス

Section
37

花の色だけ鮮やかにしよう

写真全体の補正ではなく、特定の花だけに補正をかけるには、［色相／彩度］ダイアログボックスを利用します。補正したい花の色を指定して、色相、彩度、明度の3つの項目をスライダーで調整します。

BEFORE　ほかの色は変えずに花だけ鮮やかにしたい。

AFTER　花の彩度だけを上げることができた。

1 ［色相／彩度］ダイアログボックスを利用する

❶［画質調整］メニュー→［カラー］→［色相・彩度］の順にクリックすると、

MEMO
［色相／彩度］ダイアログボックスの利用

［色相／彩度］ダイアログボックスでは、色の3要素と呼ばれる「色相」「彩度」「明度」を指定して、写真の色や明るさを補正します。
補正だけでなく、意図的に写真の印象を変えたい場合にも利用することができます。

❷［色相／彩度］ダイアログボックスが表示されます。

❸［マスター］をクリックして、

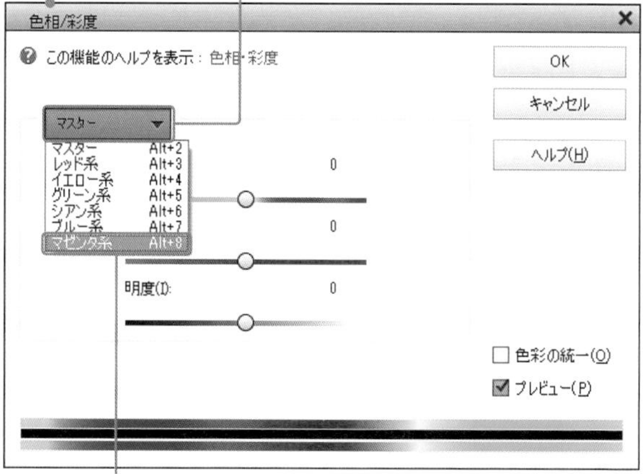

❹［マゼンタ系］を選択します。

❺［彩度］のスライダーを右に
ドラッグして彩度を上げ、

❻［OK］をクリックすると、

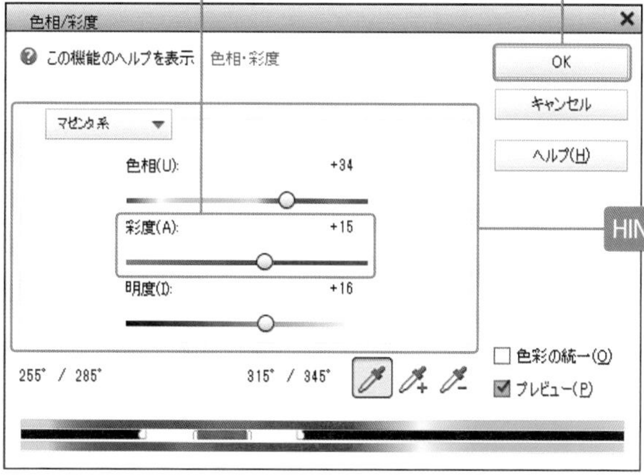

HINT参照

❼花の色が鮮やかになりました。

MEMO

特定の色の彩度の変更

［色相／彩度］ダイアログボックスで、次のいずれかのチャンネルを選択すると、写真の中のその色の部分だけを変更することができます。

①［レッド系］
②［イエロー系］
③［グリーン系］
④［シアン系］
⑤［ブルー系］
⑥［マゼンタ系］

このセクションの例では［マゼンタ系］を選択し、黄色い花の鮮やかさを強調しています。海や空の青さを調整したいときは［ブルー系］を選択しましょう。

［ブルー系］を選択して海や空の青さを
強調しています。

HINT

色相／彩度の設定

［色相／彩度］ダイアログボックスでは、3つのスライダーをドラッグして画像を調整します。［彩度］のスライダーは色の鮮やかさを調整し、右にドラッグすると原色に近づき、左にドラッグすると灰色（無彩色）に近づきます。原色に近づくことを「彩度が上がる」といいます。

Section
38
明暗差を調整してメリハリを付けよう

明暗差のことをコントラストといいます。コントラストを強調すると、写真にメリハリが出て、印象が強まります。コントラストの調整はカラーカーブ機能を使い、ハイライト、中間層、シャドウの3つのバランスで補正します。

BEFORE のっぺりした印象になってしまった。

AFTER 明暗差のある写真にできた。

1 ［カラーカーブを補正］ダイアログボックスを利用する

❶［画質調整］メニュー→［カラー］→［カラーカーブ］の順にクリックすると、

KEY WORD カラーカーブ

写真の最も明るい部分を「ハイライト」、最も暗い部分を「シャドウ」、ハイライトとシャドウの間の明るさの部分を「中間調」といいます。
カラーカーブは、ハイライト、中間調、シャドウの明るさのバランスをグラフ化したもので、このグラフを見ながら補正することができます。

❷ [カラーカーブを補正] ダイアログボックスが表示されます。

グラフは一直線になっています。

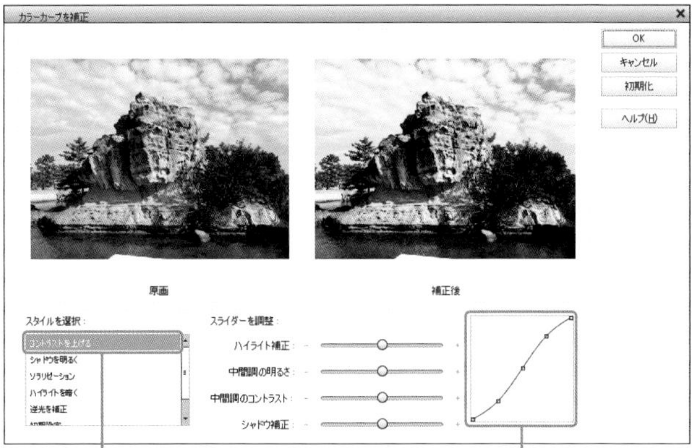

❸ スタイルの一覧 (MEMO参照) から [コントラストを上げる] を選択すると、

❹ グラフがS字に変わります。

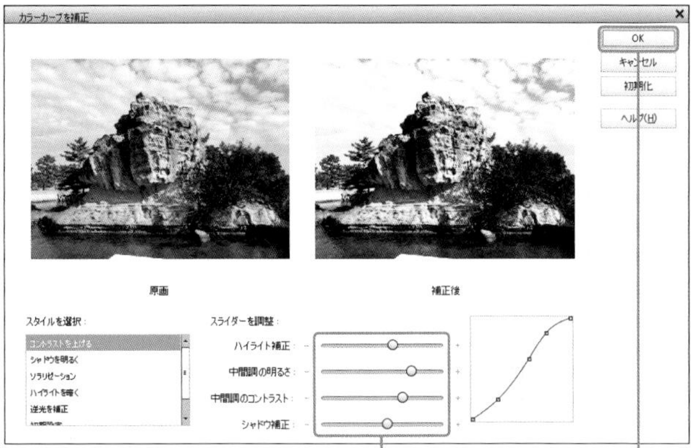

❺ スライダーをドラッグして、コントラストを調整します。

❻ [OK] をクリックします。

MEMO

カラーカーブのスタイルの選択

カラーカーブの「スタイル」は、よく使われる設定があらかじめ登録されたもので、選択するだけでかんたんに明るさのバランスを補正できます。スタイルの一覧には、次の項目が登録されています。左の例では [コントラストを上げる] を選択しています。

① **[コントラストを上げる]**
明るい部分と暗い部分の差を広げ、メリハリのある写真にします。

② **[シャドウを明るく]**
暗い部分を明るく補正します。

③ **[ソラリゼーション]**
写真の色や明るさを部分的に反転させた画像にします。

④ **[ハイライトを暗く]**
明るい部分を暗く補正します。

⑤ **[逆光を補正]**
明るい部分を暗く、暗い部分を明るくして、逆光で見えにくくなっている被写体をはっきりさせます。

⑥ **[初期設定]**
明るさを変更する前の状態に戻ります。

⑦ **[中間調を強く]**
中間調を少し明るくして、被写体の色をはっきり見せます。

Section
39

影の暗い部分を明るくし、明るい部分を暗くしよう

光の加減で暗くなった部分、あるいは明るすぎる部分は、それぞれ覆い焼きツール、焼き込みツールを利用して、補正することができます。ブラシの太さや露光量を指定してドラッグするだけでかんたんに補正できるので便利です。

BEFORE 影になってしまった。

AFTER 影部分を覆い焼きツールで明るくした。

1 覆い焼きツールを利用する

❶[エキスパート]をクリックして、
クイック
ガイド
エキスパート
❷スポンジツールをクリックし、
スポンジツール
❸覆い焼きツールをクリックします。

KEY WORD **覆い焼きツール**

覆い焼きツールは明度を調整するツールです。これを使うと、ドラッグした部分の色を明るくすることができます。
覆い焼きツールはスポンジツールの隠れているツールなので、まずスポンジツールを選んでから選択します。スポンジツールは彩度を調整するツールです。

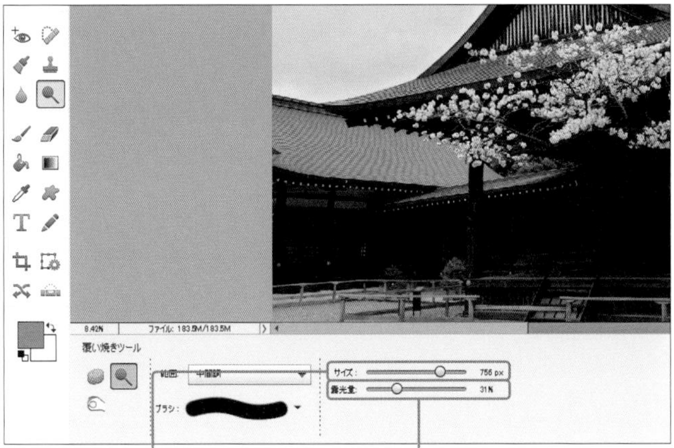

❹［サイズ］のスライダーをドラッグして塗りやすい太さにし、

❺露光量も同様に指定します。

❻明るくしたい部分の上をドラッグします。

❼ドラッグした部分が明るくなりました。

❽何度かドラッグして明るくします。

MEMO

覆い焼きツールの設定

覆い焼きツールのオプションバーでは、ブラシの太さや効果を設定することができます。

①範囲

「中間色」「シャドウ」「ハイライト」のどこに強く効果を与えるのかを設定します。シャドウ、中間色、ハイライトは、写真の暗い部分、中間の明るさ、明るい部分を表します。

②ブラシ

ブラシの種類を選択します。

③サイズ

ブラシの太さを設定します。

④露光量

効果の強さを設定します。

HINT

ドラッグのしすぎに注意

効果はドラッグした分だけ強められます。適用まで多少時間差が生じますが、効果の度合いをその都度確認しながら調整していきます。

強くかけすぎた場合は、すぐにタスクバーの［取り消し］をクリックすると1操作分戻すことができるので、何度でもやり直してみましょう。

② 焼き込みツールを利用する

❶ [エキスパート] をクリックして、

❷ スポンジツールをクリックし、

❸ 焼き込みツールをクリックします。

❹ [サイズ] と [露光量] のスライダーをそれぞれドラッグして指定します。

❺ 何度かドラッグすると、

❻ 岩部分が暗くなりました。

KEY WORD

焼き込みツール

焼き込みツール は明度を調整するツールです。これを使うと、ドラッグした部分の色を暗くすることができます。

MEMO

焼き込みツールの指定

焼き込みツールのオプションバーで、ブラシの太さや効果を設定することができます。P.121のMEMOを参照してください。

HINT

ドラッグのしすぎに注意

効果はドラッグした分だけ強められます。適用まで多少時間差が生じますが、効果の度合いをその都度確認しながら調整していきます。

強くかけすぎた場合は、すぐにタスクバーの [取り消し] をクリックすると1操作分戻すことができるので、何度でもやり直してみましょう。

Chapter

5

写真を加工してイメージを変えよう

Elements Editorは、写真の修正だけでなく、加工して雰囲気を変えたり、芸術作品のような写真にしたりといったことができます。また、写真の一部を切り取ってほかの写真に利用したり、新しい作品を作ったり、写真の加工が楽しくなるような機能を紹介します。

Section
40
写真の雰囲気をワンタッチで変化させよう

写真をおしゃれに変化するテクニックとして、効果、フレーム、テクスチャを利用できます。それぞれに複数の効果が用意されています。確定するまでは、何度でも試せるので、写真の雰囲気を変えてみましょう。

1 効果を利用する

❶写真をElements Editorのクイックモードで開いておきます。

❷［効果］をクリックすると、

❸効果パネルが表示されます。

❹効果のサムネイルをクリックすると、

❺効果が適用されて写真が変化します。

P.125のMEMO参照

MEMO

効果の利用

クイックモードの効果パネルには、11種類の効果が用意されています。効果は写真を独特な色合いに変える、写真の中心付近を明るくしつつ四隅を暗くするなど、複数の補正をまとめて適用し、写真の見た目を劇的に変化させるものです。なお、エキスパートモードでも効果パネルは利用できますが、用意されている効果の種類はクイックモードのものとは異なります。

HINT

効果は重ねて設定できない

効果パネルから複数の効果を連続して選択しても重ねがけはされず、最後に選択した効果だけが適用されます。
ただし、適用後にほかの機能を使用したり、編集画面を切り替えたりしてから再度効果パネルに戻った場合は、効果が一度確定され重ねがけできてしまいます。重ねがけしたくない場合は、先にタスクバーの［取り消し］をクリックして前の効果を取り消してください。

2 フレームを付ける

❶［フレーム］を
クリックすると、

❷フレームパネルが
表示されます。

❸フレームのサムネイルをクリックすると、

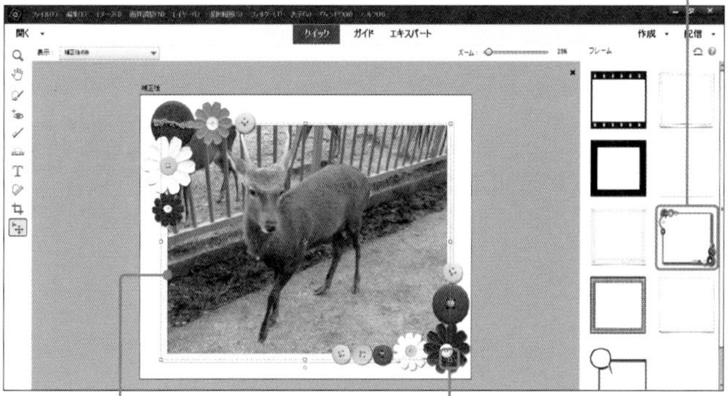

❹写真にフレームが
付きます。

❺写真周囲のハンドルをドラッグすると、

HINT参照

❻写真の大きさが変わります。

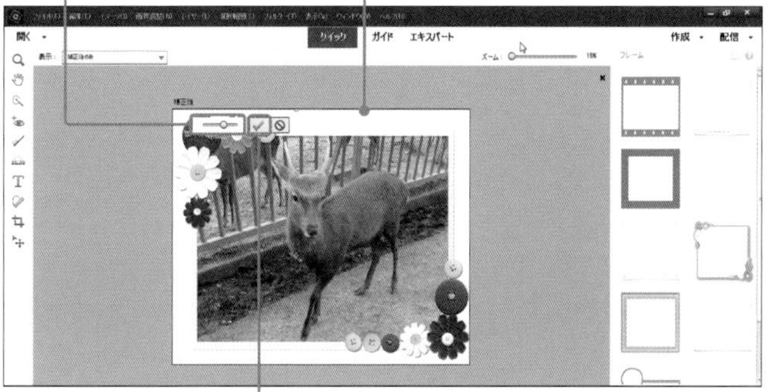

❼ここをクリックして
確定します。

❽編集後の写真を保存します
（Sec.29参照）。

MEMO

テクスチャパネルの利用

［テクスチャ］をクリックすると、テクスチャパネルが表示されます。テクスチャパネルには全10種類のテクスチャ（模様）が用意されていて、いずれかのサムネイルをクリックすると、写真全体が半透明のテクスチャに覆われます。写真にユニークな印象を加えたいときに利用しましょう。

テクスチャ（サンバースト）の適用例

HINT

写真の拡大／縮小、回転、移動

フレームを設定した写真をダブルクリックすると写真が選択され、周囲にハンドルが表示されます。ハンドルをドラッグすると写真を拡大／縮小できます。また、ズームインスライダーも利用できます。写真上をドラッグすると写真はフレーム内で移動します。さらに、回転ハンドルをドラッグすると、写真を回転させることができます。

Section

41

写真をモノクロにしよう

[画質調整] の [モノクロバリエーション] を利用すると、カラー写真から色を取り除いたモノクロにできます。また、[画質調整] の [写真をカラーにする] を利用すると、モノクロ写真をカラーにすることができます。

BEFORE　レトロな雰囲気の写真にしたい。

AFTER　イメージ通りのモノクロ写真ができた。

1 モノクロバリエーションを利用する

❶ [画質調整] メニュー→ [モノクロバリエーション] の順にクリックします。

KEY WORD

モノクロ

「モノクロ」とは、色や明るさを白と黒の2色で表す画像のことです。モノクロには、完全な白と黒のみで表現する「モノクロ2階調」と、白から黒までを256階調のグレーで表現する「グレースケール」があります。モノクロバリエーション機能で作成するモノクロ写真は、グレースケールです。なお、ガイドモードの [白黒] を使用すれば、一部だけ色を残したモノクロ写真に加工することも可能です (Sec.61参照)。

❷［モノクロバリエーション］ダイアログボックスが表示されます。

自動的に［風景］スタイルが適用されたイメージが表示されています。

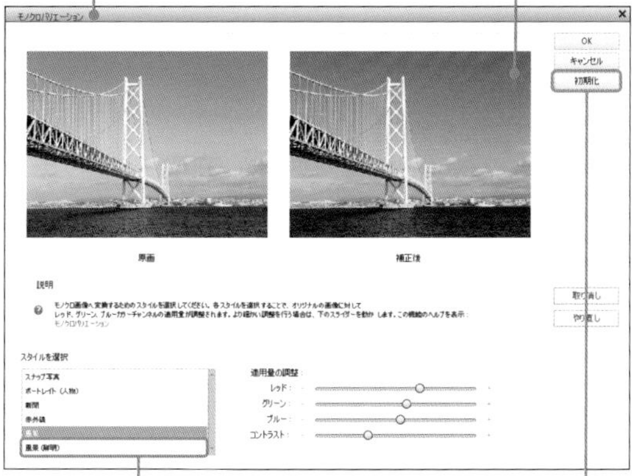

❸イメージに近いモノクロスタイル（ここでは［風景（鮮明）］）をクリックして選択し、

［初期化］をクリックすると最初の状態に戻すことができます。

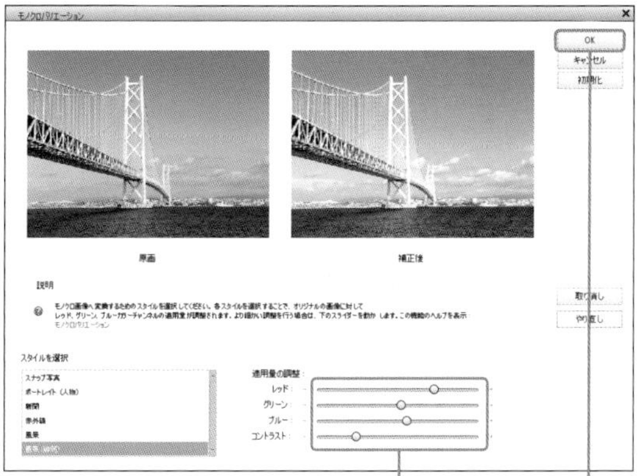

❹適用量を調整します（HINT参照）。

❺［OK］をクリックすると、

❻モノクロ写真が完成しました。

❼写真を保存します（Sec.29参照）。

MEMO

適用量の調整

［モノクロバリエーション］ダイアログボックスでは、もとの写真の赤、緑、青のうち、強調したい、もしくは抑えたい色を個別に微調整できます。また、コントラストも調整できます。強すぎた場合など、設定を取り消すには、［取り消す］で1つ前の設定に、［初期化］で最初の状態に戻せます。

HINT

モノクロ写真をカラーにする

モノクロ写真をカラーにするには、［画質調整］メニュー→［写真をカラーにする］の順にクリックします（2022以降）。なお、試用版など状況によっては、機能をダウンロードするメッセージが表示される場合があります。

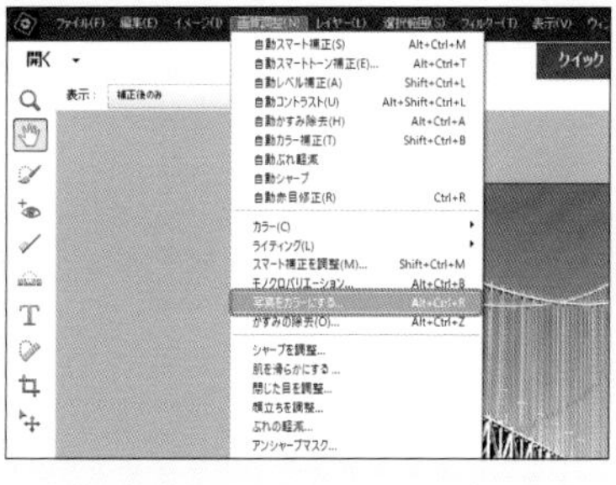

Section 42

色の一部を置き換えよう

写真内の特定の色を、ほかの色に置き換えることができます。色の置き換え機能を利用して、色相・彩度・明度でそれぞれ調整します。たとえば、赤い花をブルーの色にするなど、驚きの写真が出来上がります。

BEFORE　黄色の花の色だけを変えたい。

AFTER　花びらをピンクに変えることができた。

1 色の置き換え機能を利用する

❶ [画質調整] メニュー→ [カラー] → [色の置き換え] の順にクリックします。

KEY WORD　色の置き換え

「色の置き換え」機能は、似た色の範囲を選択する「自動選択ツール」と「色相・彩度」を組み合わせた機能です。似た色の範囲を選択して明るさや鮮やかさを変更できます。また、色相を変更すると色そのものを変えることもできます。

❷ [色の置き換え] ダイアログボックスが表示されます。

❸ [画像を表示] をクリックしてオンにします。

HINT参照

❹ マウスポインターが に変わるので、置き換えたい部分をクリックします。

❺ [結果] をクリックして、

❻ 色味を選択して、

❼ 置き換えたい色をクリックし、

❽ [OK] をクリックします。

手順❹で指定した部分と同じ色が変化します。

❾ [許容量] のスライダーを右にドラッグすると、色の変わる範囲が増えます (MEMO参照)。

❿ [OK] をクリックします。

⓫ 色を変えた画像が完成しました。

⓬ 写真を保存します (Sec.29参照)。

KEYWORD

色相

「色相」とは、赤や青といった色みの違いです。色は、色相、彩度、明度の三要素で構成されていますが、そのうち色相を変えると最も見た目のイメージが変わります。

HINT

色の範囲を追加する

[許容値] の調整だけで置き換えたい領域が選べない場合は、複数の色を指定することもできます。[サンプルに追加] をクリックしてから写真上をクリックすると、その部分の色を追加することができます。また、[サンプルから削除] をクリックしてから写真上をクリックすると、その部分の色を取り除くことができます。

MEMO

許容量の設定

[色の置き換え] ダイアログボックスの [許容量] は、「似た色」とみなす色の範囲を決める設定です。大きくするほど選択される範囲は増えますが、色を変えたくない部分まで変わってしまうことがあります。プレビューを見ながら調整してください。

Section 43

コミック風の効果を付けよう

写真を加工するための特殊効果が［フィルター］メニューに用意されています。ここでは、スケッチのコミックを利用して効果を付けます。なお、エキスパートモードのフィルターパネルでも設定できます。

BEFORE 普通の写真をユニークに見せたい。

AFTER モノクロでコミック風に変化できた。

1 「コミック」フィルターを適用する

❶［フィルター］メニュー→［スケッチ］→［コミック］の順にクリックします。

KEY WORD フィルター

「フィルター」とは、写真にさまざまな特殊効果を与える機能です。かんたんに写真を変化させることができる点で効果（P.124参照）と似ていますが、フィルターはフィルターごとに用意されたダイアログボックスで特殊効果の効き目を細かく調整できる点が異なります。

なお、エキスパートモードのフィルターパネルから［スケッチ］→［コミック］を選択することもできます。

❷[コミック]ダイアログボックスが表示されます。

❸[プリセット]から変更したい色調(ここでは[コミック]をクリックして、

❹効果の度合いを調整し、

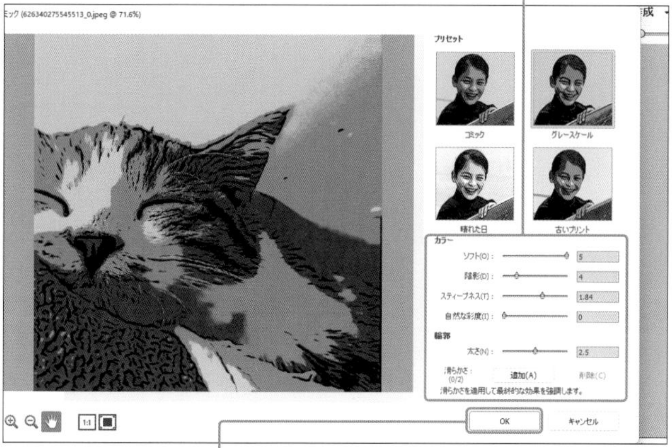

❺[OK]をクリックします。

❻完成した写真を保存します(Sec.29参照)。

KEYWORD

「コミック」フィルター

「コミック」は、被写体をペンで描いたようなくっきりした輪郭にして、写真全体の色合いも大きく変化させることで、コミックの一場面のように仕上げることができるフィルターです。[コミック]ダイアログボックスでは、[プリセット]で色調を選び、[カラー]の各スライダーをドラッグして効果の度合いを微調整します。[輪郭]の[太さ]のスライダーをドラッグすると、輪郭を描くペンの太さを変化させることができます。

MEMO

写真をポップアート風にする

フィルターの「コミック」のように写真にユニークな特殊効果を与えることができるのが、ガイドモード(Sec.59参照)の[ポップアートを作成]パネルです。このパネルを表示するには、ガイドモードの「楽しい編集」にある[ポップアート]をクリックします。

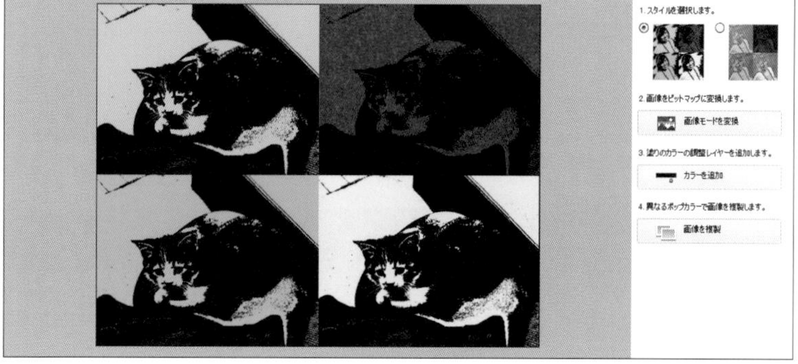

Section
44

光の反射を加えよう

風景写真に逆光を表現したい場合や、被写体を輝かせるときには、[フィルター] メニューの逆光を利用するとよいでしょう。ビームプライムを使用して、光線を加えることができます。光の位置はドラッグすると移動できます。

BEFORE　薄暗い写真に輝きを与えたい。

AFTER　光源を加えて逆光の写真にできた。

1 「逆光」フィルターを適用する

❶ [フィルター] メニュー→[描画]→[逆光] の順にクリックします。

MEMO
「逆光」フィルター

「逆光」は、逆光での撮影時にレンズに光が当たって光源が加えられる、逆光効果を再現できるフィルターです。光源の強さやレンズの種類を調整することができます。光源は複数追加できます。

❷ [逆光] ダイアログボックスが表示されます。

自動的に [50-300mmズーム] が適用されたイメージが表示されています。

HINT参照

❸ [ムービープライム] を選択し、

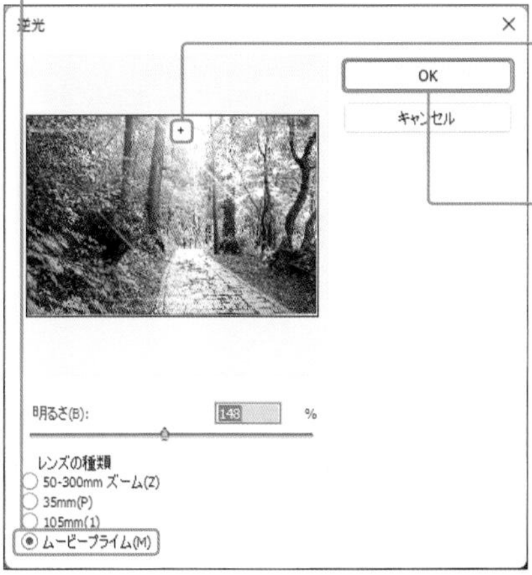

❹ ドラッグして光の位置を調整して、

❺ [OK] をクリックします。

光の位置によってはフレア(光の環や玉)も再現されます。

❻ 光源が追加されました。

❼ 完成した写真を保存します(Sec.29参照)。

HINT

レンズの種類の選択

レンズの種類は、「50-300mmズーム」「35mm」「105mm」「ムービープライム」の4種類から選択することができます。

50-300mmズーム

35mm

105mm

ムービープライム

Section

45

撮影時の天候をイメージ通りに変えてみよう

曇り空を青空や夕焼け空にするような補正をしたい場合は、スマートブラシツールを利用します。スマートブラシツールは選択した領域に明るさやカラーの補正を行うもので、効果を選択してドラッグすればかんたんに補正ができます。

BEFORE 曇り空を明るくしたい。

AFTER 自然な青空にできた。

1 スマートブラシツールで空を青くする

❶［エキスパート］をクリックし、
クイック
ガイド
エキスパート
❷スマートブラシツールを選択して、
❸ここをクリックすると、
❹効果のパネルが表示されます。
KEYWORD参照

KEYWORD

スマートブラシツール

スマートブラシツールは、選択した範囲だけに明るさやカラーの補正を行うツールです。選択機能はクイック選択ツールと同じように、選択する対象の一部をドラッグすると、物体の境界を自動認識して適切に選択します（P.166参照）。
詳細スマートブラシツールの場合は自動認識されず、ドラッグしてハイライトさせた通りに対象が選択されます。

❺ ここをクリックして、

❻ [自然] を選択します。

❼ [どんよりとした空を青くする] をクリックします。

ブラシサイズの調整はここで行えます。

❽ 空の部分をドラッグすると、青空になります。

❾ 完成した写真を保存します（Sec.29参照）。

MEMO

効果の選択

手順❺の画面のポップアップパネルでは、適用する効果の種類を選択することができます。効果は次の12のジャンルに分類されており、[全てを表示] を選択すると、すべての効果がまとめて表示されます。

①多目的

使用頻度の高い効果が表示されます。

②アーティスティック

フィルターのように絵画調に加工します。

③カラー

選択範囲に着色します。

④テクスチャ

チェック模様などのテクスチャで塗りつぶします。

⑤ライティング

明るさを補正します。

⑥自然

空や樹木の色を調整します。

⑦写真

インスタント写真や古びた写真のように加工できます。

⑧縦

肌や歯の色を調整できます。

⑨特殊効果

ソラリゼーションなどの特殊効果を適用できます。

⑩白黒

モノクロ化します。

⑪反転効果

選択されて「いない」部分の明るさなどを変更します。

⑫色合い

カラーフィルターで色合いを変えます。

Section
46

印象派の絵画風に加工しよう

印象派ブラシツールを利用すると、写真を輪郭のぼやけた絵画のように加工することができます。ブラシのサイズやスタイル、不透明度を指定して被写体をなぞるようにドラッグします。そのほか、指先ツールなども利用できます。

BEFORE 写真に不思議な効果を与えたい。

AFTER 絵画のように加工できた。

1 印象派ブラシツールを利用する

❶［エキスパート］をクリックして、
❷ブラシツールを選択し、
❸印象派ブラシツールを選択します。
クイック
ガイド
エキスパート

KEY WORD

印象派ブラシツール

印象派ブラシツールは、マウスでドラッグした部分に、印象派の絵画のような効果を与えるツールです。フィルターと異なり効果のかかり方を調整できます。印象派ブラシツールはブラシツールの隠れているツールです。最初にブラシツールをクリックし、ツールオプションバーから選択します。ほかの隠れたツールも同様に表示します。

ガイドモード（Sec.59）の［水彩画効果］も、写真を絵画風にするのに役立ちます。

❹ブラシサイズを調整します。

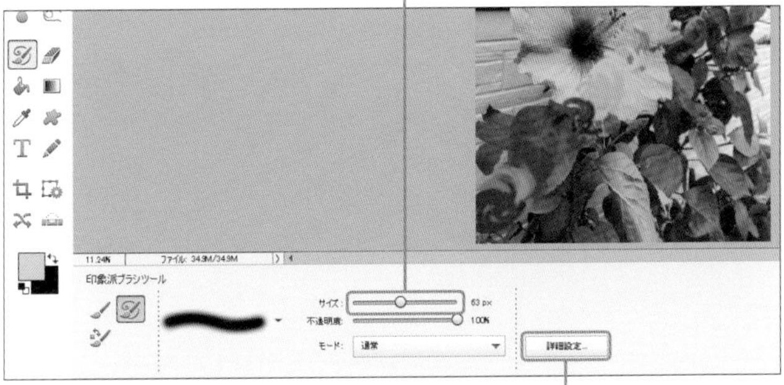

❺［詳細設定］をクリックして、

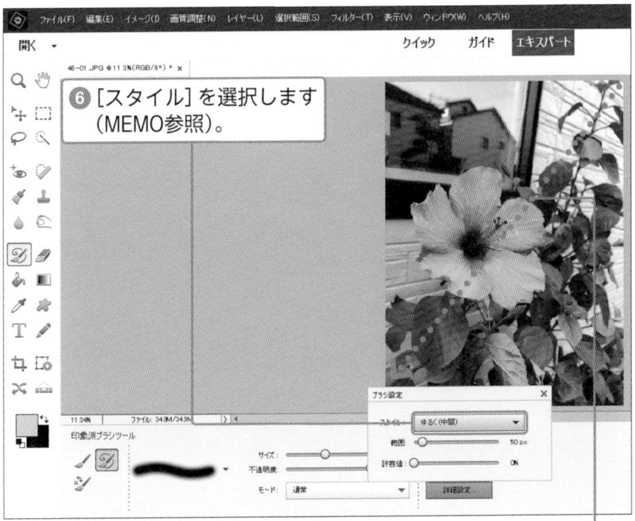

❻［スタイル］を選択します（MEMO参照）。

❼写真上をなぞるようにドラッグすると、画像が変化します。

❽さらにドラッグを続けて、写真全体に効果を与えます。

❾完成した写真を保存します（Sec.29参照）。

MEMO

印象派ブラシツールの設定

ツールオプションバーの［詳細設定］をクリックすると、［ブラシ設定］ダイアログボックスが表示されて、印象派ブラシツールのスタイルなどを設定できます。

①スタイル

色の混ぜ合わせ方を選択します。

②範囲

効果を適用するブラシストロークのサイズを指定します。

③許容値

効果を適用する度合いを調節します。

STEP UP

指先ツールで動きを出す

写真を加工するツールはほかにも何種類かあります。たとえば指先ツールは、指先で絵の具をぬぐったようににじませるツールで、写真に動きを与えることができます。指先ツールはぼかしツールに隠れているツールなので、ツールオプションバーから選択します。

Section 47

被写体の周囲をきれいにぼかそう

被写体を際立たせたい場合や、背景に余計なものが写り込んだ場合などは、被写体の周囲をぼかすとよいでしょう。選択ツールで被写体を選択して、［フィルター］メニューのぼかしで、ぼかしの度合いを設定します。

BEFORE　被写体のあたりを目立たせたい。

AFTER　背景をぼかして被写体が際立った。

1 ぼかす範囲を選択する

❶［エキスパート］をクリックして、

❷楕円形選択ツールを選択し、

❸被写体を囲むように選択して、

❹［選択範囲］メニュー→［選択範囲を反転］の順にクリックすると、

MEMO **楕円形選択ツールの表示**

楕円形選択ツールは、長方形選択ツールをクリックして、ツールオプションバーから選択してください。

HINT **周囲をぼかす手法**

周囲をぼかすには、被写界深度機能（Sec.67参照）もあります。フィルター機能は大まかな範囲を際立たせたい場合、被写界深度は一部分を際立たせたい場合に使います。

⑤被写体以外の周囲が選択されます。

MEMO

選択範囲を反転させる

この例のように被写体の周囲に対して何らかの効果を適用する場合は、被写体の周囲を選択する必要がありますが、構図によってはかんたんに選択できないこともあります。被写体を選択してから、[選択範囲を反転] を利用すれば、比較的かんたんに周囲を選択できます。

2 「ぼかし」を適用する

①[フィルター] メニュー→[ぼかし]→[ぼかし(レンズ)] の順にクリックすると、

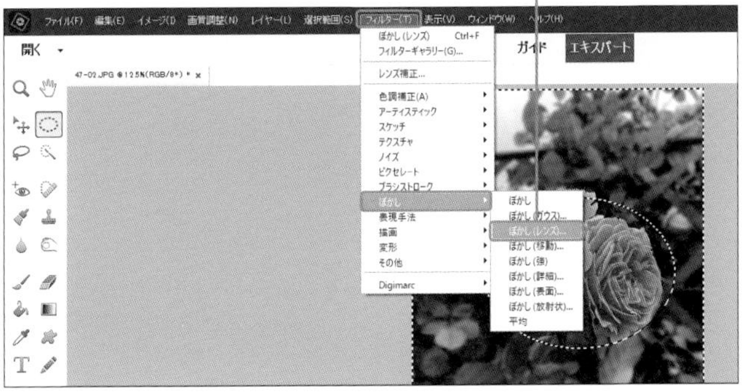

②周囲の部分がぼけます。

③[ぼかし(レンズ)] パネルが表示されるので、ぼけの度合いを調整して、

④[OK] をクリックします。

⑤完成した写真を保存します(Sec.29参照)。

HINT

モザイクをかける

SNSへ投稿する写真などで、人物の顔や個人情報などを特定されないようにするには、写真の一部をぼかします。写真の一部をぼかすには、長方形/楕円形選択ツールでぼかす部分を選択して、[フィルター] メニュー→[ピクセレート]→[モザイク] の順にクリックし、表示される [モザイク] ダイアログボックスでモザイクの強さを設定します。

Section

48

写真に模様を付けよう

ブラシツールを使って、写真上をドラッグするとその軌跡を塗りつぶすことができます。ブラシの形状を猫の足跡や音符、花などの特殊効果ブラシにすると、模様を付けることができます。

BEFORE 写真の上を模様で飾りたい。

AFTER 花模様で飾った。

1 特殊効果ブラシで模様を描く

❶[エキスパート]をクリックし、
クイック
ガイド
エキスパート
❷ブラシツールを選択して、
P.141のMEMO参照
❸[ブラシ]をクリックし、
❹[初期設定のブラシ]をクリックします。

KEY WORD

ブラシツール

ブラシツールは、写真上をドラッグして線や模様を描くためのツールです。線の形状や模様の種類は、ツールオプションバーの[ブラシ]のリストで切り替えることができます。また、線の太さや模様の大きさは、[サイズ]のスライダーをドラッグして変更します。

❺ [特殊効果ブラシ] を選択して、

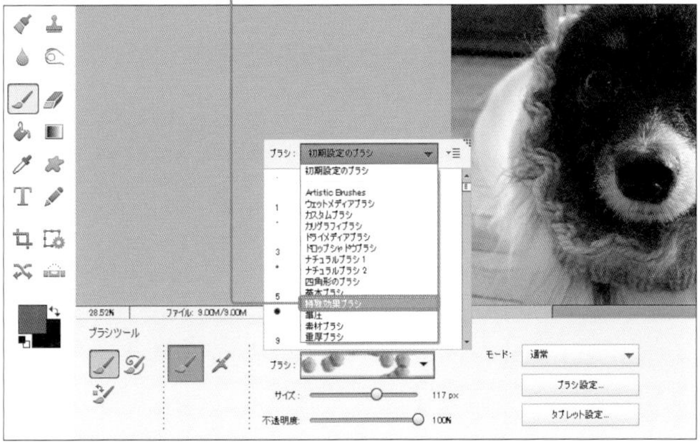

❻ ブラシの形状を選択し、

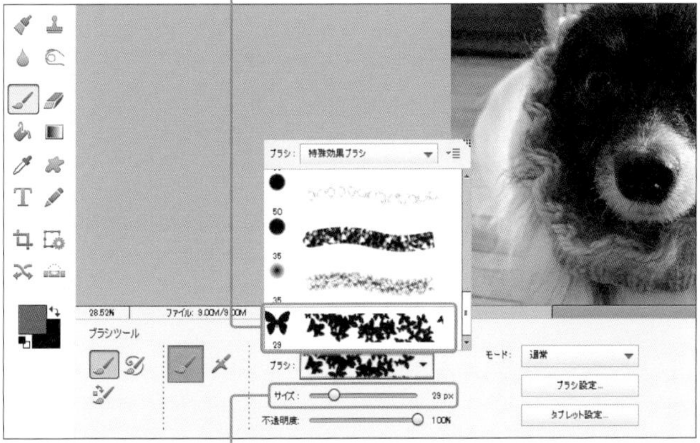

❼ ブラシのサイズを選択します。

❽ 写真上をドラッグすると、

❾ ドラッグした軌跡上に模様が描かれます。

❿ 完成した写真を保存します（Sec.29参照）。

MEMO

模様の色を変更する

ブラシツールで描く線や模様の色は、ツールボックスの描画色に設定されている色になります。描画色の色は、ツールボックスの描画色のボックスをクリックすると表示される［カラーピッカー（描画色）］ダイアログボックスで変更できます。なお、背景色も同様の手順で変更できます。

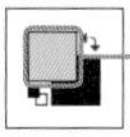

❶ ツールボックスの描画色をクリックします。

❷ ドラッグして色相を移動して、

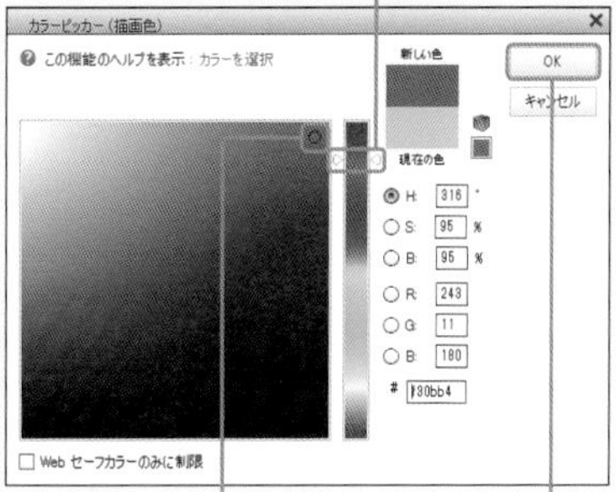

❸ 変更したい色の上でクリックし、

❹ [OK] をクリックします。

HINT

写真に手描きで線を引く

ここでは模様状のブラシを使用しましたが、ブラシの種類を変えることで普通に線を引くことや、手描きの文字を加えることもできます。

Section
49

写真に動きを付けよう

Photoshop Elements 2023の新機能の一つがムービングです。写真内の滝や川、波などの流れを再現したり、背景に動く模様を入れたり、被写体を動かしたりして楽しい動画を作ることができます。完成した動画は、プレビュー画面で動きを見ることができます。

1 ムービングエレメントで波を作る

❶[クイック]をクリックして、

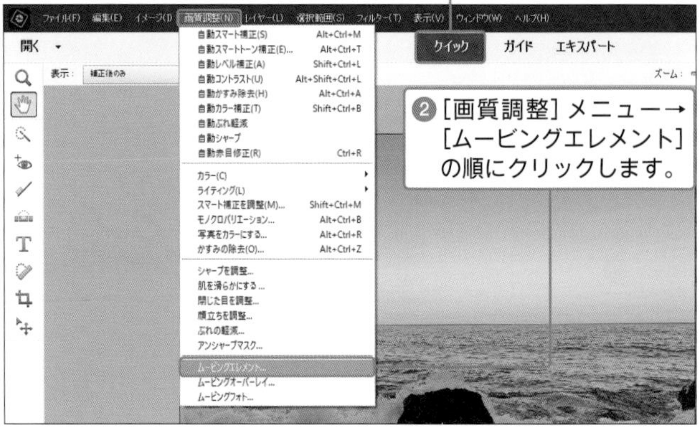

❷[画質調整]メニュー→[ムービングエレメント]の順にクリックします。

❸領域の選択で、ここでは[背景]をクリックします。

❹領域が選択されます。

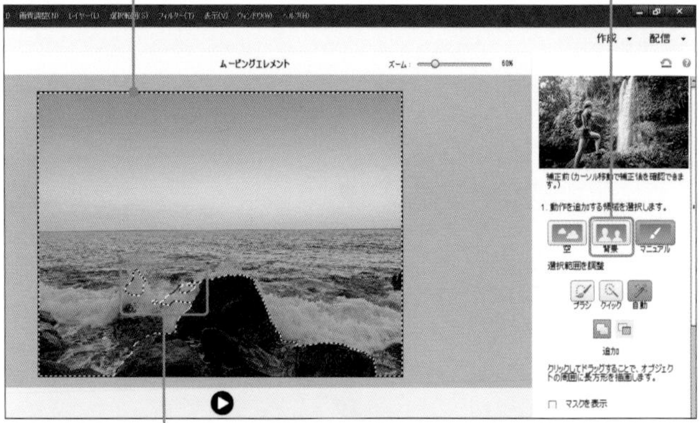

❺選択されていない部分があります。

KEY WORD

ムービングエレメント

ムービングエレメントは、写真を流れるような動画に変更できる機能です。川や滝の流れ、海の波の流れなどを、実際の動画のように見せることが可能になります。領域を指定して、流れる方向を示すだけでかんたんに作成できます。

MEMO

領域の選択

領域の選択には、[空][背景][マニュアル]があります。空や背景など広い範囲を選択する場合は[空]または[背景]を選びます。滝や川など部分的な領域の場合は、[マニュアル]でブラシを選択するとよいでしょう。なお、[マスクを表示]をオンにすると、適用しない部分が色で表示されます。

⑥ クイックブラシツールで削除します。

⑦ 適用する範囲が選択されました。

⑧ ここをクリックして、

⑨ 流れる方向をドラッグします(HINT参照)。

⑩ ここをクリックします。

方向をキャンセルしたい場合は、中央の 🗑 をクリックします。

⑪ 波の流れが再生されます。

⑫ [書き出し]をクリックして、保存します(MEMO参照)。

HINT

流れを強く見せる

流れを速く、強く見せたい場合は、Shift を押しながらドラッグします。指定した部分は、青色の矢印が付きます。

MEMO

動画を保存する

[書き出し]をクリックすると、[ファイルを保存]画面が表示されるので、名前を付けて保存します(Sec.29参照)。ファイルの種類は「GIF」と「MP4」が選べます(ただし「MP4」は不具合が発生する可能性があります)。[保存]をクリックすると、オプション画面が表示されるので[OK]をクリックします。

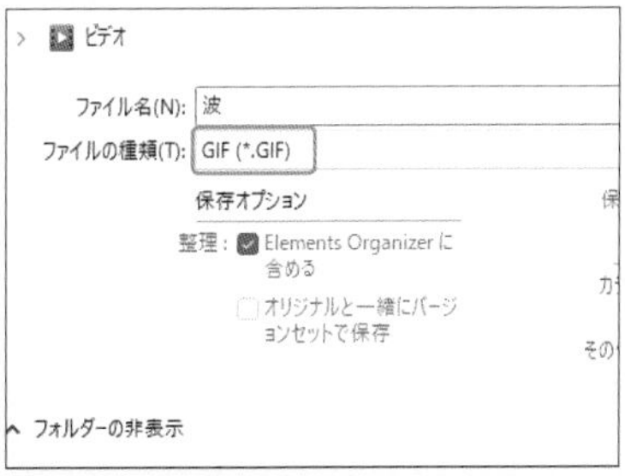

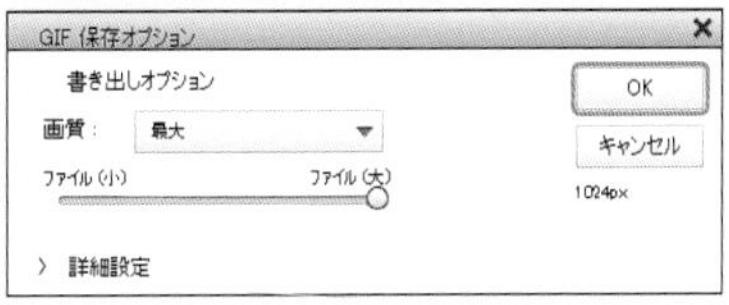

❷ 背景の模様を動かす

❶ [画質調整] メニュー→ [ムービングオーバーレイ] の順にクリックします。

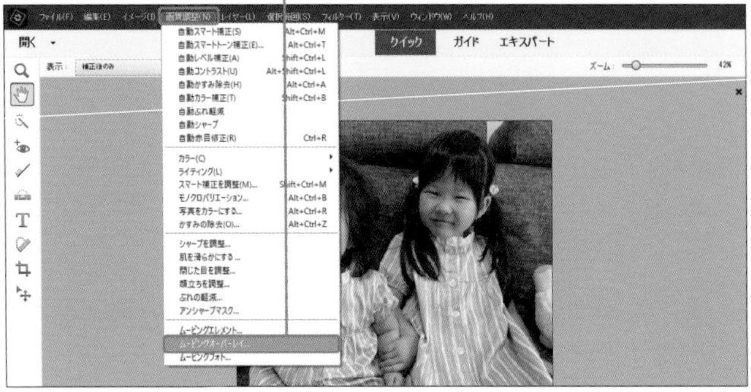

❷ 使用するオーバーレイをダブルクリックします。

❸ オーバーレイが適用されます。

❹ ここをクリックすると再生されます。

❺ [書き出し] をクリックして保存します。

KEY WORD **ムービングオーバーレイ**

ムービングオーバーレイは、写真にさまざまな模様を付けて動かすことができる機能です。オーバーレイのほか、グラフィック、フレームがあり、さまざまな模様が用意されています。

MEMO **コンテンツのダウンロード**

はじめて利用する場合、インストール状況によっては、手順❷の後でコンテンツのダウンロードが行われる場合があります。

3 ムービングフォトで被写体を動かす

❶[画質調整]メニュー→[ムービングフォト]の順にクリックします。

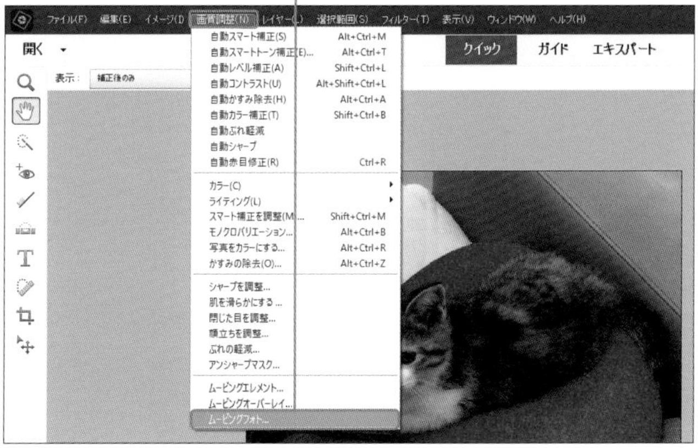

❷効果をダブルクリックします。

❸プレビューが生成されます。

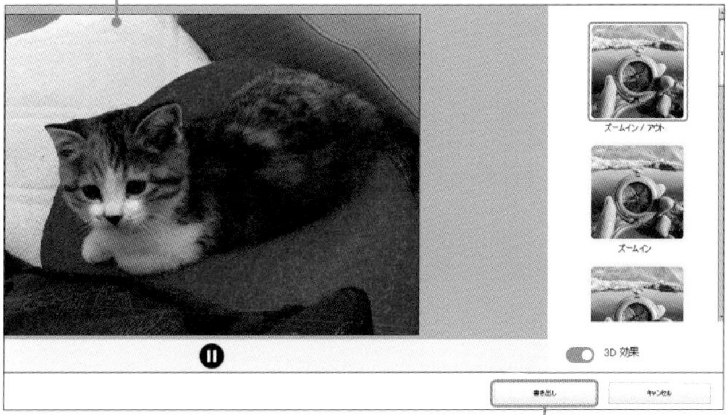

❹[書き出し]をクリックして保存します。

KEY WORD

ムービングフォト

ムービングフォトは、被写体をズームしたり、上下や左右などに動かしたりする機能です。被写体が動いているように見せることができます。

MEMO

効果の種類

効果には、ズームイン/アウト、ズームイン、ズームアウト、左右にパン、左へパン、右へパン、上下にチルト、上へチルト、下へチルト、時計回り、反時計回りがあります。被写体に合わせて選ぶとよいでしょう。

Section 50

写真から必要な部分を切り抜こう

写真に不要な部分がある場合や被写体を大きく見せたい場合には、切り抜きツールを利用して、必要な部分を切り抜いてみましょう。切り抜く際には、縦横比も指定できるので、ワイド画面に合わせた画像を作ることもできます。

BEFORE　子供の周りを消したい。

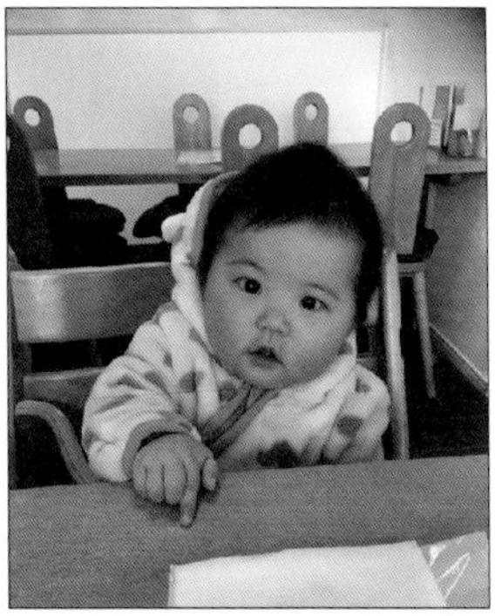

AFTER　子供だけを切り抜くことができた。

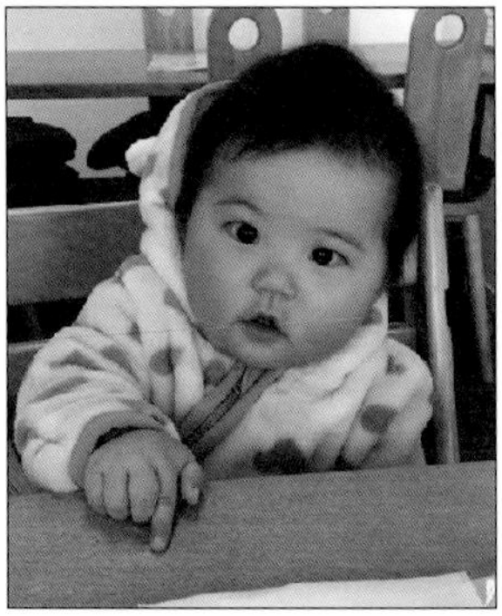

1 切り抜きツールで写真を切り抜く

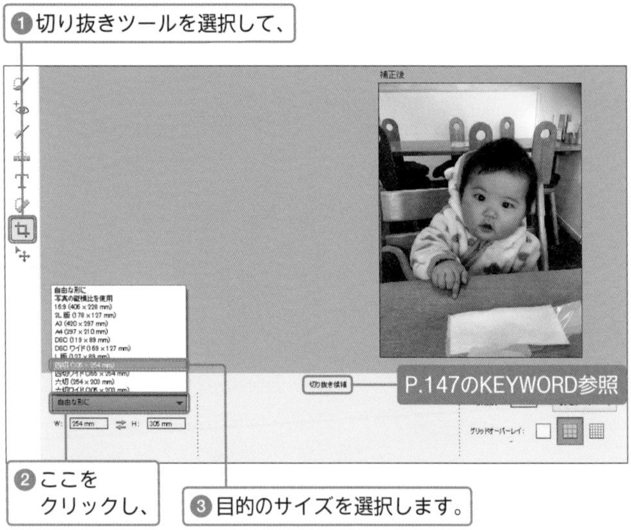

❶切り抜きツールを選択して、
補正後
自由な形に
写真の縦横比を使用
切り抜き候補
P.147のKEYWORD参照
❷ここをクリックし、
❸目的のサイズを選択します。

MEMO

サイズと解像度の指定

切り抜きツール［アイコン］では、オプションバーの［幅］と［高さ］、［解像度］で数値を指定して写真を切り抜くと、選択した範囲が指定したサイズと解像度になるよう自動調整されます。写真の必要な部分だけをはがきの大きさにしたい場合などに便利です。

なお、この操作をすると、画像の再サンプル（P.290のKEYWORD参照）が行われるため、画質が劣化することがあります。

❹切り抜きたい範囲をドラッグすると、

❺切り抜き範囲を示す枠とハンドルが表示されます。

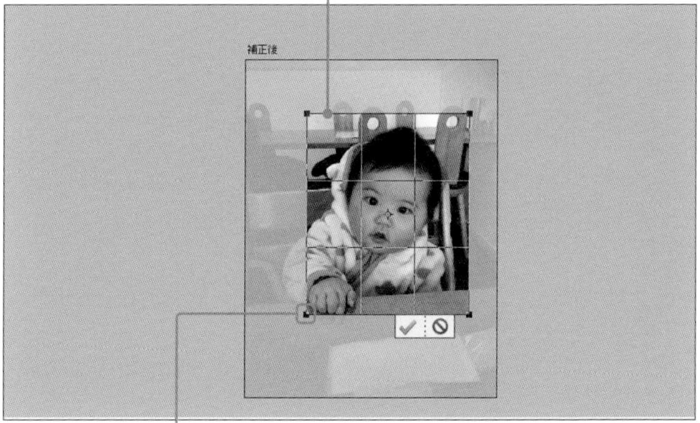

❻四隅のハンドルをドラッグして、

❼サイズや位置を調整し、

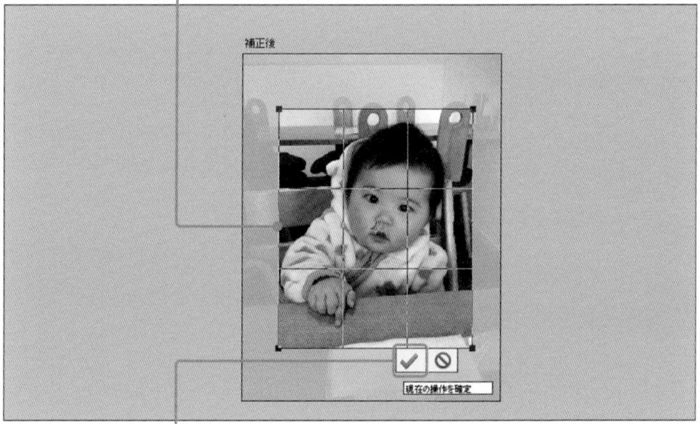

❽ここをクリックして
切り抜きを実行します。

❾写真を保存します
(Sec.29参照)。

KEY WORD

切り抜き候補

手順❸で目的のサイズを選択すると、そのサイズに対応した4種類の切り抜き候補がツールオプションバーに表示されます。これらをクリックして、切り抜きを行うこともできます。

HINT

縦横比が保持される

サイズや解像度を指定してから写真上をドラッグすると、指定した［幅］と［高さ］の比率を保持して範囲が指定されます。

STEP UP

不要な部分を消去する

切り抜いた範囲に余計なものがどうしても残ってしまう場合は、さらにスポット修復ブラシツールを使って消してみましょう（Sec.51参照）。切り抜く前に消したほうがきれいな仕上がりになることもあります。

Section

51

傷や不要な被写体を消去しよう

被写体にしみや傷などがあったり、撮影するタイミングで人物などが写り込んだりすることがあります。スポット修復ブラシツールを利用すると、不要な部分を消去しながら背景に合わせた模様を自動で補正してくれます。

BEFORE 写り込んでしまった通行人を消したい。

AFTER 通行人の姿を消した写真にできた。

1 スポット修復ブラシツールで自動的に消す

❶スポット修復ブラシツールを選択して、

❷［近似色に合わせる］をクリックしてオンにし、

❸塗りやすいようブラシサイズを調整します。

KEY WORD

スポット修復ブラシツール

スポット修復ブラシツール は、写真から不要な部分を消すツールです。傷、しみ、しわなどの小さなものから、電柱、看板などの大きな物体まで、消したい部分をなぞるだけで自動的に消すことができます。ただし、消す対象が大きい場合や、背景がかなり複雑な場合は、適切に消すことができず、跡が残ってしまうことがあります。

❹消したい部分をなぞるようにドラッグすると、

❺背景の色に合わせて消えます。

❻同様にして、残りを消します。

❼写真を保存します(Sec.29参照)。

MEMO

消し方の種類

スポット修復ブラシツール のオプションバーでは、消し方を3種類から選ぶことができます。一般的には［コンテンツに応じる］を使います。

①**［近似色に合わせる］**
塗りつぶした範囲の周囲にあるピクセルの色を使います。

②**［テクスチャを作成］**
塗りつぶした範囲からテクスチャ（模様）を作成し、それを使って消去します。

③**［コンテンツに応じる］**
塗りつぶした対象や背景を自動的に認識して消去します。

MEMO

ブラシの太さを調整する

スポット修復ブラシツールでは、一筆書きのように一気に対象の部分を塗りつぶす必要があります。塗りやすいようにブラシの太さを調整しておきましょう。消す対象から多少はみ出してもかまいません。ドラッグ部分はやや暗くなるので、それで識別します。

HINT

一度のドラッグで一気に指定する

ドラッグを終了すると、なぞられた範囲内からユーザーが消したいと思っている部分を自動識別して消去します。そのため、消したい部分全体がなぞられていないと、消去の対象を識別できません。なるべく一度のドラッグで、消したい部分全体を塗りつぶすようにします。

② 修復ブラシツールで不要な被写体を消す

❶スポット修復ブラシツールを選択して、

この部分を消します。

❷修復ブラシツールを選択し、

❸ブラシサイズを調整して、

❹［調整あり］をクリックしてオンにし（P.151のHINT参照）。

❺モードを［置き換え］にします。

❻ Alt （macOSでは option ）を押すとマウスポインターの形が に変わるので、

❼押したまま、置き換えたい板の部分をドラッグします。

❽ Alt （macOSでは option ）から指を離して消したい部分をドラッグしてなぞると、

❾コピー元の模様に塗られます（紙面の都合上、画面を省略しますが、模様に合わせて何度も手順❻〜❽を繰り返します）。

KEY WORD

修復ブラシツール

修復ブラシツール は、ほかの部分の色をコピーして不要なものを消すツールです。

コピースタンプツール でも同様の操作を行えますが、修復ブラシツール では、修復箇所が周囲の色となじむよう自動調整されるため、より自然に傷などを消すことができます。

HINT

モードの変更

一部分の色を消す場合は、モードは［通常］でかまいません。左の操作は、消したい部分を板模様に置き換えるため、手順❺で［置き換え］にしています。

MEMO

コピー元を指定する

修復ブラシツール を使うには、最初にコピー元となる場所を指定する必要があります。 Alt （macOSでは option ）を押すとマウスポインターの形が に変わるので、コピー元にする場所をクリックまたはドラッグします。

⑩細かい部分を同様にして塗って（消して）、違和感のないようにします。

⑪完成した写真は保存します（Sec.29参照）。

HINT

コピー元と修復先の位置関係を維持する

オプションバーの［調整あり］（手順❸の画面参照）がオフの場合、ドラッグをいったん中断して修復を再開すると、コピー元は最初に Alt （macOSでは option ）＋クリックで指定した部分に戻ります。1つの模様を複数個所にコピーしたいときなどに使います。

［調整あり］をオンにすると、ドラッグをいったん中断して再開しても、コピー元と修復先の相対的な位置関係が保たれるようになります。傷などを消すときはこの設定を使うほうが一般的です。

HINT

被写体を好きな場所に移動させる

エキスパートモードのコンテンツに応じた移動ツール を使うと、選択した被写体を写真内の別の場所に移動することができます。移動した被写体の周囲と、もともと被写体があった場所は、自然に見えるように自動修正されます。

エキスパートモードに切り替えます。

❶コンテンツに応じた移動ツールを選択して、

❷［移動］を選択し、

❸移動させる被写体を囲むようにドラッグします。

❹囲んだ被写体を移動先にドラッグ&ドロップし、

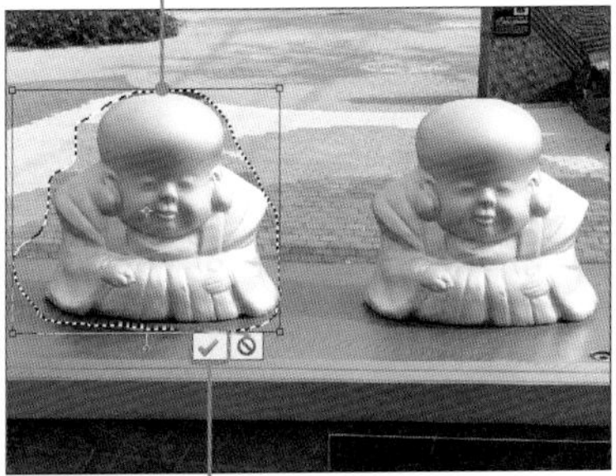

❺ここをクリックすると、

❻被写体が移動します。

もとの場所が周囲になじむように塗りつぶされます。

Section
52

写真の幅を自然に縮めよう

写真の幅を縮める場合に、両端を切り取ったりして無理な編集を行いがちです。再構成ツールを利用すると、変形させたくない部分を保護しながら写真全体のサイズを自然な状態で縮めることができます。

BEFORE　被写体は変形させずに写真を小さくしたい。

AFTER　目立たないように幅を詰めることができた。

1 再構成ツールで保護したい部分を指定する

❶ [エキスパート] をクリックして、エキスパートモードにします。

❷ 再構成ツールを選択します。

KEY WORD
再構成ツール

再構成ツール では、変形させたくない部分をドラッグして指定してから、写真全体のサイズを変更します。保護した部分は変形せずに位置だけがずらされるため、違和感の少ないサイズ変更をすることができます。

❸ [保護対象として設定] をクリックし (MEMO参照)、

❹ブラシサイズを調整します。

❺保護したい部分をドラッグすると、

❻緑色でハイライトされます。

MEMO

保護ブラシの利用

ツールオプションバーで [保護対象として設定] をクリックすると、保護ブラシに切り替わります。保護ブラシで写真上をなぞって緑色にハイライトさせると、その部分は保護され変形しなくなります。

HINT

緑のハイライトを消すには？

誤って保護したくない部分まで塗ってしまった場合は、[保護対象として設定されているハイライトを消去] をクリックしてから、消去したいハイライト上をなぞって消去します。

HINT

変形してもよい部分を指定する

[削除対象として設定] をクリックすると、削除ブラシに切り替わります。削除ブラシでなぞられた部分は赤くハイライトされ、その部分は大きく変形するようになります。場合によっては写真上から消えてしまうこともあります。

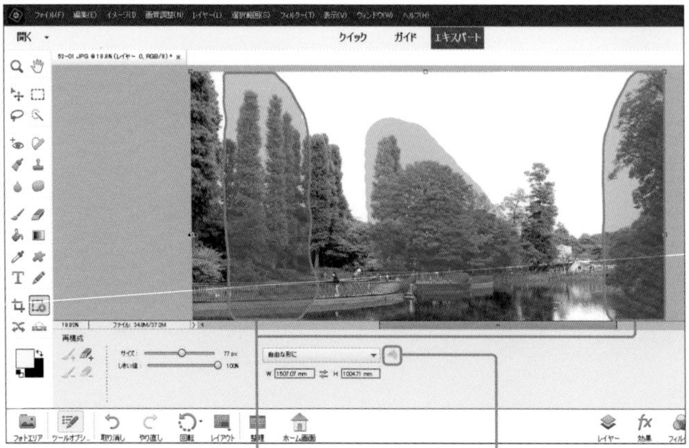

❼ドラッグを繰り返して、保護したい部分すべてをハイライトさせます。

HINT参照

HINT

人物の顔を保護する

再構成ツールのオプションバーの［肌色をハイライトします］をクリックすると、写真の肌色の部分が保護された状態（緑色でハイライトされた状態）になります。ただし、服や髪などは保護されないため、そのまま変形すると意図通りの結果にならないことがあります。

2 写真の幅を縮める

❶マウスカーソルを写真の端に合わせてハンドルをドラッグすると、

❷保護したい部分はそのままに写真のサイズが変わります。

左側だけでよければ、ここをクリックして確定します（HINT参照）。

MEMO

写真のサイズを変更する

再構成ツールの選択中に写真の周囲に表示されているハンドルをドラッグすると、写真のサイズを変更することができます。

HINT

サイズ変更の確定と取り消し

サイズを変更すると下に2つのボタンが表示されるので、再構築を実行したい場合はを、キャンセルしたい場合はをクリックします。なお、変更を確定した後で、取り消したい場合は、タスクバーの［取り消し］をクリックします。

❸右側もドラッグしてサイズを変えます。

❹左右を縮めても保護したい部分はそのままです。

❺サイズ変更に成功したら、ここをクリックします。

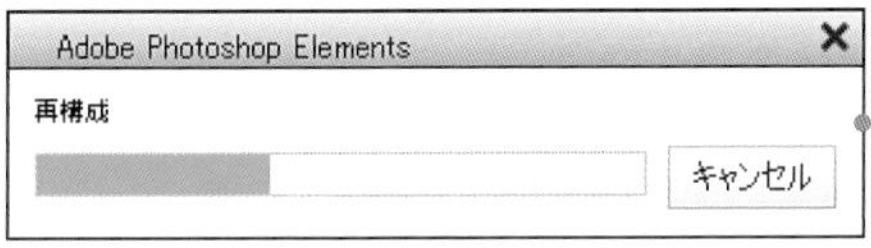

❻再構成が実行されます。

❼再構成されました。

❽完成した写真は保存します（Sec.29参照）。

HINT

透明な部分ができる

再構成ツール で写真のサイズを変更すると、周囲に透明な領域ができます。その領域が不要なら、切り抜きツール などを使って切り抜きます（Sec.50参照）。

Section
53

写真を型抜きしよう

写真を形で切り抜くには、型抜きツールを利用します。通常の図形の四角や三角、丸などのほかに、ハートや矢印、顔、フレームなどさまざまな図形が用意されています。切り抜いた形以外の領域は透明になります。

BEFORE 写真の一部を切り取って利用したい。

AFTER 輪郭をぼかして切り抜くことができた。

1 型抜きに使う図形を選ぶ

❶[エキスパート]をクリックして、エキスパートモードにします。

❷切り抜きツールを選択して、

❸型抜きツールをクリックします。

KEY WORD

型抜きツール

型抜きツール は切り抜きツール の隠れているツールで、写真を図形(型)で切り抜くツールです。切り抜かれた範囲の外側は透明になります。透明にすると、レイヤーを重ねるときやWebページのボタン、アイコンとして画像を利用したいときに便利です。JPEG形式では透明色を記録できないため、保存する際はPNG形式やPhotoshop形式にします。

④ここをクリックします。

⑤ここをクリックして、

⑥［図形］を選択し、

⑦［8ポイントの星］をクリックします。

⑧ここをクリックして、

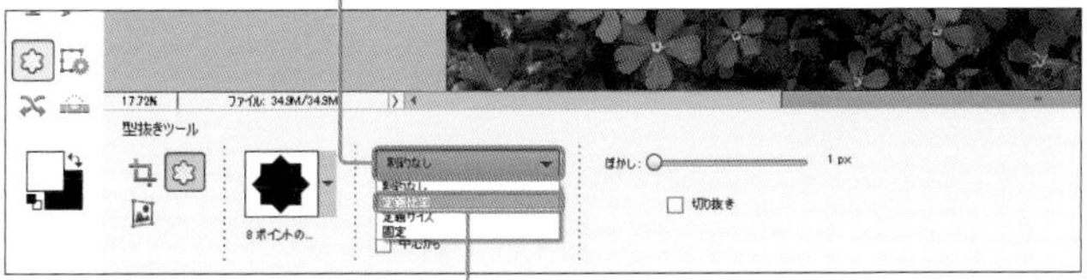

⑨［定義比率］を選択します（右下のMEMO参照）。

MEMO

図形の選択

型抜きに使用する図形は、型抜きツールのツールオプションバーで選択します。「自然」や「動物」などのジャンルに分けられており、まずジャンルを選択してから図形を選択します。ジャンルから［すべてのシェイプ］を選択すると、すべての図形がまとめて表示されます。

HINT

写真の大きさは変わらない

型抜きしても写真（全体画像）の大きさは変わらないため、指定した範囲によっては透明部分が大きく残ってしまうことがあります。必要に応じて切り抜きツール などでトリミングします（Sec.50参照）。

MEMO

図形の制約

切り抜く範囲は写真上をドラッグして指定しますが、その際にツールオプションバーで［定義比率］を選択すると、型抜きに使用する図形の縦横比が維持されます。また、［定義サイズ］を選択すると図形に設定されているサイズがそのまま使われ、自由に大きさを変えられなくなります。［固定］を選択した場合は、［幅］と［高さ］のサイズを指定できるようになります。

2 写真を型抜きする

❶［ぼかし］を調整して（HINT参照）、

❷型抜きしたい範囲をドラッグします。

❸P.157の手順❼で選択した図形で写真が型抜きされます。

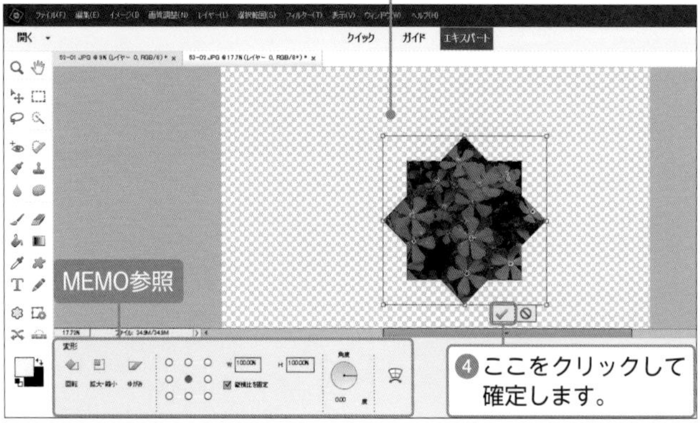

❹ここをクリックして確定します。

❺画像が切り抜かれました。

切り抜かれた部分以外は透明になっています。

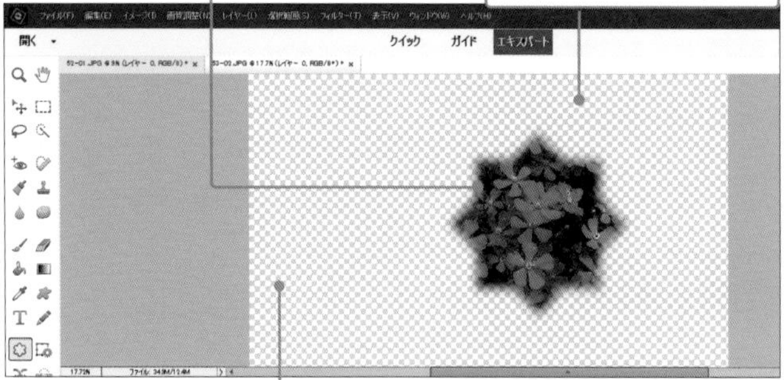

余白が気になる場合は、切り抜きツールを利用してトリミングします（Sec.50参照）。

❻完成した写真は保存します（Sec.29参照）。

HINT

輪郭をぼかす

ツールオプションバーで［ぼかし］のスライダーを右にドラッグすると、切り抜いた部分の輪郭をぼかすことができます。

MEMO

範囲を変形する

切り抜く前のツールオプションバーには、範囲を変形するためのボタンなどが表示されています。たとえば、［角度］の円をドラッグすると、切り抜き範囲を回転させることができます。

STEP UP

切り抜いた画像の利用

切り抜いた画像は半透明のレイヤー（Sec.55参照）になります。そのままほかの画像にコピー＆ペーストして合成することもできます。

Chapter

6

複数の写真を組み合わせよう

複数の写真を組み合わせて1つにすることを写真の合成といいます。重なった1枚1枚をレイヤーと呼び、レイヤー単位で編集を行うことで、凝った写真にすることができます。ここでは、レイヤーのしくみと使い方を紹介します。

Section
54

写真の合成とは

写真の合成とは、複数の写真からそれぞれ必要な部分を切り取り、それらを重ね合わせて1枚の写真にすることです。重ね合わせる1枚1枚の層をレイヤーと呼び、レイヤー単位で不透明度や特殊効果などを付けることができます。

1 合成する範囲を選択して切り取る

MEMO
選択ツールの利用

写真の一部を別の写真に貼り付けるためには、目的の範囲を適切に選択する必要があります。
Elements Editorには、写真の一部を選択するためのさまざまなツールが用意されています。これらのツールを目的や被写体に合わせて使い分けると、目的の範囲を思い通りに選択することができます。

2 文字を追加する

MEMO
写真に文字を追加する

写真に文字を追加するには、縦書きまたは横書きの文字ツールを利用して入力します。このとき、テキストレイヤーというレイヤーが作られます。
フォントや色だけでなく、ワープテキストを使って変形させることもできます。

③ レイヤーを使って合成する

レイヤー

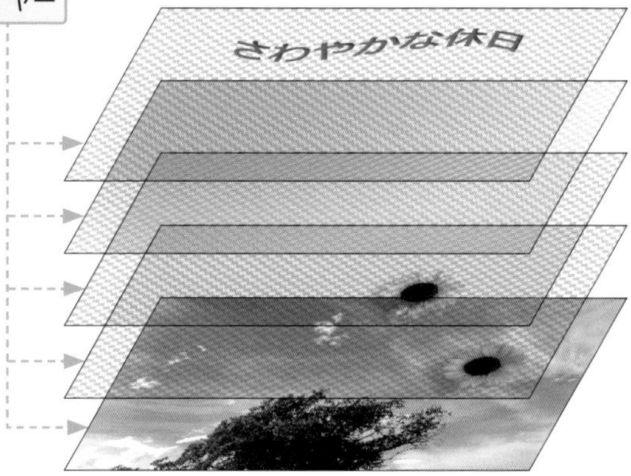

レイヤーパネル

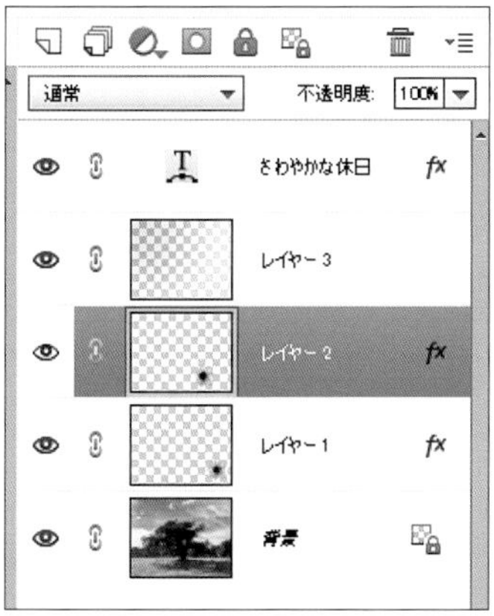

MEMO　レイヤーを利用した合成

写真を合成するには、「レイヤー」と呼ばれる透明な層の上に、合成する素材を作成して重ね合わせます。レイヤー上の画像や文字などはレイヤーごとに個別に編集することができます。
レイヤーを確認するには、レイヤーパネルを利用します。レイヤーについては、Sec.55を参照してください。

④ 特殊効果を使いこなす

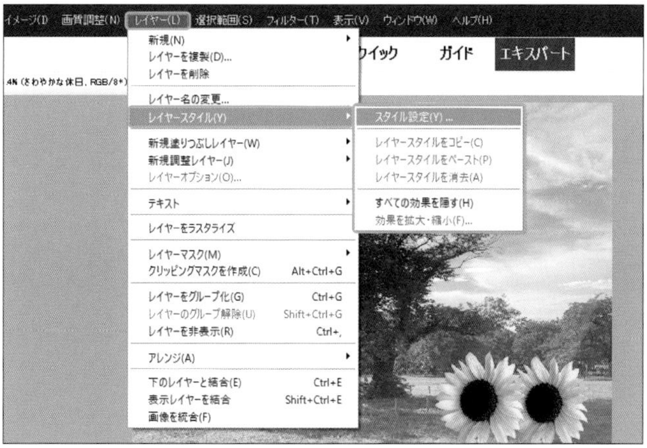

MEMO　不透明度、描画モード、レイヤースタイル

レイヤーの機能は、単純に画像を重ねるだけではありません。不透明度や描画モードなどの設定を変更して、半透明の合成を行うことができます。また、レイヤースタイルを設定すると、レイヤー上の画像に影や光彩を付けることができます。

レイヤーのしくみを知ろう

レイヤーとは1枚のシートのようなもので、複数のシートを重ねて合成することで1枚の画像を作ります。合成に使用するレイヤーにはさまざまな機能があり、［レイヤー］パネルを使って操作します。

1 レイヤーとレイヤーパネル

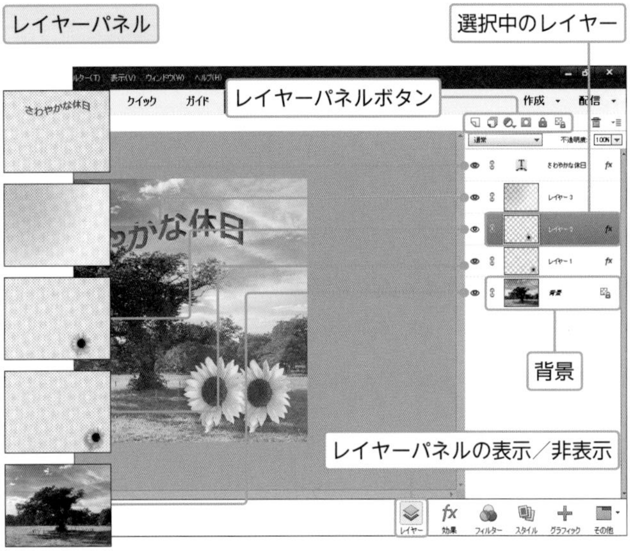

レイヤーパネル関連の名称		機　能
（アイコン）	新規レイヤーを作成	透明な新しいレイヤーの作成
（アイコン）	塗りつぶしまたは調整レイヤーを新規作成	塗りつぶしレイヤーまたは調整レイヤーの作成
（アイコン）	レイヤーマスクを追加	レイヤーの一部を非表示にするレイヤーマスクの追加
（アイコン）	すべてのピクセルをロック	選択中のレイヤーの編集禁止
（アイコン）	透明ピクセルをロック	レイヤーの透明部分の編集禁止
	選択中のレイヤー	現在操作対象のレイヤーを表示
	背景	最下層にある特殊なレイヤー
（アイコン）	レイヤーパネルの表示／非表示	レイヤーパネルの表示／非表示の切り替え。タスクバーに表示

KEY WORD　レイヤーパネル

レイヤーの管理はレイヤーパネルで行います。［レイヤー］をクリックして、表示／非表示を切り替えます。各レイヤーが一覧表示されており、レイヤーパネル上でレイヤーを選択すると、編集画面でそのレイヤー上の画像を編集できるようになります。また、レイヤーパネル上の順番は重なり順を表しており、パネル上で一番上に表示されているものが最前面、一番下に表示されているものが最背面に配置されます。

KEY WORD　背景

「背景」は、レイヤーパネルの最下段のレイヤーです。Elements Organizerからレイヤーのない画像を開いた場合、その画像は「背景」レイヤーになります。「背景」は特殊なレイヤーで、透明色のピクセルを持てない、ほかのレイヤーより上に移動できない、などの制限があります。「背景」を通常のレイヤーに変更することもできます。

② レイヤーの状態を見る

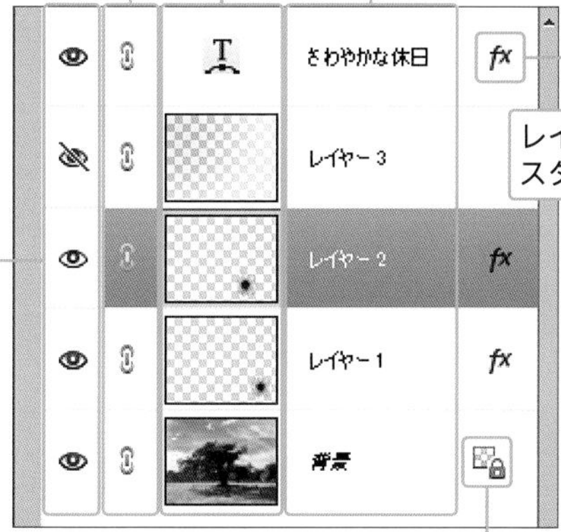

レイヤーの表示と非表示

❶ レイヤーの表示ボタンをクリックすると、

❷ クリックされたレイヤー(背景)が表示されなくなります。

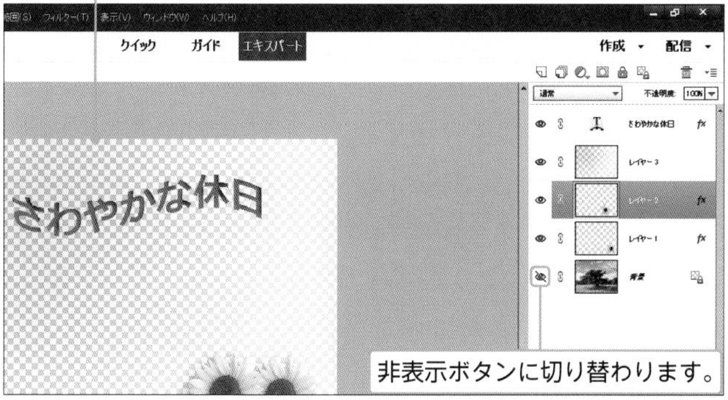

非表示ボタンに切り替わります。

MEMO

レイヤーの状態アイコン

レイヤーパネル上のレイヤーには、状態を表すアイコンがいくつか表示されています。

	レイヤーは表示されている状態
	レイヤーは表示されていない状態
	レイヤーはスタイルが適用されている状態
	操作中のレイヤーとリンクされてる状態
	レイヤーはロックされている状態

MEMO

表示と非表示の]切り替え

レイヤーで合成された画像の特徴は、1枚1枚の「層」が重なって1つの画像に見せているということです。それぞれのレイヤーの表示と非表示を切り替えると、その特徴がよくわかります。

また、操作中に表示と非表示を切り替えることで、レイヤーの個別にかかっている効果や、全体を合わせたときにどう見えるかなどを確認することができます。

レイヤーの順番

❶レイヤーをドラッグして順番を入れ替えると、

❷画像の重なりの順番が変化します。

操作中のレイヤーの確認

選択したオブジェクトによって作業中のレイヤーは変わります。
この場合は一番上のテキストレイヤーを選択していることになります。

この場合はレイヤー4を選択しています。線を引いてみると、
レイヤー4だけに引かれていることがわかります。

MEMO

レイヤーの順番と選択

レイヤーは「層」という言葉の意味の通り、画像の上に重ねて効果をかけていくものです。レイヤーを使用することで、もとの画像には変更を加えずに、さまざまな効果をかけることができます。

左上の例のように、レイヤーの順番は画像の重なりの順番に対応しています。

また、左下の例のように、一見同じ画像を選択しているように見えても、選択しているレイヤーが異なると、操作の影響を受けるレイヤーも異なります。このため、効果を加える際には必ず選択しているレイヤーを確認する必要があります。

MEMO

背景レイヤーは操作できない

レイヤーはもととなる画像（背景レイヤー）の上に重ねていくので、背景レイヤーは削除したり、順番を変更したりすることはできません。背景レイヤーに最初からロックがかかっているのはそのためです。

3 テキストレイヤーで文字を入力する

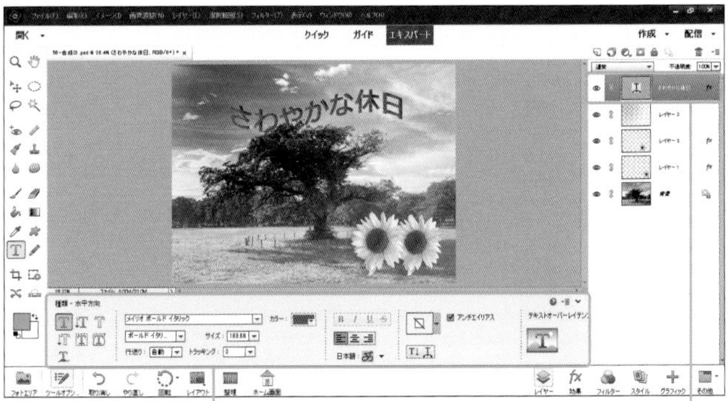

文字ツールのツールオプションバー

テキストレイヤー

KEYWORD

テキストレイヤー

文字ツールでテキストを入力すると「テキストレイヤー」が生成されます。後から文字を再編集したり、フォントやサイズなどの書式を設定したりすることが可能です。

4 ［レイヤー］メニューを利用する

新規塗りつぶしレイヤーの作成

新規調整レイヤーの作成

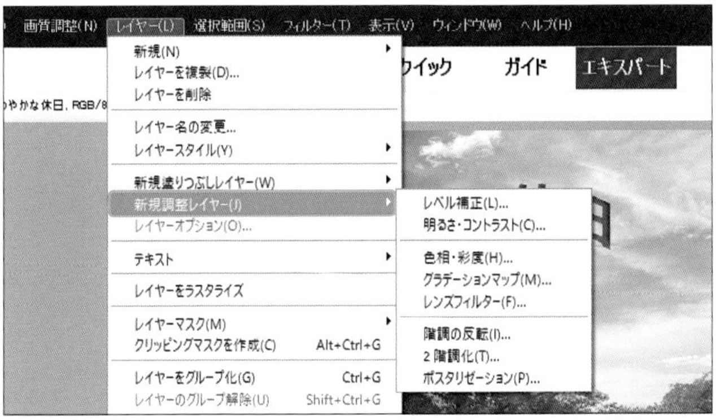

MEMO

［レイヤー］メニュー

より高度なレイヤーの操作には、［レイヤー］メニューを利用します。レイヤースタイルと呼ばれる特殊効果の設定や、特殊なレイヤーの新規作成などが行えます。

Section 56

合成に必要な部分を切り取ろう

写真をレイヤーで合成するには、最初に写真から必要な部分を選択して切り取る操作が必要です。対象範囲を選択するには、選択ブラシツールのほか、自動で選択できるクイック選択ツールやオートセレクション機能を利用します。

1 自動的にすばやく選択する

❶写真を表示して、[エキスパート]をクリックします。

❷クイック選択ツールを選択して、

❸選択したい対象の上をドラッグすると、

P.167のHINT参照

❹自動的に対象物の輪郭を検出して選択します。

❺余計な部分まで選択された場合は、Alt (macOSでは option) を押しながらドラッグすると、

KEYWORD

クイック選択ツール

クイック選択ツールは、色の変化から物体の形を自動的に検出して範囲を選択するツールです。選択したい部分の内側をドラッグまたはクリックすると、自動的に被写体の輪郭を認識して輪郭からはみ出ないように選択するので、輪郭が複雑な形でもかんたんに選択できます。

HINT

自動的に追加モードに切り替わる

クイック選択ツールでは、最初の範囲が選択された後、自動的に追加モードに切り替わります。そのままドラッグしていけば、選択範囲を広げていくことができます。

MEMO

選択を一部解除する

余計な部分まで選択してしまった場合は、ツールオプションバーで［現在の選択範囲から一部削除］をクリックしてからドラッグするか、Alt (macOSでは option) を押しながらドラッグすると、解除することができます。

❻ドラッグした部分の選択が解除されます。

❼だいたい選択できたら［境界線を調整］をクリックします。

❽［ぼかし］のスライダーを右にドラッグして、

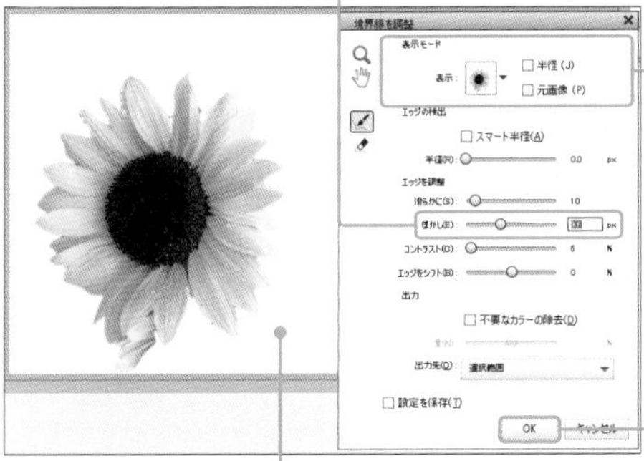

STEPUP参照

❾［OK］をクリックします。

選択範囲外は白く表示されます。

❿完成した写真は保存します（Sec.29参照）。

STEP UP

選択範囲をわかりやすく表示する

［境界線を調整］ダイアログボックスが表示されている間は、選択範囲外を白地にするなどの方法で、わかりやすく表示されます。［表示モード］の［表示］から表示方法を選択できます。

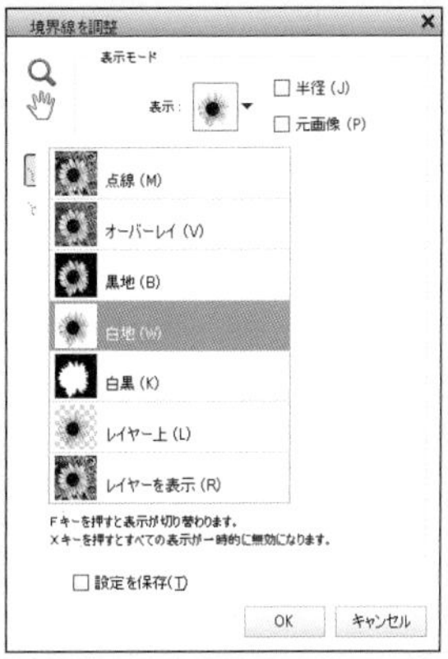

MEMO

選択範囲のコピーと移動

範囲を選択して、Ctrl（macOSでは command）＋Cを押すとコピーでき、コピー先でCtrl（macOSでは command）＋Vを押して貼り付けます。移動するには、移動ツールを利用します。

HINT

その他の選択ツール

範囲を選択する場合、クイック選択ツールのほかに、ドラッグした通りに選択する選択ブラシツール、似た色の連続する範囲を選択する自動選択ツール、選択範囲を追加する選択エリア調整ブラシ、選択したい被写体の周囲をドラッグすると選択できるオートセレクションツールがあります。

上の手順例では、クイック選択ツールを利用して範囲を選択していますが、自動選択やオートセレクションツールでも複雑な形を選択できます。

オートセレクション

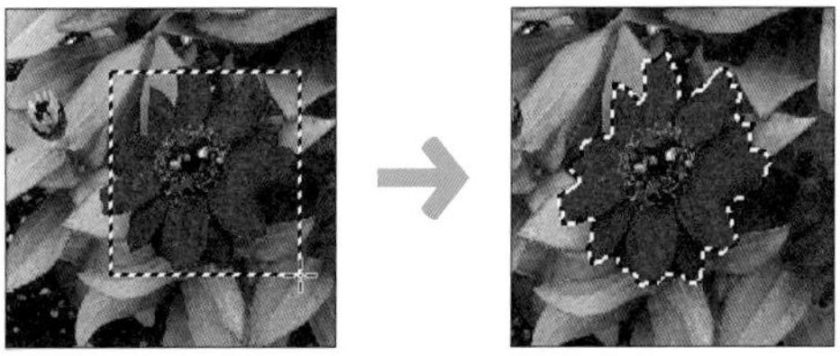

囲むようにドラッグすると、

輪郭を選択できます。

Section 57

切り取った部分を別の写真に貼り付けよう

写真をレイヤーで合成してみましょう。切り取った複数の写真を合成して、1枚の写真にします。合成自体は、コピー＆ペーストするだけです。貼り付けた写真は移動ツールなどを使って、バランスよく配置します。

BEFORE 画像を合成したい。

AFTER 写真や文字を貼り付けることができた。

1 写真を別の写真に貼り付ける

❶合成したい2枚の写真を開いておき、

レイヤーパネルを表示しています。

❷Sec.56を参考にコピーしたい範囲を選択して、

❸Ctrl＋C（macOSではcommand＋C）を押します。

HINT

複数の写真を開く

Elements Editorで複数の写真を同時に開くには、Elements Organizerで複数の写真を選択した状態で、［編集］をクリックします（P.086参照）。複数の写真を開くと、フォトエリアに複数のサムネイルが表示されます。また、1枚目を開いてからElements Organizerに戻り、2枚目以降を選択して開いても同じ結果になります。

❹タブをクリックして
貼り付け先の写真に切り替えて、

❺ Ctrl ＋ V （macOSでは command ＋ V ）を押すと、

❻コピーした写真が
貼り付けられます。

レイヤーが追加されています。

MEMO

選択範囲のコピー

別の写真をコピーして貼り付けると、自動的にレイヤーが作成され、そのレイヤーの上に写真が貼り付けられます。

HINT

写真のサイズを合わせる

2つの写真のサイズがあまりにも違いすぎると、貼り付けたときに大幅にはみ出してしまうことがあります。コピー＆ペーストする前に、写真の解像度（ピクセル数）を合わせておいたほうが、作業しやすくなります（Sec.102参照）。

2 貼り付けた画像の位置やサイズを調整する

❶移動ツールを選択して、

❷画像をクリックして選択し、

❸四隅のハンドルを
内側にドラッグします。

MEMO

サイズの変更

移動ツールに切り替えると、選択範囲の周りにハンドル付きの枠が表示されます。これをバウンティングボックスといいます。バウンディングボックスの四隅のハンドルをドラッグすると、画像を拡大／縮小することができます。縦横比を変えない場合は、 Shift （macOSでは shift ）を押しながらドラッグします。

④画像が縮小されます。
⑤枠内にマウスポインターを合わせてドラッグすると、

MEMO参照

⑥画像を移動できます。
⑦ここをクリックして変形を確定します。
⑧同様にコピーと貼り付け、変更してコスモスを2つ並べます。

MEMO

変形の確定

移動ツール のバウンディングボックスを使って変形すると、右下に確定するためのボタンが表示されます。意図しない変形になった場合は、 をクリックしてキャンセルすることができます。変形するたびに画像はわずかに劣化するので、拡大／縮小や回転など複数の変形をしたい場合は、その都度確定せずにまとめて操作してから確定するようにしましょう。

3 写真に文字を配置する

①[横書き文字ツール]を選択します。

MEMO

文字の入力

ここでは横書きの文字を入力するため、[横書き文字ツール]を使用しますが、縦書きを入力したい場合は、ツールオプションバーで[縦書き文字ツール] をクリックします。

❷ここをクリックして、フォントを選択します。

❸ここをクリックして、

❹カラーを選択します。

❺入力したい位置をクリックし、

❻文字を入力して、

❼ここをクリックして確定します。

MEMO

フォントを設定する際の注意

文字ツールで選択できるフォントはパソコンにインストールされているものだけです。また、欧文フォントと和文フォントがあり、欧文フォントを選択しても日本語の文字のデザインは変わりません。

MEMO

レイヤーパネルを開いておく

［レイヤー］をクリックしてレイヤーパネルを表示しておくと、選択中のレイヤーを確認しながら作業ができるので便利です（P.162参照）。

KEYWORD

テキストレイヤー

文字は「テキストレイヤー」という特殊なレイヤーに入力されます。入力した後も再編集することができます。

STEP UP

さまざまな文字ツールが用意されている

シェイプに沿ったテキストの追加ツール は、シェイプ（図形）を選択してその周囲に文字を沿わせます。また、選択範囲に沿ったテキストの追加ツール もあります。このツールを使用すると、写真の一部を範囲選択してその周囲に文字を沿わせることができます。

4 文字の大きさや配置を調整する

❶ 移動ツールを選択して、

❷ バウンディングボックスで文字の位置とサイズを整えて、

❸ 文字をダブルクリックして選択し、

❹［ワープテキストを作成］をクリックします。

❺ ここをクリックして、

❻［旗］を選択し、

❼［OK］をクリックします。

MEMO

位置とサイズの調整

移動ツールを選択すると、画像とまったく同じように文字の位置やサイズを調整することができます。

HINT

文字の再編集

配置済みの文字を再編集するには、移動ツールでダブルクリックするか、文字ツールでクリックします。カーソルや文字ツールのオプションバーが表示され、文字の入力や書式の変更ができるようになります。

KEY WORD

ワープテキスト

ワープテキストは文字を変形させる機能です。円弧、旗、魚眼レンズなど、用意されているスタイルを選び、3つのスライダーで変形の度合いを調整します。変形した後でも文字は修正できます。

ワープテキストを設定後、カーブや水平、垂直のゆがみを調整できます。

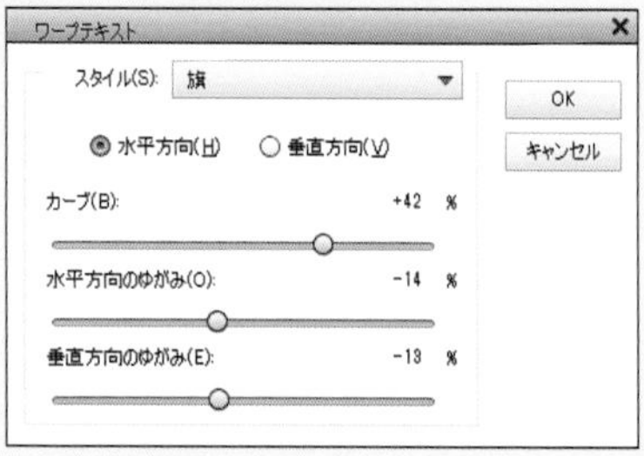

❽文字が変形します。

❾ここをクリックして確定します。

HINT 確定後もサイズを変更できる

テキストを設定した後でも、テキストレイヤーの文字は入力し直すことができます。また、移動ツールで位置やサイズを変えることも自由にできます。

5 合成した写真を保存する

❶[ファイル]メニュー→[別名で保存]の順にクリックし、

❷Photoshop形式を選択して、

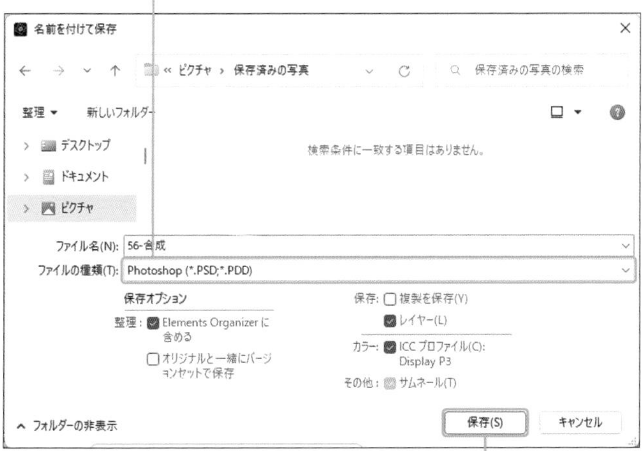

❸[保存]をクリックします。

MEMO Photoshop形式で保存される

レイヤーを追加すると、保存時にPhotoshop形式が選ばれるようになります。JPEG形式などで保存することもできますが、その場合レイヤーはすべて統合され、1枚の背景のみの画像データになってしまいます。後から編集したい場合や、編集途中で一度保存するときは、必ずPhotoshop形式で保存しましょう。

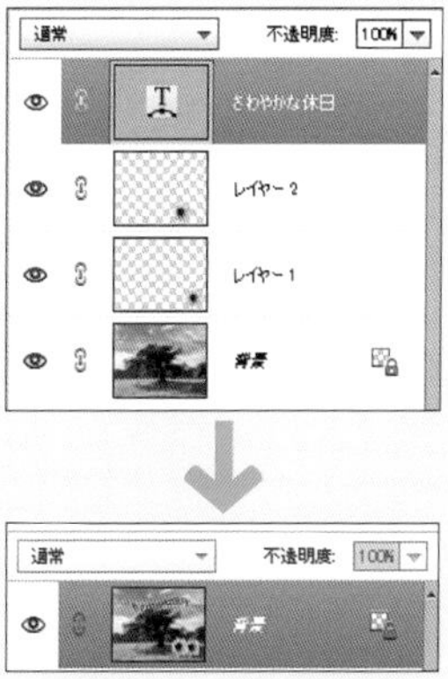

JPEG形式で保存すると、レイヤーが統合され、以後の編集作業ができなくなります。

Section 58

レイヤーの組み合わせで雰囲気を変えよう

レイヤーは新規に作成してレイヤー間に追加することができます。それぞれのレイヤーは作成順に重なりますが、順番を入れ替えることもできます。また、レイヤースタイルで特殊効果を付けると写真の雰囲気が変わります。

BEFORE 画像ごとに効果を加えたい。

AFTER 特殊効果を加えて重ねることができた。

1 新規レイヤーを追加する

Sec.57で作成した写真を開いています。

❶一番上のレイヤーを選択した状態で、

❷［新規レイヤーを作成］をクリックします。

> **MEMO 新規レイヤーの追加**
>
> これまではコピー＆ペーストや文字入力時に自動的に作られるレイヤーを利用してきましたが、レイヤーを新規に作成することもできます。新規レイヤーは最初は透明なので、作成しても写真上には変化がありません。

❸ その上に新しいレイヤーが追加されます。

HINT

選択しているレイヤーに注意

新規レイヤーは、レイヤーパネルの現在選択中のレイヤーの上に追加されます。複数のレイヤーで作業するときは、誤って別のレイヤーを編集しないよう注意しましょう。

2 レイヤー上をグラデーションで塗りつぶす

❶ [その他] をクリックし、

❷ [スウォッチ] をクリックし、

❸ 描画色を選びます。

❹ グラデーションツールを選択して、

❺ [リニア] を選択し、

❻ グラデーションの透明度を調整します（右下のMEMO参照）。

MEMO

スウォッチの表示

スウォッチとはカラーやパレットを登録できる機能です。指定が終えたら、☒ をクリックしてパネルを閉じましょう。

KEY WORD

グラデーション

「グラデーション」とは、色が徐々に変化していく塗りのことです。グラデーションツール ▣ や塗りつぶしレイヤーを使って塗ることができます。ここではリニア（線型）グラデーションで新規レイヤー上を塗りつぶします。

MEMO

グラデーションの透明度を調整する

初期設定ではグラデーションの不透明度は100%なので、透明感のあるグラデーションで塗りつぶしたい場合は、ツールオプションバーの［不透明度］を下げます。バーを左にスライドさせてください。

❼新規レイヤーが選ばれていることを確認して、

❽写真上をドラッグすると、

❾グラデーションで塗りつぶされます。

HINT参照

MEMO

効果を付けるときはレイヤーを必ず確認する

作業中、気づかないうちにほかのレイヤーを選択していることがあります。効果を付けるときは現在選択しているレイヤーを確認し、選択されていない場合はクリックして選択しましょう。

間違えてもタスクバーの[取り消し]ボタン で操作を取り消すことができます。

HINT

グラデーションの種類

グラデーションの種類は、ツールオプションバーで選択することができます。「直線グラデーション(リニア)」「円形グラデーション」「円錐型グラデーション(角度)」「反射型グラデーション」「菱形グラデーション」の5種類があります。

HINT

グラデーションツールのツールオプションバー

グラデーションツールのツールオプションバーでは、グラデーションのパターンや形を選択したり、パターンを編集したりすることができます。

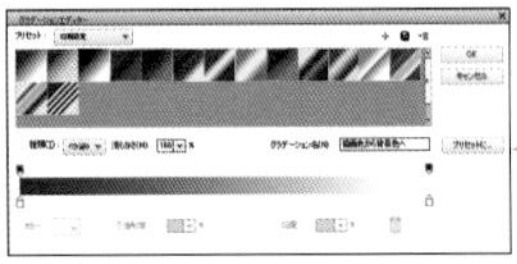

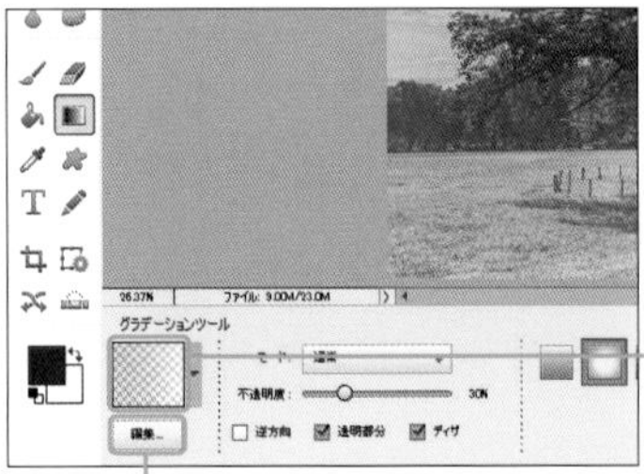

定義済みのグラデーションを選択します。

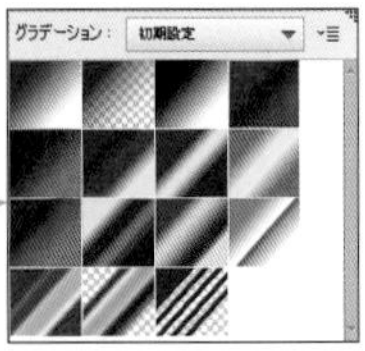

グラデーションのパターンを編集します。

③ レイヤーの順番を入れ替える

❶ レイヤー3を下にドラッグすると
(ここでは「レイヤー1」の下にドラッグ)、

❷ 順番が入れ替わります。

❸ ここをクリックして、

❹ [リニアライト] を選択します。

❺ コントラストが強調された合成方法になります。

MEMO

レイヤーの順番の入れ替え

レイヤーパネル上での順番が入れ替わると、編集画面上でもレイヤーの重なり順が変わります。ここではグラデーションのレイヤーを背景の上に移動しているので、背景のみにグラデーションがかかった状態となっています。

HINT

背景をレイヤーにする

背景レイヤーはロックされているため、順番を変えることができません。背景レイヤーを通常のレイヤーに変えたい場合は、レイヤーパネルの背景レイヤーをダブルクリックします。[レイヤープロパティ] ダイアログボックスが表示されるので、そのまま [OK] をクリックします。

KEY WORD

描画モード

レイヤーには描画モードを設定することができます。描画モードとは、下のレイヤーの画像との合成方法を決めるものです。初期設定の [通常] が選ばれている場合、単純に下のレイヤーの上に塗り重ねられますが、それ以外を選ぶとピクセルの色に応じて複雑に変化します。ここで選択している「リニアライト」は、カラーの覆い焼きと焼き込みを行い、明るい部分をより明るく、暗い部分をより暗くします。

4 レイヤースタイルを利用する

❶テキストレイヤーを選択して、

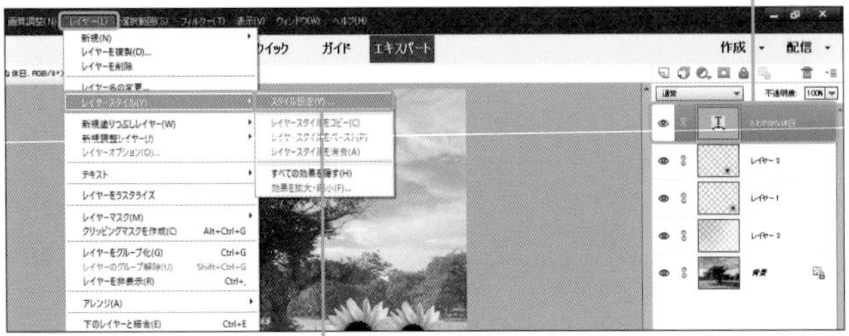

❷[レイヤー] メニュー→[レイヤースタイル]→[スタイル設定] の順にクリックすると、

❸[スタイル設定] ダイアログボックスが表示されます。

❹[ベベル] をクリックしてオンにし、

❺[サイズ] と [方向] を調整して、

❻[OK] をクリックします。

❼再度 [スタイル設定] ダイアログボックスを表示します。

❽レイヤー2(花) を選択して、

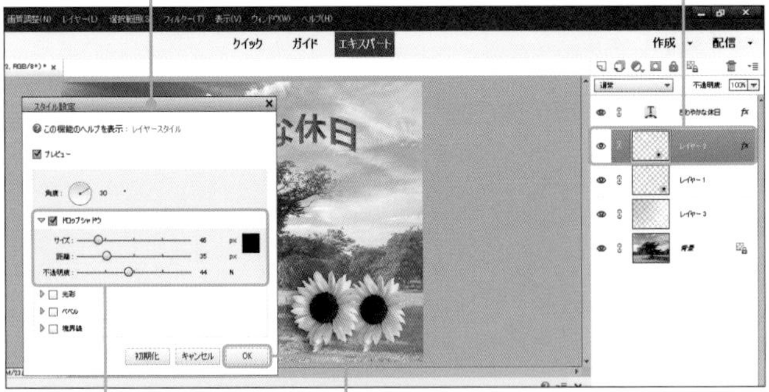

❾ドロップシャドウを設定して、

❿[OK] をクリックすると、花に影が付きます。

⓫同様にもう一方の花にも影を付けて、保存します。

KEY WORD

レイヤースタイル

レイヤースタイルはレイヤーに設定できる特殊効果です。「ドロップシャドウ(影)」「光彩」「ベベル」「境界線」の4種類を設定できます。レイヤースタイルを設定すると、レイヤーパネルに fx アイコンが追加されます。

STEP UP

レイヤースタイルの設定を変更する

レイヤースタイルを設定すると、レイヤーに fx アイコンが表示されます。レイヤースタイルを後から変更するには、レイヤーに表示されている fx アイコンをダブルクリックして [スタイル設定] ダイアログボックスを表示します。

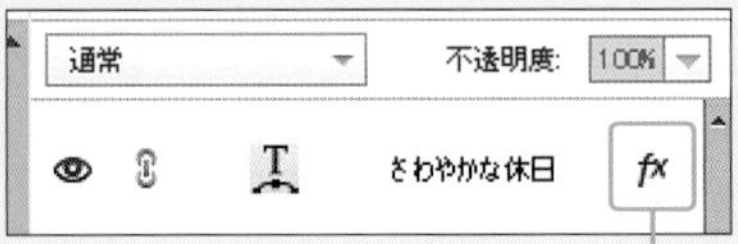

ここをダブルクリックします。

MEMO

ドロップシャドウ

ドロップシャドウは、レイヤー上の対象物に影を付けて立体感を出す効果です。サイズ(影の大きさ)や距離、不透明度や色を設定できます。

HINT

Photoshop形式で保存する

テキストレイヤーなどのレイヤーは、Photoshop形式で保存しないと保持されません(P.183参照)。

Chapter

7

ガイドモードで印象的な写真を作ろう

Elements Editorのガイドモードには、さまざまな写真編集・加工がかんたんにできる機能が用意されています。[基本][カラー][白黒][楽しい編集][特殊編集][Photomerge]に分類されているので、目的に合った機能を選び、パネルの指示で編集できます。

Section
59

ガイドモードとは

Elements Editorのガイドモードは、写真を自動で編集する機能です。ガイドに従って設定すると、目的の写真が出来上がります。各機能は、基本、カラー白黒、楽しい編集、特殊編集、Photomargeに分類され、さまざまな機能が用意されています。

1 ガイド付き編集を利用する

基本

❶ Elements Editorを開いて、写真を表示します。

❷ [ガイド] をクリックすると、

❸ ガイドモードが表示されます。

カラー

KEY WORD

ガイドモード

ガイドモードとは、操作を完全にマスターしていない人でも目的の写真に加工できる編集画面です。凝った写真に変更するのにも、ガイドの指示に従っていけば完成するので便利です。
ガイドモードを利用するには、利用する写真を表示しておき、[ガイド] をクリックして、目的のガイド機能を選択します。

MEMO

ガイドモード：基本

「基本」には、写真加工の基本である機能として、明るさとコントラスト、肌色補正、写真を切り抜き、レベル、明るさを調整、写真のサイズ変更、回転と角度補正、シャーク、ビネット効果が用意されています。

MEMO

ガイドモード：カラー

「カラー」には、カラーを調整するための機能として、カラーを調整、ロモカメラ効果、カラーバランスを補正、高彩度フィルム効果が用意されています。

白黒

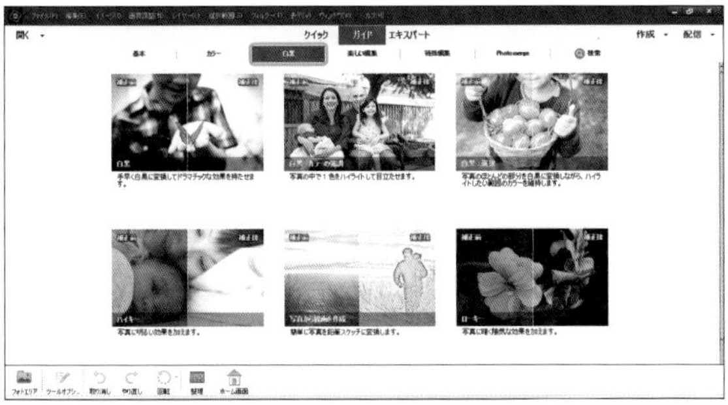

MEMO ガイドモード：白黒

「白黒」には、カラー写真を白黒にしたり、一部のカラーを強調させたり、さまざまな加工を加える機能が用意されています。

楽しい編集

MEMO ガイドモード：楽しい編集

「楽しい編集」には、反射やスピード効果、写真テキストなど写真に面白い効果を付ける機能が用意されています。

特殊編集

MEMO ガイドモード：特殊編集

「特殊編集」には、写真をぼかしたり、フレームを付けたり、背景を置き換えたりといった特殊な編集機能が用意されています。

Photomerge

MEMO ガイドモード：Photomerge

「Photomerge」には、複数の写真から1枚の写真に合成する機能が用意されています。ほかの写真の一部を合成したり、複数枚の写真からパノラマ写真を作成したり、範囲を指定するだけでかんたんに編集できます。

Section
60 傾いてしまった写真をまっすぐにしよう

慌てて撮ったら被写体が斜めになってしまったということはよくあります。ガイドモードの回転と角度補正を利用すると、角度を補正できます。このとき、写真の範囲が足りなくなる四隅は、背景に合わせて自動で補正されます。

BEFORE 写真が傾いてしまった。

AFTER まっすぐきれいな写真にできた。

1 角度を補正する

❶写真をElements Editorで開いておきます。

❷[ガイド]の[基本]をクリックし、

❸[回転と角度補正]をクリックします。

KEY WORD

回転と角度補正

手ぶれなどにより傾いてしまった写真の角度補正は、ガイドモードの「回転と角度補正」に用意されているツールを使って修正できます。基準となる水平線を画像に引き、その線に合わせて画像が回転し、自動的に補正されます。また、横画像を縦画像にしたいときなど、画像を90度回転させるときにも使用できます。

❹[回転と角度補正] パネルが表示されます。

❺[角度補正ツール]をクリックして、

❻[画像サイズを固定] をクリックしてオンにします。

❼[エッジを自動的に塗りつぶし] をクリックしてオンにします(P.184のHINT参照)。

❽水平の線となる基準をドラッグします。

HINT

画像サイズとカンバスサイズ

手順❹では、[画像サイズを固定] あるいは[カンバスサイズを固定] を選択します。画像サイズを固定にすると、写真が収まるように枠のサイズが変更されます。カンバスサイズを固定にすると、枠に合わせて画像が切り抜かれます。

MEMO

傾きの基準

傾きを変えるには、[角度修正ツール] をクリックして、画面上をドラッグします。このとき、対象物の水平の線を目安にドラッグすると、水平に近くなります。傾きすぎた場合は、タスクバーの [取り消し] をクリックしてもとに戻してから再度ドラッグします。

⑨ドラッグした線を基準に写真の傾きが補正されます。

ズーム：
17%
回転と角度補正
次のアイコンをクリックして画像を左右に回転させます。
写真の角度補正を行うには：
次の角度補正ツールをクリックして、写真の上に線を引きます。線の角度に合わせて写真が回転します。
角度補正ツール
回転または角度補正
画像サイズを固定
画像全体が収まるようにカンバスサイズを変更します。
カンバスサイズを固定
カンバスの大きさに合わせて画像を切り抜きます。
エッジを自動的に塗りつぶし
画像の角度補正後にエッジを塗りつぶします。

⑩まだ傾きがある場合は、再度水平の線をドラッグします。

⑪傾きが水平になります。

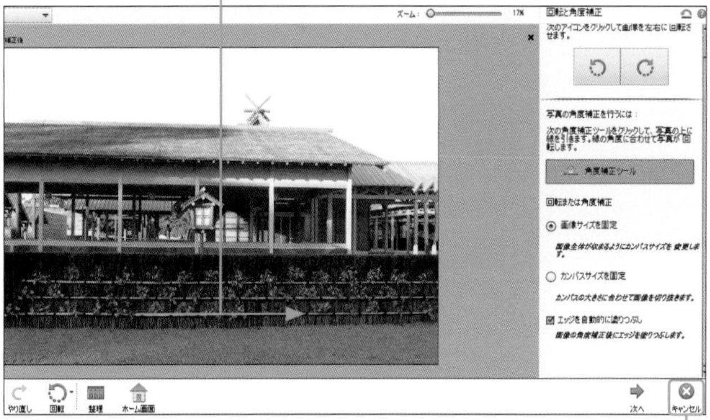
ズーム：
17%
回転と角度補正
次のアイコンをクリックして画像を左右に回転させます。
写真の角度補正を行うには：
次の角度補正ツールをクリックして、写真の上に線を引きます。線の角度に合わせて写真が回転します。
角度補正ツール
回転または角度補正
画像サイズを固定
画像全体が収まるようにカンバスサイズを変更します。
カンバスサイズを固定
カンバスの大きさに合わせて画像を切り抜きます。
エッジを自動的に塗りつぶし
画像の角度補正後にエッジを塗りつぶします。
やり直し
回転
整理
ホーム画面
次へ
キャンセル

⑫[次へ]をクリックします。

HINT

エキスパートモードの利用

エキスパートモードの角度補正ツール でも、角度の補正を行うことができます。オプションバーを使用することで、角度を補正したときにできる余白の処理を選択することもできます。

HINT

傾きが激しい場合

傾きが激しい場合は、最初に急な角度で基準の線をドラッグすると、写真によってはエッジの塗りつぶしがうまくいかない場合があります。傾きを緩くして何度か繰り返すことで、エッジの塗りつぶしも自然にすることができます。

MEMO

操作のキャンセル

ガイドモードでの操作を途中でやめたい場合は[キャンセル]をクリックします。画像が保存されることなく、ガイドモードの先頭画面に戻ります。

HINT

エッジを塗りつぶす

P.183の手順⑦の[エッジを自動的に塗りつぶし]をオンにしていないと、写真を傾けた場合に、周りに余白が生じます。[エッジを自動的に塗りつぶし]をオンにすると、上記のように余白(エッジ)を自動的に塗りつぶしてくれます。
ただし、周りの画像を利用するため、あまり複雑ではない被写体の場合は自然な塗りつぶしができますが、柵の木など縦模様が多いなどの場合は不自然な塗りつぶしになるので注意が必要です。

オフにすると、余白が生じます。

② 補正した写真を別名で保存する

P.184の手順⑫後の画面を表示しています。

① [別名で保存] をクリックすると、

② [名前を付けて保存] ダイアログボックスが表示されます。

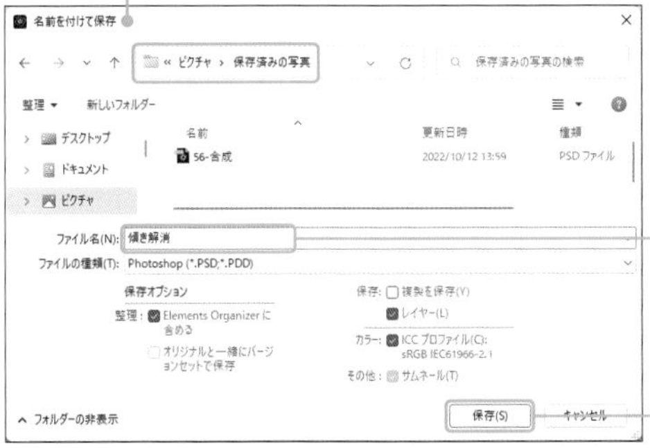

③ 保存先の指定や名前の入力などを行い、

④ [保存] をクリックします。

⑤ もとの画面に戻ります。

⑥ このまま終了する場合は、[完了] をクリックします。

MEMO

補正した写真の処理

ガイドモードでさまざまな補正を行った写真は、手順①のパネルで、ファイルとして保存する、ほかのモードで開く、あるいはTwitterなどにアップする処理を選びます。まずは保存してからほかの処理をするとよいでしょう。

MEMO

補正した写真を保存する

手順①で [別名で保存] をクリックすると、[名前を付けて保存] ダイアログボックスが表示されます。ファイルの種類に「Photoshop (*.PSD,;*PDD)」を指定すると、Photoshopで加工した写真であることがわかるのでファイルを管理しやすくなります。もちろん、ほかの種類に変更することもできます。[保存] をクリックするとそのまま保存されます。
なお、[ファイル] メニュー→ [別名で保存] ([保存]) の順にクリックしても同じです。

HINT

写真を閉じる

写真をそのまま閉じるには、フォトエリアで写真のサムネイルを右クリックし、表示されるメニューから [閉じる] を選択します。

Section

61

一部分だけ色を残した写真に加工しよう

カラー写真の一部分の色を残してモノクロ写真にすると、被写体を強調させたり、おしゃれな雰囲気の写真にしたりすることができます。ガイドモードの［白黒］で白黒：カラーの強調を利用して、色を残す部分以外をモノクロにします。

BEFORE　一部の色を強調した写真にしたい。

AFTER　モノクロと組み合わせて印象的になった。

1 「白黒：カラーの強調」を利用する

❶写真をElements Editorで開いておきます。

❷［ガイド］の［白黒］をクリックし、

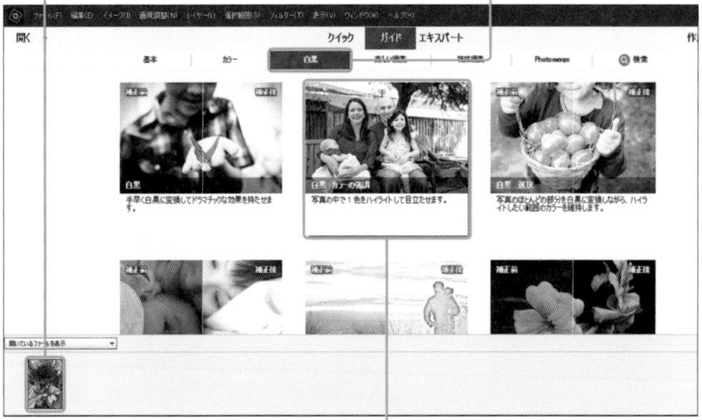

❸［白黒:カラーの強調］をクリックします。

KEYWORD　白黒：カラーの強調

［白黒：カラーの強調］を利用すると、単一の色を残したままほかの色の彩度を下げた写真を作ることができます。残す色は、初期設定の4色（レッド、イエロー、ブルー、グリーン）を使用することも、オプションでほかの色を追加することも可能です。

❹ [白黒：カラーの強調] パネルが表示されます。

❺ [レッド] をクリックすると、

❻ ほかの色の部分がモノクロになります。

MEMO参照

❼ [彩度を上げる] をクリックすると、

❽ 色が強調されます。

❾ [次へ] をクリックして
保存します（P.185参照）。

HINT

カラーの選択

手順❺では、レッド、イエロー、ブルー、グリーンのうちから残したい色を選択します。ほかの色がある場合は、[カスタムカラーを選択] をクリックして、写真の色部分をクリックします。

MEMO

効果の調整

[効果を調整] をクリックして表示されるブラシで、範囲を追加または削除することができます。この場合の「追加」は残す色を追加するという意味です。

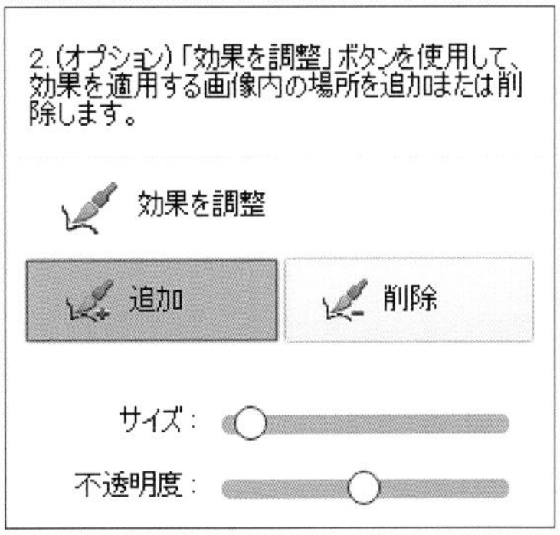

STEP UP

強調部分以外をモノクロにする

ここでは、残す色を選択しましたが、強調したい部分を残し、それ以外はモノクロにする加工もできます。ガイドモードの [白黒] の [白黒：選択] を利用します。[白黒選択ブラシ] を使ってモノクロにする部分をドラッグしながら選択します。

写真に明るさ効果を付けよう

楽しい写真なのに暗くなってしまった写真は、ハイキープリセット機能を使って光が差したような明るい印象に変えてみましょう。ガイドモードの［白黒］の［ハイキー］を利用します。

BEFORE　もっと明るくしたい。

AFTER　全体にやさしいイメージになった。

1 ハイキープリセットを選択する

❶写真をElements Editorで開いておきます。

❷［ガイド］の［白黒］をクリックし、

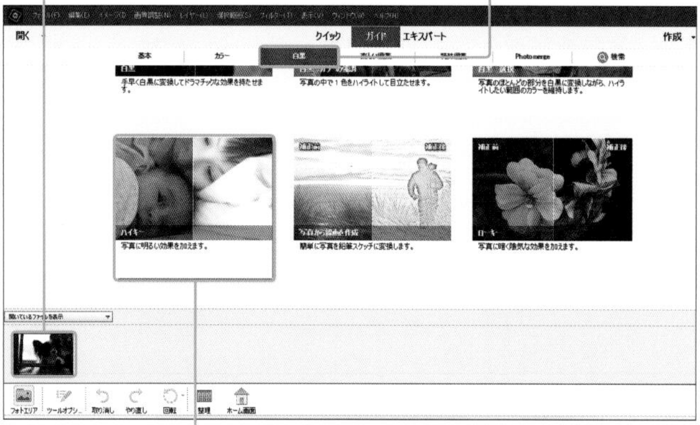

❸［ハイキー］をクリックします。

KEY WORD

ハイキー

ハイキーとは、意図的に露出オーバー気味に撮影して、画面全体を明るく爽やかに仕上げることです。全体に白っぽくなり、明るい印象に変わります。

❹ [ハイキー] パネルが表示されます。

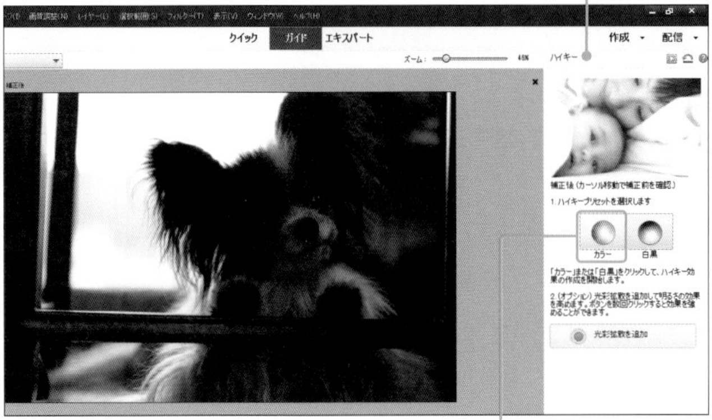

❺ ハイキープリセットの選択で [カラー] をクリックすると、

❻ 明るくなります。

❼ [光彩拡散を追加] をクリックすると、

❽ さらに明るくなります。

❾ [次へ] をクリックして保存します(P.185参照)。

HINT

ハイキープリセット

手順❺では、カラー写真の場合は [カラー] を選びますが、[白黒] を選ぶと白黒写真に変更できます。

MEMO

写真を暗くする効果

ハイキーとは逆に写真全体を暗くする効果をローキーといい、[白黒] の [ローキー] で加工できます。

Section

63

写真をスケッチ風に変えてみよう

ガイドモードの［楽しい編集］に、写真の一部を鉛筆で描いたようにできる部分スケッチ機能があります。芸術的に見えたり、CGのように見えたり、写真の加工が楽しくなります。なお、ガイドモードの［白黒］には白黒スケッチにできる［鉛筆スケッチ］機能もあります。

BEFORE　風景をスケッチ風にしたい。

AFTER　色鉛筆効果でおしゃれになった。

1 部分スケッチで加工する

❶写真をElements Editorで開いておきます。

❷［ガイド］の［楽しい編集］をクリックし、

開く
クイック
ガイド
エキスパート
作成
基本
カラー
白黒
Photomerge
検索
写真を昔風に仕上げて時代を過去に遡らせます。
この 3D 効果で写真をフレームから飛び出させます。
写真に芸術的な絵画エフェクトを施します。
部分スケッチ
お気に入りの写真の一部を芸術的なスケッチにしましょう。
パターンを使用して、クリエイティブなスパークルを追加します。
写真テキスト
写真をクールなビジュアルテキストに仕立てます。

❸［部分スケッチ］をクリックします。

KEY WORD　部分スケッチ

「部分スケッチ」は、写真の一部分をスケッチ風に加工する機能です。範囲を選択するだけで、かんたんに適用することができます。スケッチの種類には、鉛筆スケッチ、色鉛筆スケッチ、昔の写真風、古紙風の4つが用意されています。

④［部分スケッチ］パネルが表示されます。

⑤スケッチの種類を選択します。ここでは、［色鉛筆］スケッチをクリックして、

⑥スケッチにしたい部分をドラッグして選択します。

⑦［ぼかし］を加えます。

⑧スケッチが完成しました。

⑨［次へ］をクリックして保存します（P.185参照）。

HINT

範囲の変更

手順⑥で余計な部分にまでスケッチが施されてしまったら、［削除］をクリックして、その部分をドラッグします。狭い部分を選択する場合は、ブラシのサイズを小さくするとよいでしょう。

MEMO

正確に選択する

選択する部分で、細かい部分を追加したり、削除したりする場合は、［詳細ブラシ］をクリックしてサイズを変更します。

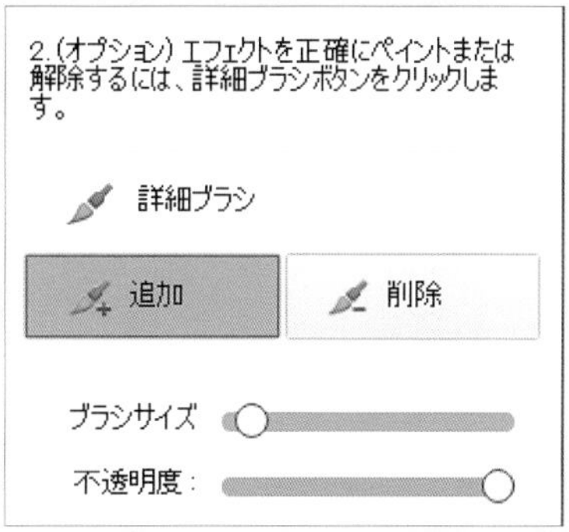

HINT

スケッチを逆にする

［エフェクト反転］をオンにすると、スケッチした部分と写真の部分が逆になります。

MEMO

選択状態の解除

範囲の選択が完了して［ぼかし］を設定しない場合、選択した状態のままになります。選択を解除するには、Escを押します。

Section
64

キャンバスに描いたように変えてみよう

Photoshop Elementsには、写真を芸術作品のように加工させる機能があります。その一つが絵画効果です。ブラシで表示させる部分を選択して、キャンバスに見立てた効果を付けると絵画風にすることができます。

BEFORE　夕焼けを絵画風にしたい。

AFTER　描いたような作品になった。

1 絵画風の効果を付ける

❶写真をElements Editorで開いておきます。

❷［ガイド］の［楽しい編集］をクリックし、

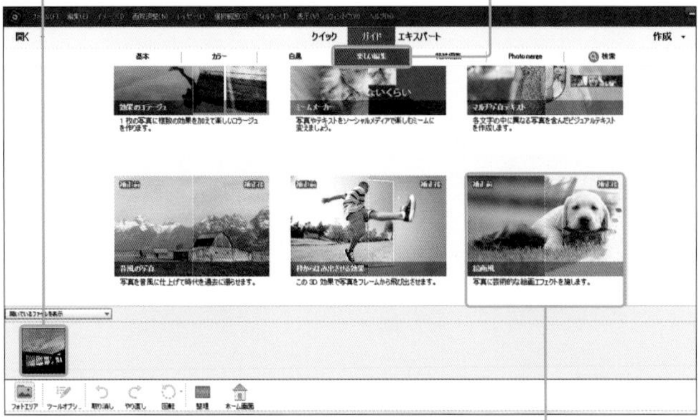

❸［絵画風］をクリックします。

KEY WORD　絵画風

キャンバスに描いた絵のように写真に効果を付ける絵画効果は、写真を印象的に加工できる機能として使われます。被写体の周りにブラシの細かい線を付けることで水彩画のような表現ができます。

❹［絵画風］パネルが表示されます。

❼見せたい範囲をクリックして指定し、

❺［ブラシ］をクリックして、

❻ブラシを指定します。

❽キャンバスカラー（ここでは［白］）を選びます。

❾仕上げの効果をクリックすると完成します。

❿［次へ］をクリックして保存します（P.185参照）。

MEMO

ブラシと被写体の選択

ブラシの［隠す］は非表示にする部分、［表示］は表示する部分をブラシで選択します。ブラシは［プリセット］で太字、粗い刷毛、紙吹雪、リズム（円）から選びます。サイズや不透明度、角度は調整しながら選ぶとよいでしょう。

HINT

キャンバスカラーの選択

キャンバス（カンバス）カラーは白が無難ですが、写真によっては［黒］、あるいは［カスタムカラーを選択］をクリックして、写真内の色をクリックすると、キャンバス地の色にできます。また、［テクスチャ］から背景模様を選ぶとよいでしょう。

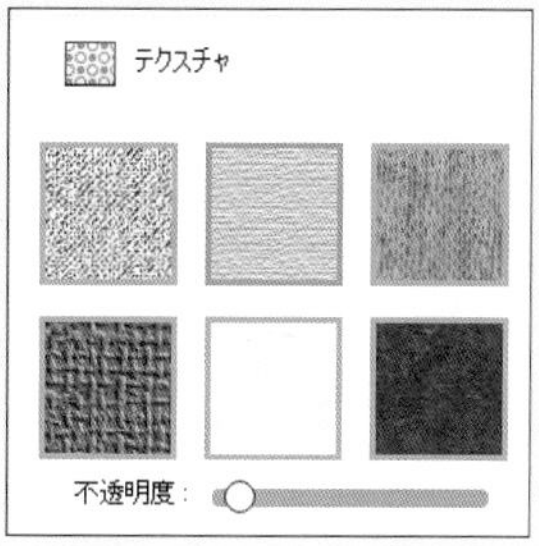

MEMO

効果のやり直し

ブラシの効果やキャンバスカラーなど順に指定した後で、［取り消し］で戻っても、パネルの効果の指定ができない場合があります。そのときは、［キャンセル］をクリックして、最初から操作し直してください。

Section

65

トイカメラ風の写真にしよう

ガイドモードの［カラー］のロモカメラ効果を利用すると、おもちゃのようなカメラ（トイカメラ）で撮影したような独特の味わいのある写真に加工することができます。写真にレトロな雰囲気を出したいときにも効果的な機能です。

BEFORE　レトロな雰囲気に加工したい。

AFTER　トイカメラ風のチープな雰囲気にできた。

1 ロモカメラ効果を利用する

❶写真をElements Editorで開いておきます。

❷［ガイド］の［カラー］をクリックし、

❸［ロモカメラ効果］をクリックします。

KEY WORD

ロモカメラ効果

おもちゃのようなカメラとして知られるトイカメラは、チープな材質や構造のために画質が劣化しやすいのですが、それが逆に独特の味わいがあるとして人気を集めています。ガイドモードの「ロモカメラ効果」では、写真を変色させて周辺を暗くすることでトイカメラ風に加工します。

4 [ロモカメラ効果] パネルが表示されます。

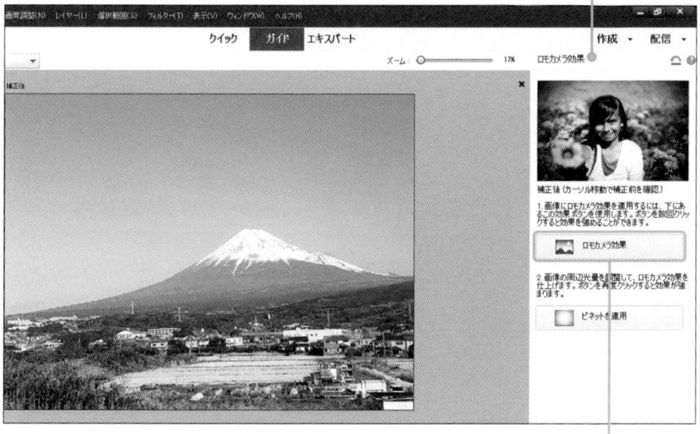

5 [ロモカメラ効果] をクリックすると、

6 写真が黄色く退色した感じになります。

7 [ビネットを適用] をクリックすると、

8 写真の周辺が黒くなります。

9 トイカメラ風に加工できました。

10 [次へ] をクリックして保存します(P.185参照)。

HINT

ロモカメラ効果を強める

ロモカメラ効果を強めたい場合は、[ロモカメラ効果] をクリックするごとに効果は強くなります。

KEY WORD

ビネット効果

ビネット効果とは、写真の周辺部分を暗くする効果のことで、トンネル効果とも呼ばれています。周辺部分を暗くすることで、独特のトンネルの中から外を見たような影のある写真を表現しています。

STEP UP

ビネット効果だけを付ける

ガイドモードの[基本]→[ビネット効果]の順にクリックしてガイドに従って編集すると、ビネット効果だけを与えることができます。

Section 66

のぞき見のような写真に変えてみよう

被写体の周りに木や花を配置すると、まるでのぞき見しているような写真になります。被写体によって、こちら側から見ているようになったり、被写体がのぞき見しているようになったり、楽しい写真が出来上がります。

BEFORE　かわいい瞳で見つめている。

AFTER　のぞき込むような写真になった。

1 のぞき見オーバーレイを利用する

❶写真をElements Editorで開いておきます。

❷[ガイド]の[楽しい編集]をクリックし、

❸[のぞき見オーバーレイ]をクリックします。

KEY WORD　のぞき見オーバーレイ

のぞき見オーバーレイはPhotoshop Elements 2023の新機能で、被写体を木陰からのぞき見しているような写真に加工できます。陰になる木や花は季節に合ったさまざまな種類があり、また上下左右配置用に専用の絵が用意されています。

④［のぞき見オーバーレイ］パネルが表示されます。

フィルター(T)　表示(V)　ウィンドウ(W)　ヘルプ(H)
クイック
ガイド
エキスパート
作成
配信
ズーム：
21%
のぞき見オーバーレイ
補正後（カーソル移動で補正前を確認）
1.（オプション）切り抜きツールを使用して、被写体を中央に配置します。
切り抜き
2.オーバーレイを選択して２つ以上の隅にオーバーレイを追加するか、写真の隅をクリックしてオーバーレイを選択および適用します。
オーバーレイ

⑤［切り抜き］をクリックして、

⑥被写体が中央になるようにドラッグして調整します。

補正後

⑦ここをクリックして範囲を確定します。

⑧［オーバーレイ］をクリックして、

⑨目的の絵をクリックします。

補正後
1.（オプション）切り抜きツールを使用して、被写体を中央に配置します。
切り抜き
2.オーバーレイを選択して２つ以上の隅にオーバーレイを追加するか、写真の隅をクリックしてオーバーレイを選択および適用します。
オーバーレイ

⑩候補の1つをクリックすると、

⑪その位置に配置されます。

MEMO

被写体の配置

基本的に写真の中央にくるように切り抜きますが、端に置いたほうが面白い写真に場合もあります。被写体に合わせて配置するとよいでしょう。

HINT

オーバーレイの種類と配置

オーバーレイ用の写真はそれぞれ上部（あるいは下部）の左右用の絵が用意されています。クリックすると、その位置に配置されますが、写真内の隅をクリックして範囲を表示させてから、オーバーレイを選択すると、その位置に配置されます。

⑫もう片方の絵もクリックすると、

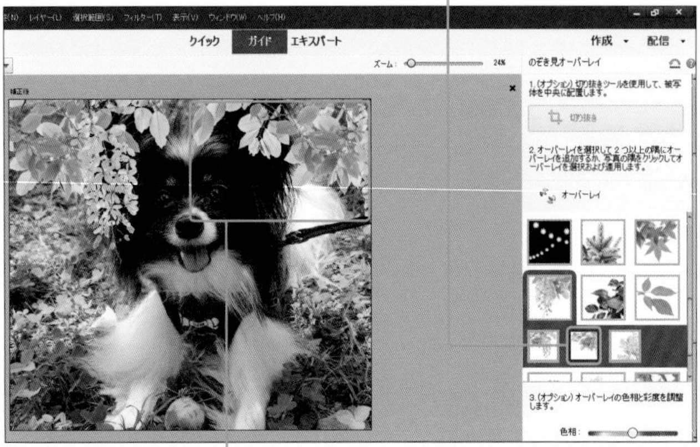

⑬反対側に配置されます。

⑭下に配置するための絵と候補の絵をクリックします。

⑮下の位置に配置されます。

⑯同様にして、反対側も配置します。

MEMO

絵の入れ替え

1つの絵を配置して気に入らなければ、ほかの絵をクリックすると、差し替えられます。気に入った写真になるまで、何度でもやり直してかまいません。

⑰配置した絵をクリックして選択し、

⑱色相と彩度、ぼかしを設定します。

⑲同様にして、ほかの絵に設定します。

⑳[ビネット]をクリックして(HINT参照)、

㉑ビネット効果を設定し、のぞき見のような写真にします。

㉒[次へ]をクリックして保存します(P.185参照)。

STEP UP

オーバーレイを重ねる

オーバーレイは1か所に1点で、ほかの種類を選択すると差し替えられますが、複数重ねたほうが、より深い垣根を作ることができます。オーバーレイを重ねたい場合は、手順⑰の後にいったん別名で保存し、保存した写真を開いて、オーバーレイを追加します。

HINT

ビネット効果の設定

ビネット効果は写真の周辺部分を暗くする補正機能で、トンネル効果とも呼ばれています(P.195参照)。のぞき見のような表現に使いますが、不要な場合はこの手順は省略してかまいません。

また、[カラー]をクリックすると、カラーピッカーパネルが表示されます。ビネット効果の色を変えることができます。

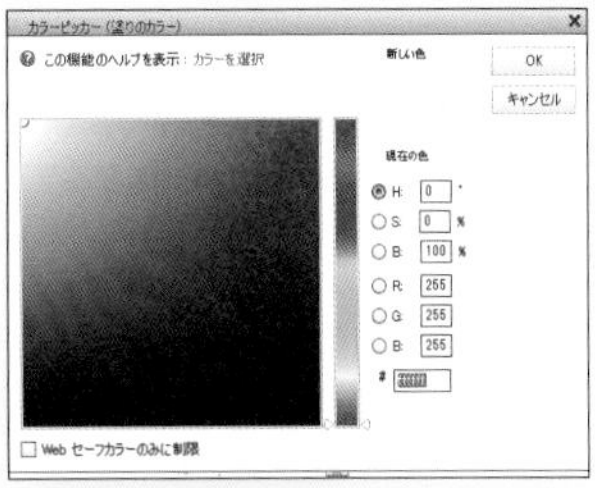

Section
67

注目したい部分だけにピントを合わせよう

被写体を注目させたい場合は、周りをすべてぼかす方法（Sec.47参照）もありますが、ガイドモードの［特殊編集］の被写界深度を利用すると、ピントを合わせる範囲を指定して、その範囲以外を自然にぼかすように加工することができます。

BEFORE　たんぽぽにフォーカスをあてたい。

AFTER　たんぽぽ以外をぼかすことができた。

1 ピントを調整する

❶写真をElements Editorで開いておきます。

❷［ガイド］の［特殊編集］をクリックし、

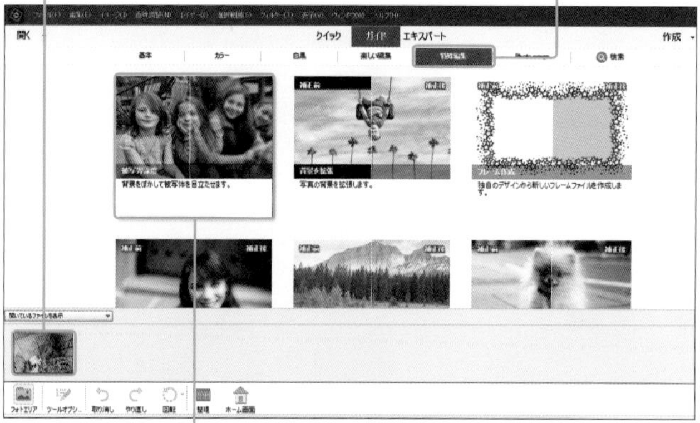

❸［被写界深度］をクリックします。

KEY WORD　被写界深度

「被写界深度」とは、ピントが合っているように見える範囲のことです。被写界深度が深い写真では、近くの物体から遠くの物体までぼやけずに映ります。被写界深度が浅い写真では、ピントを合わせた部分以外はぼやけて映ります。つまり、ガイドモードの「被写界深度」は、ぼかし機能を使って被写界深度が浅い写真に加工する機能となります。

④[被写界深度]パネルが表示されます。

⑤[カスタム]をクリックして、

⑥[クイック選択ツール]をクリックし、

⑦ピントを合わせたい部分だけをドラッグして選択し、

⑧[ぼかしを追加]をクリックします。

⑨ぼかしの度合いを調整すると、

⑩ピントを調整した写真が完成しました。

⑪[次へ]をクリックして保存します(P.185参照)。

MEMO

シンプルとカスタム

被写界深度の設定方法には、シンプルとカスタムの2種類があります。シンプル設定ではドラッグして円形の範囲を指定し、範囲以外をぼかします。カスタム設定では、クイック選択ツールを使って複雑な形の対象物を選択することができます。もし、シンプルを開いた後で、カスタムの方法にしたい場合は、パネルの上にある⏏をクリックして、最初のパネルに戻します。

MEMO

クイック選択ツール

クイック選択ツールは、選択したい部分をドラッグすると、自動的に輪郭を判断して選択する機能です。複雑な形の被写体をかんたんに選択できます(P.166参照)。

HINT

選択範囲の調整

クイック選択ツールのツールオプションバーを利用すると、ドラッグした部分を選択範囲にどう反映させるかを選ぶことができます。

①新規選択

現在の選択を解除して新たな選択を開始します。自動的に「追加」に切り替わります。

②追加

現在の選択範囲に追加します。

③現在の選択範囲から削除

ドラッグした部分を選択範囲から削除します。

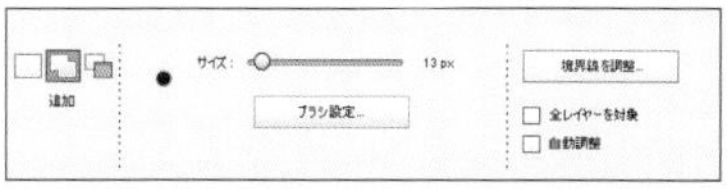

Section
68

古い写真をきれいにしよう

フィルムカメラ時代の紙焼きした古い写真は、スキャナーなどでデジタル化して、パソコンに取り込んでおくとよいでしょう。変色したり、傷んでしまったりした場合は、古い写真の復元機能を使って少しでも補正してみましょう。

BEFORE　退色が目立つ古い写真を復元したい。

AFTER　修正してきれいに仕上げることができた。

1 古い写真を復元する

❶写真をElements Editorで開いておきます。

❷[ガイド]の[特殊編集]をクリックし、

❸[古い写真の復元]をクリックします。

HINT

古い写真のデジタル化

フィルム時代の古い写真も、スキャナーで取り込んでデジタル化してしまえば、Elements Editorでさまざまな補正や加工を行うことができます。手元にスキャナーがない場合は、コンビニエンスストアやプリントショップのスキャンサービスを利用しましょう。

④［古い写真の復元］パネルが表示されます。

⑥残したい範囲を選択し、

⑦ここをクリックします。

⑤［切り抜きツール］をクリックして、

⑧［自動レベル補正］をクリックして、

⑨［自動カラー補正］をクリックします。

⑩自然な色合いになりました。

⑪［次へ］をクリックして保存します(P.185参照)。

KEY WORD

古い写真の復元

古い写真の黄ばみや色あせ、傷やホコリなどは、ガイドモードの「古い写真の復元」に用意されている各種ツールを使って修正できます。ここでは、カラー写真の黄ばみや退色をなくす「自動カラー補正」で復元しています。写真全体のゴミをまとめて取り除くには「ほこり除去」、細かい傷などを隠すには「スポット修復ツール」を使うとよいでしょう。

MEMO

カラー写真の補正

［自動カラー補正］をクリックすると、写真の黄ばみや退色をかんたんに補正することができます。モノクロ写真の場合は、［モノクロバリエーション］をクリックし、表示される［モノクロバリエーション］ダイアログボックスで色みを調整します。
［自動カラー補正］で黄ばみや退色を修正してから、さらに［自動レベル補正］を使用すると、明暗の強さや中間調の色合いが自動的に修正されます。

HINT

ほこり除去

「古い写真の復元」の［ほこり除去］をクリックすると、写真の精細さを低減させて、写真に付着した細かい傷やゴミなどを目立たないようにします。小さな傷は、「古い写真の復元」に用意されているスポット修復ツールや修復ブラシツールなどを使って個別に修正しましょう。

Section 69

写真を昔風に見せよう

レトロな写真を飾りたいという場合は、ガイドモードの［楽しい編集］の昔風の写真を利用するとよいでしょう。単に白黒にするのではなく、諧調や色相／彩度を変更することでより哀愁のある写真を作ることができます。

BEFORE　古い写真風に加工したい。

AFTER　色合いが昔の写真のイメージになった。

1 昔風の効果を付ける

❶ 写真をElements Editorで開いておきます。

❷［ガイド］の［楽しい編集］をクリックし、

❸［昔風の写真］をクリックします。

MEMO

昔風の写真

カラー写真を古い写真のイメージにするには、カラーをモノクロやセピアなどに変えるだけでも可能ですが、［昔風の写真］を使えば色合いなどの調整もできます。

④ [昔風の写真] パネルが表示されます。

⑤ 白黒プリセットを選択して(ここでは[新聞])、

⑥ [諧調を調整] や [テクスチャを追加] をクリックして、色を調整します(MEMO参照)。

⑦ [色相/彩度を追加] をクリックして、

⑧ 色相や彩度のスライダーをドラッグして、色を調整し、

⑨ [OK] をクリックします。

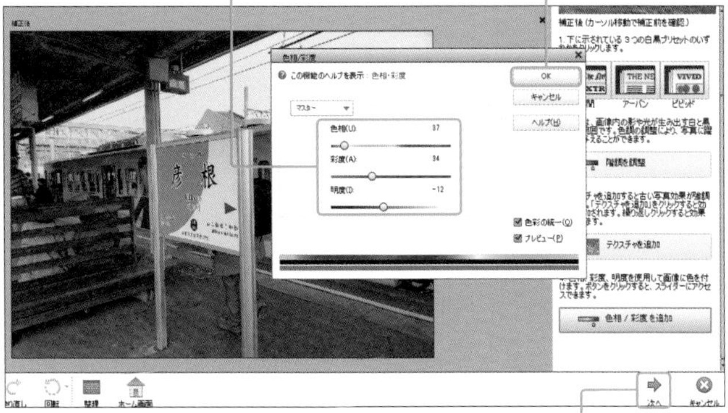

⑩ [次へ] をクリックして保存します(P.185参照)。

HINT

白黒プリセット

白黒プリセットには、[新聞] [アーバン] [ビビッド] が用意されています。それぞれをクリックしてみて、好みのものを選ぶとよいでしょう。

MEMO

[諧調を調整] や [テクスチャ] の選択

写真によっては、[諧調を調整] や [テクスチャ] が選択できない場合があります。諧調とは、画像の色の濃さや明るさを何段階で表現することができるかを表す数のことで、この数が大きいほど細かな色や明るさの違いを表現できます。

HINT

プレビュー表示

[色相/彩度] 画面の [プレビュー] をオンにすると、変更の様子が写真にプレビュー表示されるので、見ながら設定するとよいでしょう。

Section
70

写真を2色にしてみよう

写真を白黒にすることはかんたんですが、ほかの色を使って2色の写真にするには、ガイドモードの［楽しい編集］の［ダブルトーン効果］を利用すると便利です。この機能には、SNSにアップできるようにサイズ変更の機能も付いています。

BEFORE　変わった色使いの写真にしたい。

AFTER　ダブルトーン効果が効いた写真になった。

1 ダブルトーン効果を適用する

❶写真をElements Editorで開いておきます。

❷［ガイド］の［楽しい編集］をクリックし、

❸［ダブルトーン効果］をクリックします。

KEYWORD　ダブルトーン効果

ダブルトーンは、単色で表示されるグレースケール画像です。黒色以外の色を選択して、写真を2色にすることができます。また、［ダブルトーン効果］パネルでは、写真のサイズをSNS用（FacebookやTwitterなど）あるいははがきサイズなどに変更できます。

④[ダブルトーン効果]パネルが表示されます。

⑤[サイズオプション]をクリックして、

⑦サイズが切り抜かれるので、

⑧ここをクリックします。

⑥サイズをクリックします。

⑨ダブルトーン効果のプリセットで、[標準]をクリックします（MEMO参照）。

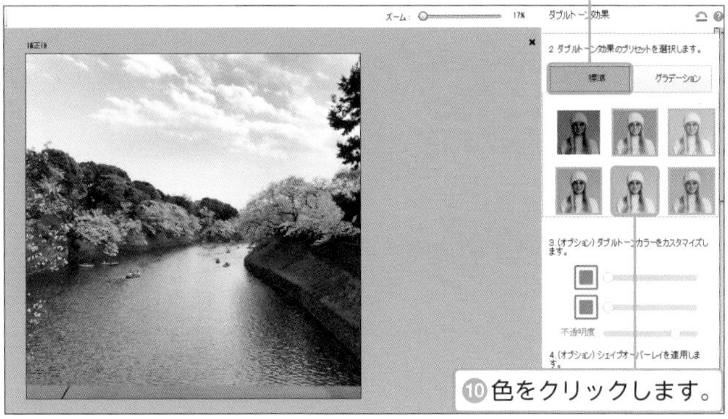

⑩色をクリックします。

⑪2色になりました。

HINT参照

⑫[次へ]をクリックして保存します（P.185参照）。

MEMO

グラデーションを付ける

2色にグラデーション効果を付けたい場合は、手順⑧で[グラデーション]をクリックして、グラデーションの種類を選択します。

HINT

ダブルトーンカラーのカスタマイズで

2色にした後で、色合いを濃くしたい場合は、ダブルトーンカラーのカスタマイズで、スライダーをドラッグしてカラーを調整します。

KEY WORD

シェイプオーバーレイ

シェイプオーバーレイは、さまざまな形に切り抜いて写真を加工するもので、[白黒]をオフにすると、カラーと設定した色の組み合わせで芸術的な写真を編集できます。

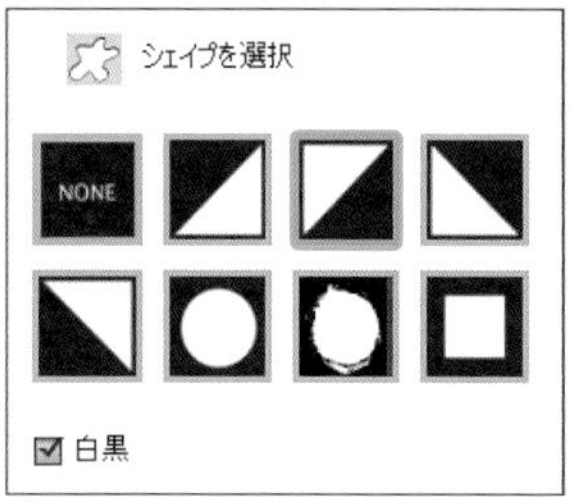

Section
71

被写体を勢いよく見せよう

被写体が写真から飛び出してくるような撮影技術を「露光間ズーム」といいます。この効果は、ガイドモードの［楽しい編集］の露光間ズーム効果を利用すると可能です。このとき、被写体は写真の中央に配置しておく必要があります。

BEFORE　止まった写真に動きを付けたい。

AFTER　勢いのある効果が付いた。

1 露光間ズーム効果を適用する

❶写真をElements Editorで開いておきます。

❷［ガイド］の［楽しい編集］をクリックし、

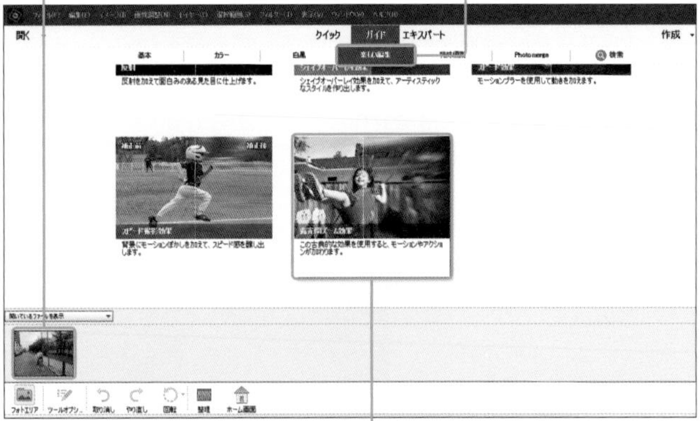

❸［露光間ズーム効果］をクリックします。

KEY WORD　**露光間ズーム効果**

シャッターを切る瞬間にレンズをズームすることによって、中央の被写体以外の周囲が高速に流れていくように写り、中央の被写体が飛び出してくるように見せる撮影技術が「露光間ズーム」です。一瞬でレンズをズームさせるため、中央の被写体をぶらさずに撮るのが難しい技術ですが、「露光間ズーム効果」を利用すれば、同様の効果をかんたんに写真に適用できます。

④ [露光間ズーム効果] パネルが表示されます。

⑤ [切り抜きツール] をクリックして、

⑥ 切り抜き選択範囲を指定し、

⑦ ここをクリックします。

⑧ [露光間ズームを追加] をクリックすると、効果が付きます。

⑨ [焦点領域を追加] をクリックして、

⑩ 被写体上をドラッグします。

⑪ ドラッグした部分の被写体がもとに戻り、

⑫ 飛び出すような効果が付きました。

⑬ [次へ] をクリックして保存します(P.185参照)。

HINT

被写体を中央にする

露光間ズーム効果では、写真の中央から周囲に向かって放射状に「ぼかし」フィルターが適用されます。そのため、被写体が飛び出してくるように見せるには、被写体を写真中央に配置する必要があります。元写真で被写体が中央にない場合は、切り抜きツール を利用して被写体が中央にくるように調整しておくとよいでしょう。

MEMO

スピード感を出す効果

ガイドモードにはこのほかに、背景をぼかしてスピード感を出す [スピード効果] や被写体の後ろに動きを加えてスピード感を出す [スピード撮影効果] 機能があります。

STEP UP

より高速に飛び出してくるように見せる

[ビネットを適用] をクリックすると、写真の四隅を暗くすることができます。四隅を暗くすることで視界が狭まる視覚効果を加え、被写体がより高速に飛び出してくるように見せることができます。

Section

72

写真のフレームから飛び出させよう

ガイドモードの［楽しい編集］の枠からはみ出させる効果を利用すると、被写体の一部がフレームからはみ出しているような、または飛び出してくるようなユニークな写真を作ることができます。

BEFORE 意外性のある面白い効果を与えたい。

AFTER 枠から飛び出して見える効果を与えた。

1 写真にフレームを付ける

❶ 写真をElements Editorで開いておきます。

❷［ガイド］の［楽しい編集］をクリックし、

❸［枠からはみ出させる効果］をクリックします。

KEY WORD 枠からはみ出させる効果

ガイドモードの「枠からはみ出させる効果」は、写真にフレームを付ける手順と、はみ出させる部分を選択する手順の2ステップに分かれています。まずは、写真のどの部分にフレームを付けるかを決めましょう。

④ [枠からはみ出させる効果] パネルが表示されます。

⑤ [フレームを追加] をクリックすると、

⑥ バウンディングボックスが表示されるので、範囲を選択します。

⑦ Ctrl + Alt + Shift (macOSでは command + option + shift) を押しながらハンドルをドラッグして、

⑧ 枠が台形になるように変形させます。

⑨ ここをクリックして写真の表示範囲を確定します。

MEMO

バウンディングボックスでフレームを作成する

[フレームを追加] をクリックすると、最初にフレーム内での写真の表示範囲を示すバウンディングボックスが表示されます。左の手順に従って写真の表示範囲を決めたら、手順⑨で確定し、続けてフレームのサイズを決めます。

左の例では、フレームからはみ出させる橋の上部をあえて表示範囲から外しています。

MEMO

バウンディングボックスの操作

バウンディングボックスの四隅のハンドルは、単にドラッグするとフレームサイズの変更になります。Ctrl (macOSでは command)を押しながらドラッグすると、自由変形になります。

HINT

台形状に変形する

ハンドルを Ctrl + Alt + Shift (macOSでは command + option + shift) を押しながらドラッグすると、反対側にあるハンドルが同時に動いて台形状に変形することができます。

❿写真以外の部分がグレーで塗られた状態になります。

⓫角のハンドルを外側にドラッグしてフレームを一回り大きくし、

⓬ここをクリックしてフレームの大きさを確定します。

MEMO

フレームの大きさの設定

P.209の手順に続けて、フレームのサイズを示すバウンディングボックスが表示されます。フレームの外枠は、この時点では点線で示されます。左の例では、バウンディングボックスを使ってフレームの表示幅を広くしています。

2 はみ出させる範囲を指定する

❶［選択ツール］をクリックします。

❷はみ出させたい部分をドラッグして選択状態にし、

❸［枠からはみ出させる効果］をクリックします。

HINT

はみ出させる範囲の指定

フレームが作成できたら、はみ出させたい部分を選択して、［枠からはみ出させる効果］をクリックします。選択ツールはクイック選択ツール（P.166参照）と同じように、選択したい部分の上をドラッグすると輪郭を判断して自動的に選択します。ツールボックスを表示して、追加／削除で細かい部分まで選択します。

❹ 枠から一部がはみ出します。

❺ [背景グラデーションを追加] をクリックして、

❻ [OK] をクリックします。

❼ グラデーションを設定して、

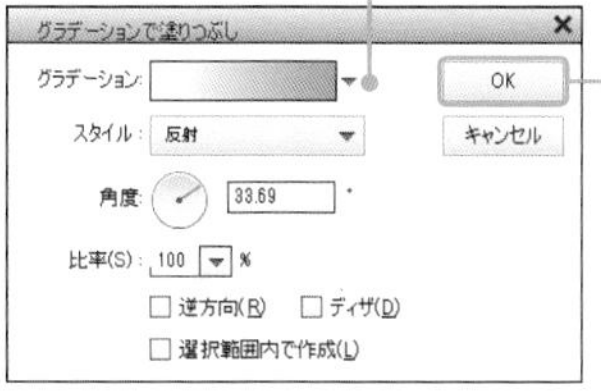

❽ [OK] をクリックします。

❾ グラデーション効果が設定されます。

❿ [シャドウの追加] でサイズをクリックして、

⓫ 影を付けます。

⓬ [次へ] をクリックして保存します(P.185参照)。

MEMO

グラデーションの設定

[背景グラデーションを追加] をクリックして、グラデーションの色や向きなどを設定できます。グラフレームデーションはフレームの背面に、塗りつぶしレイヤーとして配置されます。必要がなければ設定しなくてもかまいません。

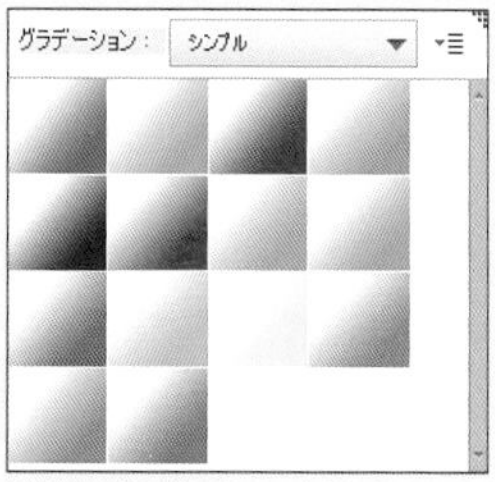

MEMO

枠に影を付ける

[シャドウの追加] の大中小のいずれかをクリックすると、フレームとはみ出した部分にドロップシャドウが設定されます。これはレイヤースタイルの一種です(P.178参照)。

HINT

レイヤーが作られる

エキスパートモードに切り替えてレイヤーパネルを表示すると、レイヤー構造を確認できます。フレームやはみ出した部分がそれぞれレイヤーになっていることがわかります。

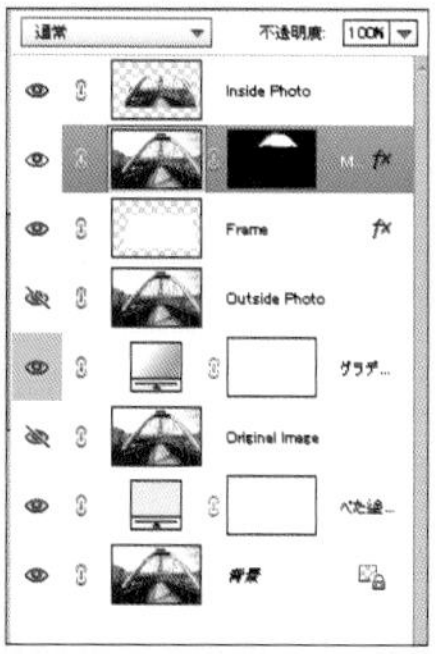

Section 73

背景をほかの写真に置き換えよう

被写体はとてもよいのに背景がイマイチという写真は結構あるものです。ガイドモードの［特殊編集］の背景の置き換えを利用すると、手持ちの写真やイラストと置き換えることができます。置き換え用の模様も用意されています。

BEFORE　背景を見栄えよくしたい

AFTER　背景が紅葉になった。

1 背景の写真を読み込む

❶ 写真をElements Editorで開いておきます。

❷［ガイド］の［特殊編集］をクリックし、

❸［背景の置き換え］をクリックします。

KEY WORD　背景の置き換え

「背景の置き換え」は、前景にする写真を選択しておいて、背景にする写真を変えたり、背景を削除したり、プリセットから模様を選択することで置き換えることができます。また、自分の写真を背景画像にすることもできます。

④[背景を置き換え]パネルが表示されます。

⑥被写体(残す部分)を
ドラッグしながら選択します。

⑤[クイック]をクリックして、

HINT参照

⑧[背景プリセット]が
表示されます。

⑨好みのプリセットをクリックして
プレビューしてみます。

⑪[OK]をクリックします。

⑫[次へ]をクリックして
保存します(P.185参照)。

MEMO

被写体の選択

被写体の選択には、4つのツールが用意されています。いずれかを利用して、被写体の選択範囲を作成します。

①自動(オートセレクション)

選択したい被写体の周囲をドラッグすると、選択範囲が自動的に作成されます(P.167のHINT参照)。

②クイック

選択する範囲をクリックまたはドラッグすると、テクスチャに基づいて範囲が選択されます。

③ブラシ

選択したい被写体を塗りつぶすと、選択されます。

④調整

選択エリア調整ブラシツールによって、エッジの自動検索が行われて、選択範囲の領域を変更することができます。

HINT

背景の選択

手順⑦では、置き換える写真をプリセットにしていますが、[なし]をクリックすると背景が削除され、[カラー]をクリックすると色を選択して背景にすることができます。また、[写真の読み込み]をクリックすると、写真を選択画面が表示されるので、手持ちの写真を背景として配置できます。

Section
74

背景を広々と見せよう

背景が足りない場合、被写体の選択やサイズの指定後に編集メニューのコンテンツに応じた塗りつぶしで背景を広げることもできますが、[特殊編集] の [背景を拡張] を利用するとかんたんに広げることができます。

BEFORE スマホで撮ったので幅が狭い。

AFTER 背景がゆったりした。

1 背景を拡張する

❶ 写真をElements Editorで開いておきます。

❷ [ガイド] の [特殊編集] をクリックし、

❸ [背景を拡張] をクリックします。

MEMO

背景を拡張する

被写体のサイズを変えることなく、背景だけを広げることができます。写真を額に入れたいとき、写真のサイズが小さくて周りが余ってしまうようなときに便利です。サイズには、四角のほか、FacebookやTwitter用、レター、A4、A3などさまざまなサイズに対応できます。

❹ [背景を拡張] パネルが表示されます。

❺ カンバスサイズを指定します(ここでは[四角])。

❻ 拡張したい左辺をクリックすると、

❼ 範囲が選択されます。

❽ [自動塗りつぶし] をクリックすると、

❾ 自然に背景が塗りつぶされました。

❿ 右辺をクリックして、

⓫ [自動塗りつぶし] をクリックします。

⓬ 被写体はそのままに背景が拡張されました。

⓭ [次へ] をクリックして保存します。

MEMO

拡張する場合

手順❽で [拡張] をクリックすると、写真内の保護する部分(または削除する部分)をブラシで選択することができます。

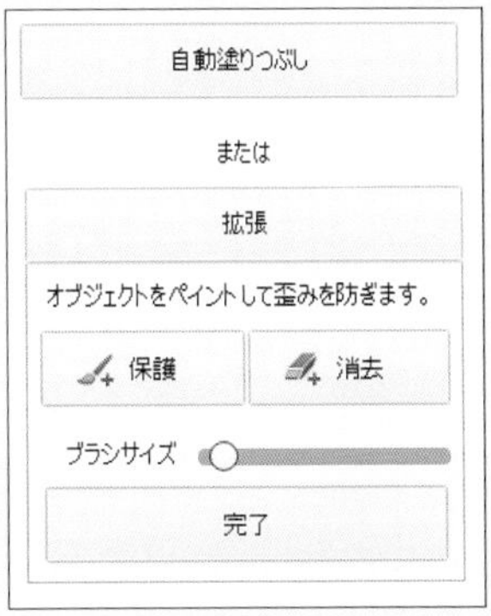

HINT

細かい修正を行う

拡張に違和感がある場合は、[スポット修復ブラシツール] をクリックして、ブラシの太さを指定し、不具合の部分をドラッグして修復します。周りの色に合わせて修復されます。

STEP UP

コピースタンプツールを利用する

大きな範囲で色味が違った場合は、[コピースタンプツール] をクリックして、コピー元を Alt (macOSでは option) を押しながらクリックし、塗りつぶしたい範囲をドラッグします。

Section
75

ペット写真を加工しよう

SNSにもたくさん投稿されるペット写真ですが、首輪が付いたり、目をつぶっていたり、とかわいいのにちょっと残念な写真もあります。そういう写真を自動的にきれいなペットに変えてくれるのが［特殊編集］の［完璧なペット］機能です。

BEFORE　リードを消したい。

AFTER　リードの部分をきれいに消せた。

1 リードを除去する

❶写真をElements Editorで開いておきます。

❷［ガイド］の［特殊編集］をクリックし、

❸［完璧なペット］をクリックします。

MEMO
完璧なペット

［完璧なペット］では傾きを変えたり、汚れや不要なものを削除したり、目をきれいにしたりといったことができます。たとえば傾きは角度補正ブラシツール、汚れや不要なものの削除はスポット修復ブラシ（Sec.51参照）というように、どの機能を使えばよいかがわかるので、パネルを見るだけで操作ができるようになります。

❹ [完璧なペット写真] パネルが表示されます。

❺ [汚れやスポットを除去] のここをクリックして、

❻ [首輪とリードを除去] をクリックします。

❼ リード部分の色に合う場所を Alt を押しながらクリックし、

❽ この部分を何度かクリックすると、リードが消えます。

❾ ほかの部分も背景に合うようにしてリードを消します。

❿ [次へ] をクリックして保存します (P.185参照)。

MEMO

切り抜きと角度補正

被写体を大きく見せたり、中央に配置したい場合は [切り抜き] をクリックして、必要な範囲に切り抜きます (Sec.50参照)。また、被写体が傾いている場合は [角度補正] をクリックして、水平にしたい位置をドラッグすると傾きが修正されます。

HINT

汚れの除去

写真の汚れや目やになどを消したい場合は [汚れやスポットを除去] をクリックして、対象位置をドラッグします。周りの色に合わせて塗り替えられ、汚れなどが除去されます。

HINT

広い範囲を指定する

除去したい汚れや不要なものが大きい (広い) 場合は、[被写体を選択] をクリックして選択ツールを選択し、対象範囲を選択できます。

MEMO

その他のオプション機能

オプションとして、被写体あるいは背景に照明を当てたり、協調させたりする微調整機能もあります。また、自動補正やシャープ、ビネット効果なども用意されています。必要に応じて適用するとよいでしょう。

肌をきれいに見せよう

カメラの画質がよいので、顔写真は肌の細かい部分まで撮影されます。肌ががさついていたり、歯が黄ばんでいたりするのを修正するには、[特殊編集] の [顔写真をきれいに] を利用します。そのほか、顔のパーツやスリム化など加工機能があります。使いたい機能を適用させましょう。

BEFORE ニキビ跡が気になる。

AFTER 滑らかな肌になった。

1 肌をきれいに見せる

❶写真をElements Editorで開いておきます。

❷[ガイド] の [特殊編集] をクリックし、

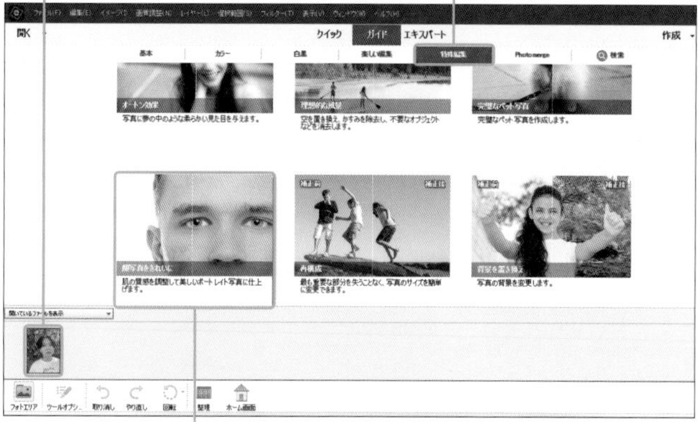
クイック
ガイド
エキスパート
作成
基本
カラー
白黒
楽しい編集
Photomerge
検索
写真に夢の中のような柔らかい見た目を与えます。
空を置き換え、かすみを除去し、不要なオブジェクトなどを消去します。
完璧なペット写真を作成します。
肌の質感を調整して美しいポートレイト写真に仕上げます。
最も重要な部分を失うことなく、写真のサイズを簡単に変更できます。
写真の背景を変更します。
フォトエリア
取り消し
やり直し
回転
整理
ホーム画面

❸[顔写真をきれいに] をクリックします。

MEMO 顔写真をきれいにする

顔写真を少しでもきれいにするには、肌の吹き出物やシミなどを薄くしたり、歯を白くしたり、目を輝かせたりというような加工が必要です。[顔写真をきれいに] ではそれらの項目が操作パネルに用意されているので、必要なものを選んで写真を加工します。

④ [顔写真をきれいに] パネルが表示されます。

⑤ [肌を滑らかにする] をクリックすると、

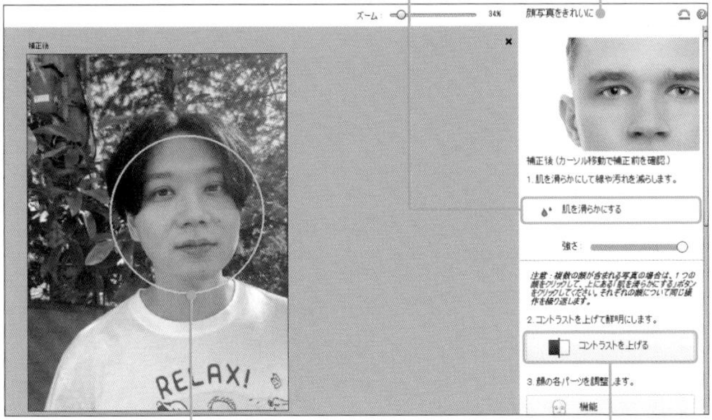

⑥ 自動的に修正されます。

⑦ [コントラストを上げる] をクリックすると、

⑧ 明るさを増します。

⑨ [汚れを除去] をクリックして、

⑩ 除去したい部分をクリックします。

⑪ 肌がきれいになりました。

⑫ これでよければ、[次へ] をクリックして保存します。

HINT

複数の顔があるとき

1枚の写真に複数の顔があるときは、一人の顔をクリックしてから、[肌を滑らかにする] をクリックします。修正が終えたら、次の人の顔をクリックして、同様に操作します。

MEMO

コントラストの調整

コントラストは明暗差のことで、コントラストを上げると明るく（白っぽく）なります。上げすぎないように注意しましょう。

MEMO

修正したい機能のみを利用する

[顔写真をきれいに] では、パネルの1.から順に適用しなくても、利用したい機能のみを選んで操作してかまいません。

HINT

汚れを除去する

[汚れを除去] はスポット修復ブラシ（Sec.51参照）を利用しています。ドラッグすると、周りの色や模様に合わせて修正され、汚れが消えます。

② 顔の各パーツを微調整する

❶写真を開いて［顔写真をきれいに］パネルを表示します。

❷［4.顔の各パーツを微調整します。］で修正したい項目をクリックします（ここでは［歯を白くする］）。

❸歯の部分をクリックして範囲を選択します。

❹選択範囲が白系になります。

❺ Esc を押して、選択状態を解除します。

❻これでよければ［次へ］をクリックして保存します。

STEP UP

各パーツを調整する

［3.各パーツを調整する］の［機能］をクリックすると、［顔だちを調整］画面が表示されて、唇、目、鼻、顔の形、顔の傾きを細かく調整することができます。個別にスライダーをドラッグして調整します。［調整前］と［調整後］を切り替えながら確認するとよいでしょう。加工を戻したい場合は［初期化］をクリックします。

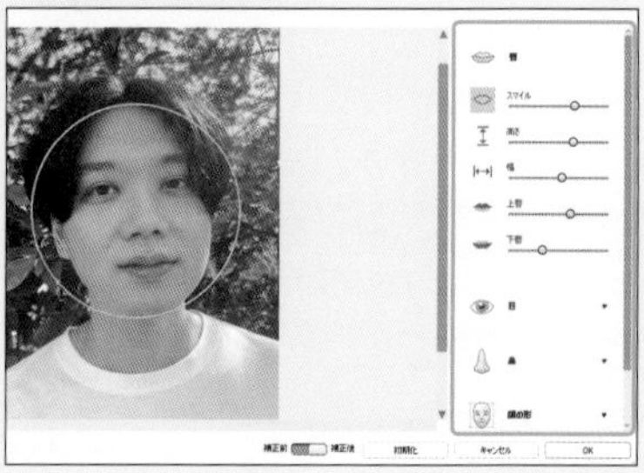

HINT

スリム化に挑戦する

［スリム化］は被写体をスリムに加工する機能です。クリックするたびに、ゆがむことなく写真が狭まります。［変更前と変更後-左右に並べて表示］にして、比較してみるとよいでしょう。

3 目を輝かす

① [目を輝かす] をクリックして、

② ○を目の位置に移動してクリックします。

③ 目に光が差したようになりました。

STEP UP参照

④ これでよければ [次へ] をクリックして保存します。

MEMO

目の輝きを増す

手順②で輝きが足りない場合、再度クリックするとさらに輝きます。ただし、足しすぎると、薄くなってしまいます。

HINT

眉を濃くする

眉を濃くしたい場合は [眉を濃くする] をクリックして、眉部分をクリックします。クリックするたびに濃くなるので、濃い場合は [取り消し] をクリックして、直前の状態に戻します。

STEP UP

光彩を追加する

光彩とは鮮やかに輝く光のことで、一部分が際立って見えるようにする機能です。肌を滑らかにしたり、顔のパーツを調整したりした後で光彩を追加するとより美しい写真になります。
[顔写真をきれいに] パネルの [光彩を追加] をクリックすると、[光彩拡散] 画面が表示され、写真の表現を変えることができます。[光彩拡散] では、きめの度合い、光彩度、透明度をスライダーでドラッグして変更できます。ただし、あまり強すぎると白く飛んでしまうので注意が必要です。

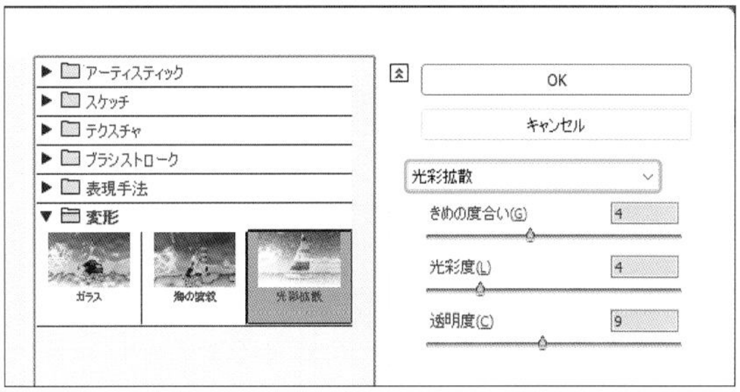

Section 77

写真を文字で切り抜こう

ガイドモードの［楽しい編集］の写真テキストを利用すると、写真をもとにしたクリエイティブな文字を作成することができます。写真を文字の形に切り抜くことができ、印象的なデザインに仕上がります。

BEFORE 風景写真から文字を作りたい。

AFTER 凝ったデザインの文字を作成できた。

1 写真テキストを適用する

❶ 写真をElements Editorで開いておきます。

❷［ガイド］の［楽しい編集］をクリックし、

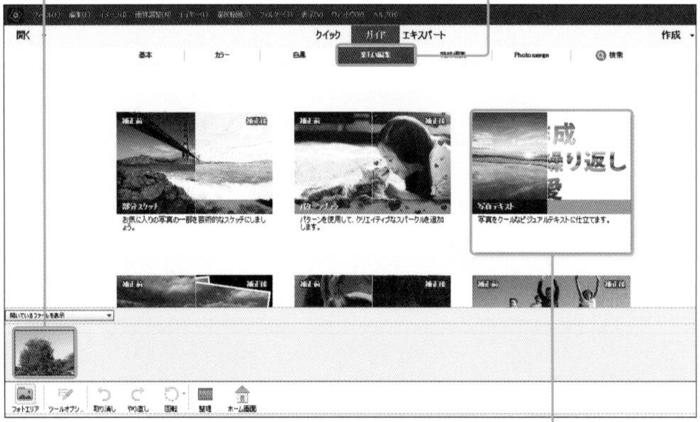

❸［写真テキスト］をクリックすると、

KEY WORD 写真テキスト

ガイドモードの「写真テキスト」では、写真をもとにしたビジュアルテキストを作ることができます。画像としてほかの写真と合わせて使用すると面白い作品を作ることができるでしょう。ほかの写真との合成方法については、第6章を参照してください。

④ [写真テキスト] パネルが表示されます。

⑤ [文字ツール] をクリックし、

⑥ フォントを指定し（MEMO参照）、

⑦ 文字を入力して、☑ をクリックします。

⑧ 写真が切り抜かれます。

⑨ [全体] をクリックすると、

⑩ 写真の横幅に合わせたサイズになります。

⑪ [白] をクリックして（HINT参照）、

⑫ ベベルの [中] をクリックします。

⑬ [次へ] をクリックして保存します（P.185参照）。

MEMO

フォントの指定

写真テキストは、フォントは指定できますが、フォントサイズやカラーはとくに指定する必要はありません。手順⑩で、写真幅いっぱいのサイズに調整されます。

HINT

背景のスタイル

[白] のほかに [黒] [透明] が選択できます。レイヤーを重ねても使用できるようにするには、「透明」に設定するとよいでしょう。

STEP UP

文字に影などの効果を付ける

文字にはベベル（縁取り）やドロップシャドウ（影）などの効果を付けることもできます。

なお、パネルの下にある [詳細] をクリックして表示される [スタイル設定] 画面で、さらに細かい設定ができます。

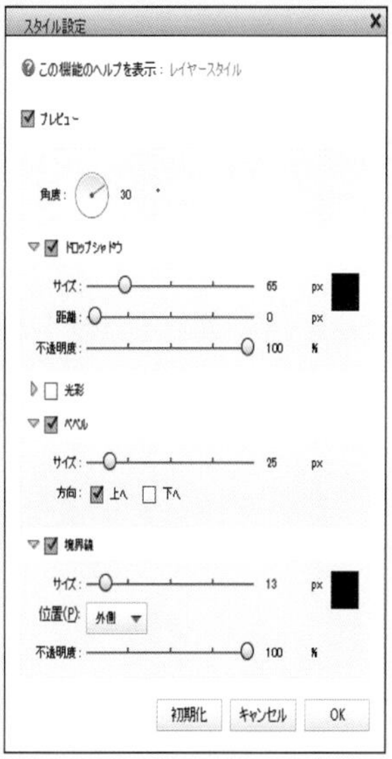

Section 78

文字の中に写真を入れよう

写真の中に文字を入れて、その文字の中にさらにほかの写真を入れて表現する写真を作りましょう。文字の中に入れる写真は文字数に合わせて用意しておきます。[楽しい編集] の [マルチ写真テキスト] 機能で行います。

BEFORE 写真入りの文字を作りたい。

AFTER 面白い写真ができた。

1 マルチ写真テキストを利用する

❶大元の写真と文字に入れる写真をElements Editorで開いておきます。大元の写真を選択して、

❷[ガイド] の [楽しい編集] をクリックし、

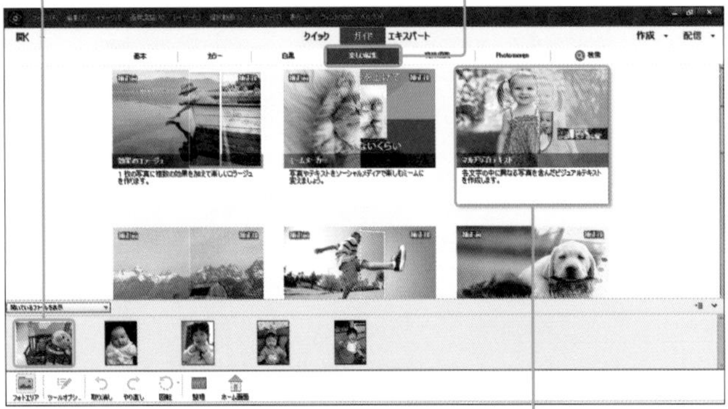

❸[マルチ写真テキスト] をクリックします。

MEMO マルチ写真テキスト

文字それぞれの中に写真を入れて、芸術作品のようにすることができます。操作の前に、利用する写真（背景用、文字数分の写真）を開いておきます。

④[マルチ写真テキスト]パネルが表示されます。

⑤[文字ツール]をクリックして、

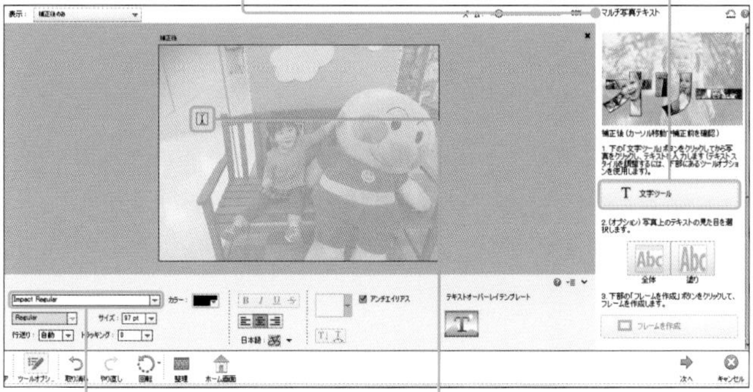

⑥フォントを指定します。

⑦写真内をクリックして、

⑧文字を入力します。

⑨ここをクリックします。

⑩[全体]をクリックします。

MEMO

文字の位置

入力する文字は、写真内のどの位置でもかまいません。手順⑩で、写真の中央に配置されるようになります。

⑪自動的に文字が配置されます。

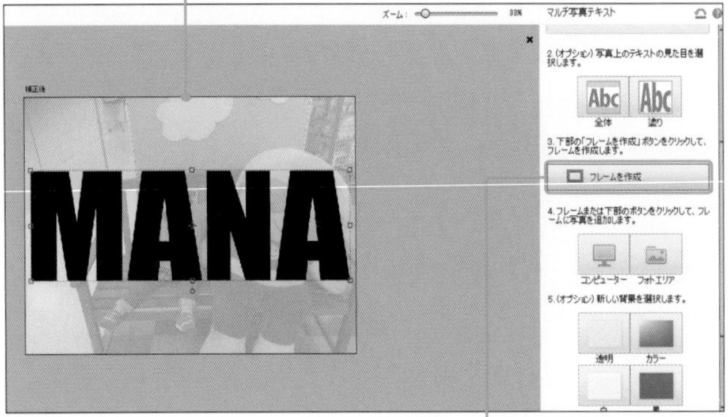
マルチ写真テキスト
2.(オプション) 写真上のテキストの見た目を選択します。
全体
塗り
3. 下部の「フレームを作成」ボタンをクリックして、フレームを作成します。
フレームを作成
4.フレームまたは下部のボタンをクリックして、フレームに写真を追加します。
コンピューター
フォトエリア
5.(オプション) 新しい背景を選択します。
透明
カラー
MANA

⑫[フレームを作成]をクリックします。

⑬フレームが作成されます。

マルチ写真テキスト
2.(オプション) 写真上のテキストの見た目を選択します。
全体
塗り
3. 下部の「フレームを作成」ボタンをクリックして、フレームを作成します。
フレームを作成
4.フレームまたは下部のボタンをクリックして、フレームに写真を追加します。
コンピューター
フォトエリア
5.(オプション) 新しい背景を選択します。
透明
カラー
MANA

⑭[フォトエリア]をクリックします。

⑮自動的に文字の中に写真が配置されます(HINT参照)。

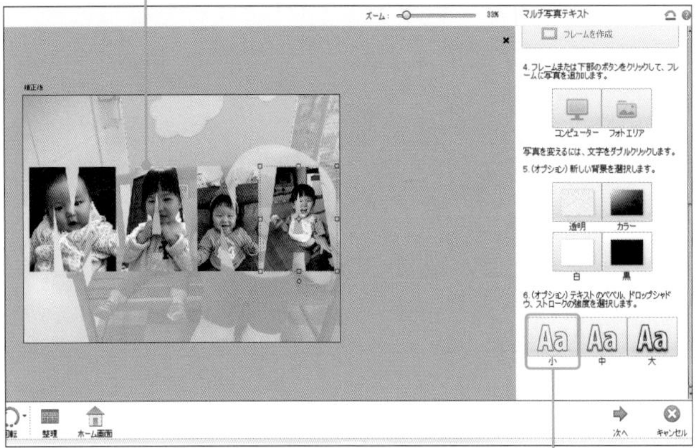
マルチ写真テキスト
フレームを作成
4.フレームまたは下部のボタンをクリックして、フレームに写真を追加します。
コンピューター
フォトエリア
写真を変えるには、文字をダブルクリックします。
5.(オプション) 新しい背景を選択します。
透明
カラー
白
黒
6.(オプション) テキストのベベル、ドロップシャドウ、ストロークの強度を選択します。
小
中
大
整理
ホーム画面
次へ
キャンセル

⑯[6.]の文字の種類を選択すると(ここでは[小])、

HINT

写真の選択

ここでは文字に配置する写真を用意していますが、用意していない場合は、手順⑭で[コンピューター]をクリックして、1文字ずつ写真を選択することもできます。また、配置された写真を変更したい場合は選択し直します(P.229のSTEPUP参照)。

STEP UP

写真の配置

自動手配置された文字内の写真が小さい場合など、調整することができます。文字(写真)をダブルクリックすると表示されるスライダーをドラッグすると、拡大／縮小できます。

⑰文字のイメージが変わります。

⑱[次へ]をクリックして保存します。

HINT

背景を色にする

背景の写真は薄くなってしまうので、色を付けたい場合は、[5.(オプション)新しい背景を選択します。]から選ぶことができます。

STEP UP

写真を変更する

文字内に配置された写真をほかの写真に変更することができます。写真を変えたいときは、文字をダブルクリックして、[フレーム内に配置する新しい写真を取得] をクリックします。[写真を選択]画面が表示されるので、写真を選択し、[配置]をクリックすると置き換わります。

①写真を変更したい文字をダブルクリックして選択します。

②ここをクリックして、

③差し替える写真をクリックし、

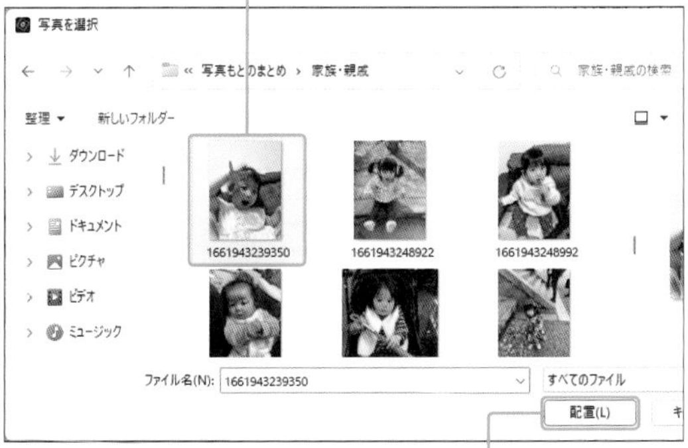

④[配置]をクリックします。

⑤写真が置き換わります。

Section
79

写真をジグソーパズルに変えよう

写真をジグソーパズルに見立てて、一部のピースを抜き出して移動し、重ねてまとめておくと、パズル完成前のような写真が出来上がります。[楽しい編集] の [パズル効果] を利用して、1つずつピースを抜き出し、移動させます。

BEFORE 猫の写真をパズルにしたい。

AFTER パズル風の面白い写真ができた。

1 パズル効果を付ける

❶ 写真をElements Editorで開いておきます。

❷ [ガイド] の [楽しい編集] をクリックし、

❸ [パズル効果] をクリックします。

MEMO

ジグソーパズルに変える

[パズル効果] は、写真にジグソーパズルの模様を付けます。さらに、まだ完成していないように、ピースを抜き出して白地を見せたり、はめていないピースをまとめて見せたりして、楽しい写真を作成できます。

④[パズル効果]パネルが表示されます。

⑤パズルピースの形を選択すると
（ここでは[大]）、パズル模様になります。

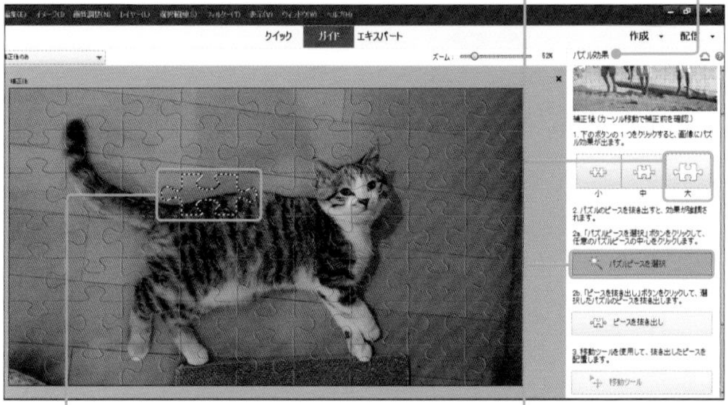

⑦パズルをクリックします。

⑥[パズルピースを選択]を
クリックして、

⑧[ピースを抜き出し]をクリックすると、

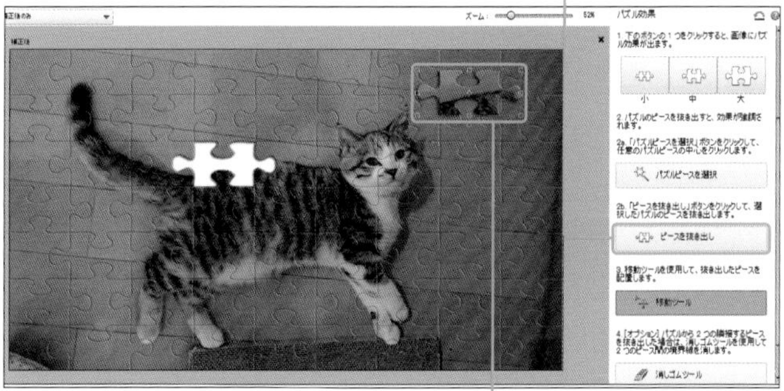

⑨ピースが抜き出されます。

⑩手順⑦～⑨を繰り返して、複数のピースをまとめます(HINT参照)。

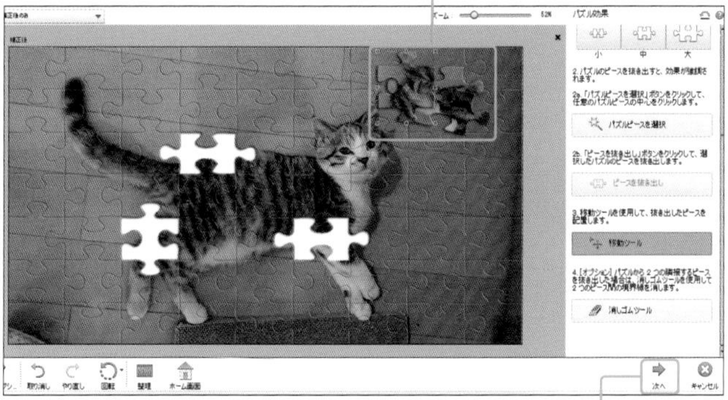

⑪[次へ]をクリックして保存します。

MEMO

ピースの抜き出し

ピースを選択してそのままドラッグすると、コピーされたピースが移動します。もとのピースを抜き出すには、[ピースを抜き出し]をクリックします。次のピースを抜き出すには、再度[パズルピースを選択]をクリックしてピースを選択してから行います。

HINT

ピースの移動

抜き出したピースは、選択状態になっているので、ドラッグして移動できます。ほかのピースを移動したい場合は、ピースをクリックして選択してからドラッグします。

STEP UP

空いた部分のピース型を消す

複数並んだピースを抜き出して空いた部分は、ピースの境界線が残っています。[消しゴムツール]を使うと、この線を消すことができ、ジグソーパズルの現物のようにできます。ただし、写真上をクリックやドラッグすると写真部分も消えてしまうので注意してください。

境界線を消します。

Section

80

2枚の写真を1つにまとめよう

複数の被写体の場合、うまく撮影するのは難しいですが、2枚の写真からそれぞれよい部分を集めて合成するのも編集手法の1つです。ガイドモードの［Photomarge］のPhotomerge Group Shotを利用するとベストな写真を作成できます。

BEFORE 2枚の写真のいい部分を集めて合成したい。

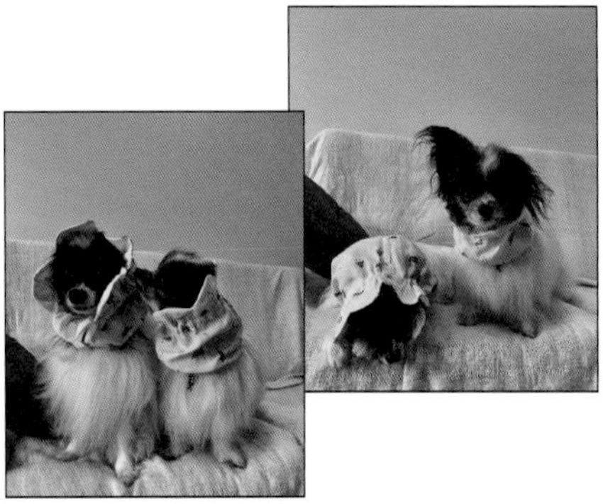

AFTER 1つの写真を作り出すことができた。

1 素材となる写真を指定する

❶素材にしたい2枚の写真をElements Editorで開きます。

❷［ガイド］の［Photomerge］をクリックし、

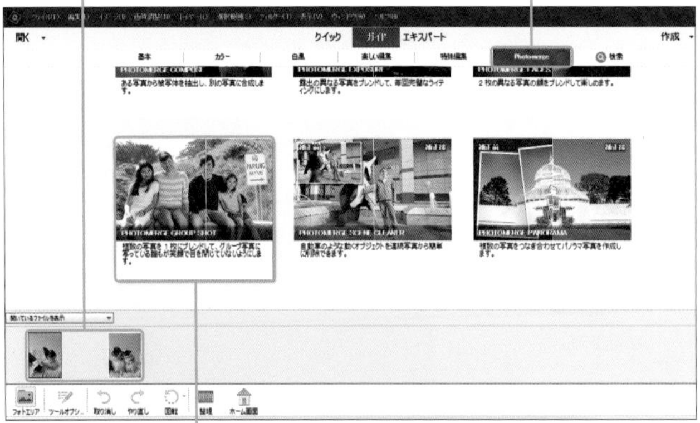

❸［Photomerge Group Shot］をクリックします。

KEY WORD

Photomerge Group Shot

Photomerge Group Shotは、複数の写真を合成して、最適な集合写真を作り出す機能です。最大10枚までの写真を合成することができます。

なお、複数の写真をまとめて選択するには、Elements Organizerで、Ctrl（macOSではcommand）を押しながら目的の写真をクリックします。

❹［Photomerge Group Shot］パネルが表示されます。

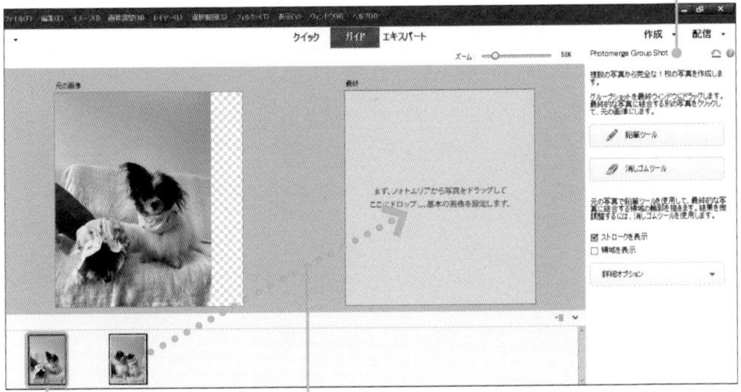

❺合成させる写真を［最終］にドラッグし（右中のMEMO参照）、

❻もう一方をクリックして［元の画像］に選びます。

うまく写真を合成できるように、写真の位置が自動で調整されます。

❼［鉛筆ツール］をクリックし、

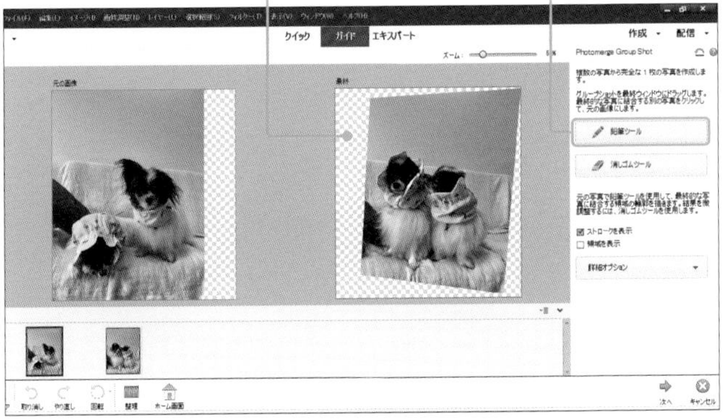

❽［サイズ］でマウスポインターのサイズを調整します。

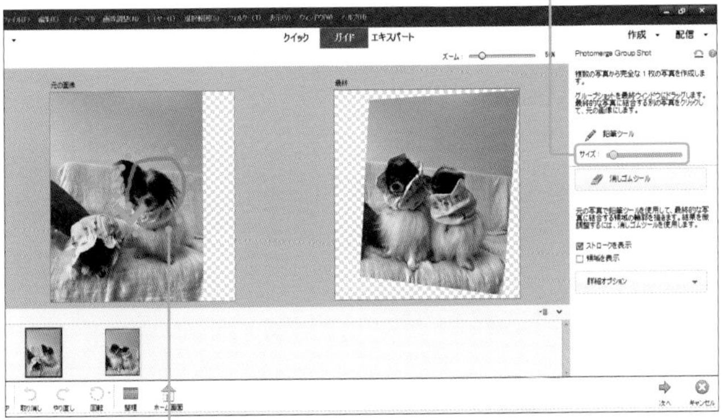

❾［元の画像］から合成したい部分を囲むようにドラッグします。

MEMO

［元の画像］を指定する

Photomerge Group Shotを起動した場合は、選択した画像のうち1枚が［元の画像］に表示されます。ほかの画像を［元の画像］にしたい場合は、フォトエリアでその画像をダブルクリックして切り替えます。

MEMO

［最終］を指定する

［最終］に表示されている写真に、［元の画像］に表示されている写真の一部を合成して、仕上がりの合成写真を作成します。

HINT

素材にする写真の注意

Photomerge Group Shotを利用する場合、素材にする写真は構図や明るさなどがほとんど同じものを選択します。構図が大きく異なる場合、自然に合成することができません。

⑩囲んだ部分が［最終］の写真に合成されます。

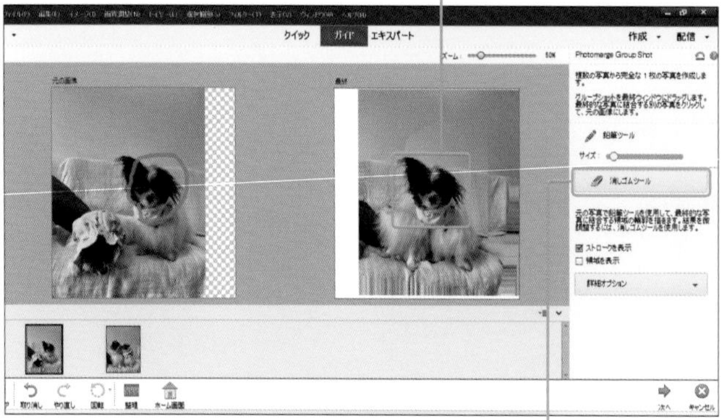

⑪［消しゴムツール］をクリックして、

⑫［サイズ］でマウスポインターのサイズを調整して、

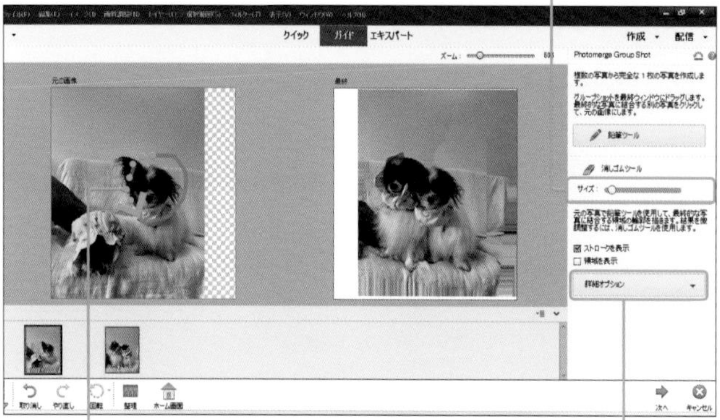

⑬はみ出した部分を消すようにドラッグすると、

右下のHINT参照

⑭消えてしまった部分が現れます。

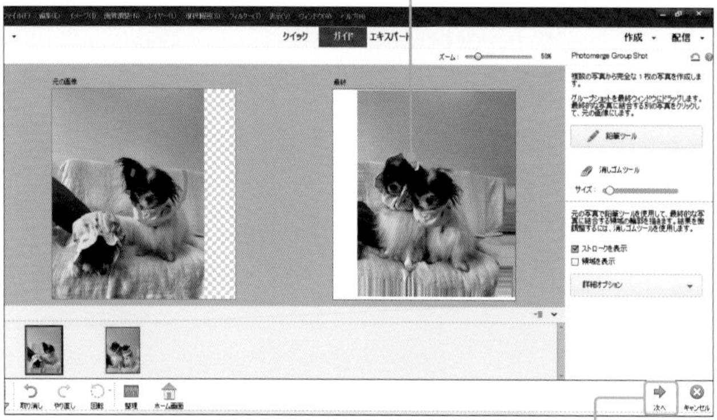

⑮［次へ］をクリックします。

MEMO

合成する部分の指定

写真を指定したら、鉛筆ツールを使って［元の画像］の合成部分を指定します。目的の部分に線を引くか囲むだけで、対象の輪郭が自動的に検出され、写真が合成されます。なお、合成すると重なってしまう部分がある場合はそこを避けて選択します。

HINT

輪郭に重なるようにドラッグする

鉛筆ツールを使って写真上をドラッグするとマウスポインターの大きさに応じた線が描画されますが、この線は合成したい被写体の輪郭に重なるようにすると、合成しやすくなります。ただし、背景の重なりがずれる場合などは、範囲を広げて選択するとよいでしょう。

HINT

合成範囲の調整

鉛筆ツールによる線が被写体からはみ出してしまうと、［最終］の写真がはみ出した部分に覆われるように合成されてしまいます。このような場合は、消しゴムツールを使ってはみ出した線を消去します。また、合成部分がわかりにくい場合は、［領域を表示］をオン☑にすると、合成範囲が色分けされるので、範囲を見ながら調整するとよいでしょう。
合体位置がずれて、うまく並ばない場合は、［詳細オプション］をクリックして、［角度補正ツール］を利用します。

2 余白を切り取る

このまま保存する場合は保存操作を続けて終了します。

❶ [クイック]をクリックして、

MEMO参照

❷ クイックモードに切り替えます。

❸ 切り抜きツールを選択して、

全体が表示されるように
ズームで調整します。

❹ 余白を含めないようにドラッグします。

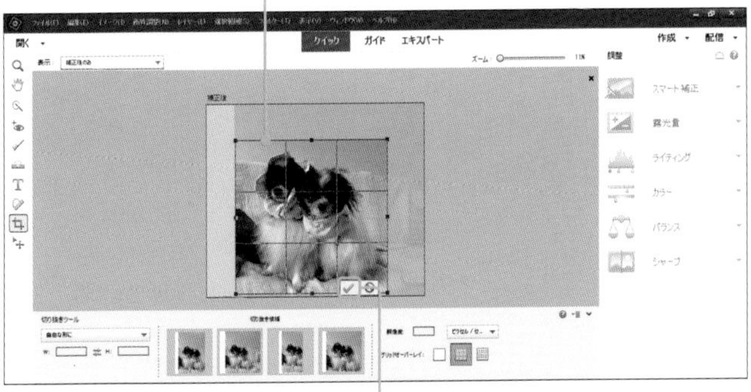

❺ ここをクリックして余白を切り取ります(HINT参照)。

HINT

余白ができた場合は

Photomerge Group Shotでは、[元の画像]に指定した写真を基準に、ほかの写真の位置や傾きが決められます。写真によっては、写真を合成したときに余白ができてしまうことがあります。そのため、左の操作で、余白を切り取ります。

HINT

編集後に保存する

手順❺で編集が終了したら、[ファイル]メニュー→[別名保存]の順にクリックして、ファイルを保存します(P.098参照)。

MEMO

[完了]をクリックした場合

手順❶の画面で[完了]をクリックすると、ガイドモードに切り替わります。フォトエリアに合成された写真に「名称未設定」という名称が付きます。この写真を保存したい場合は、クイックモードに切り替えて保存操作を行います(P.098参照)。

Section
81

2枚の写真を重ね合わせよう

ガイドモードの［楽しい編集］の二重露光を利用すると、2枚の写真を合成させて、シュールな二重露光の効果を作成できます。手持ちの写真のほか、効果的なサンプル写真も用意されているので利用するとよいでしょう。

BEFORE　写真を非現実的に見せたい。

AFTER　二重露光で効果的になった。

1 二重露光を利用する

❶写真をElements Editorで開いておきます。

❷［ガイド］の［楽しい編集］をクリックし、

❸［二重露光］をクリックします。

MEMO
メインの写真と合わせる写真

メインになる写真は人物や建物など輪郭がはっきりしたものを選ぶとよいでしょう。また、合わせる写真は、手持ちの写真を利用することもできますが、サンプルの写真も用意されています。今回は、サンプル写真を使います。

④[二重露光]パネルが表示されます。

⑤[切り抜きツール]をクリックして、

⑥使用する部分をドラッグし選択し、

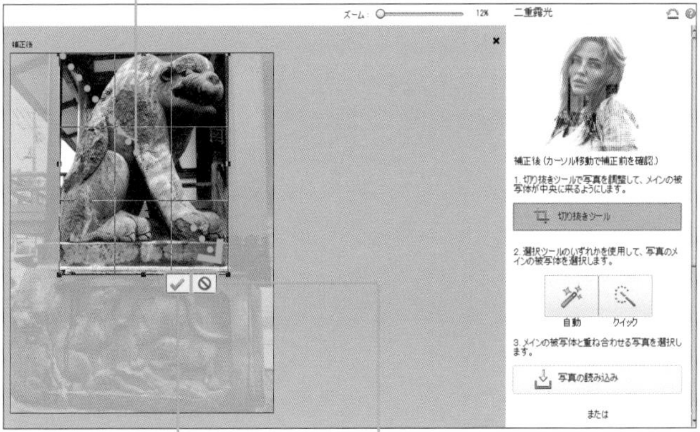

⑦ここをクリックして
切り抜きを実行します。

操作を取り消したい場合は、
ここをクリックします。

⑧[クイック]をクリックします(右下のMEMO参照)。

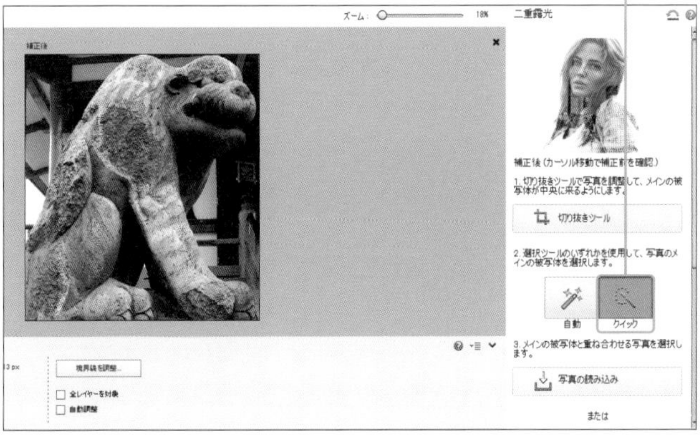

KEY WORD

二重露光

一般に二重露光とは、フィルムカメラで1回シャッターを切って、フィルムをまかずにもう1回シャッター切って撮影すると、写真が重なって映し出されることです。その現象を、Photoshop Elementsでは「二重露光」という機能を使って再現できます。

MEMO

切り抜き範囲の設定

切り抜きツール をクリックして、切り抜きたい範囲をドラッグすると、切り抜き範囲を示す枠とハンドルが表示されます。四隅のハンドルをドラッグしたり、枠をドラッグしたりして、目的の範囲になるように調整します。

MEMO

選択ツール

被写体を選択するツールには、自動とクイックがあります。クイックは、被写体をドラッグしながら選択します。自動(オートセレクション)は、被写体を囲むようにドラッグすると、自動的に選択されます(P.167のHINT参照)。

⑨被写体を選択します。

⑩重ねる写真を選択します（ここでは［都会］）。

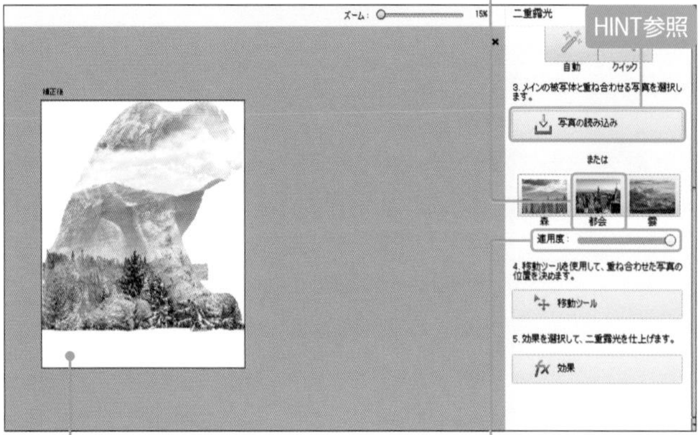

⑪二重露光が作成されます。

⑫適用度を調整して、

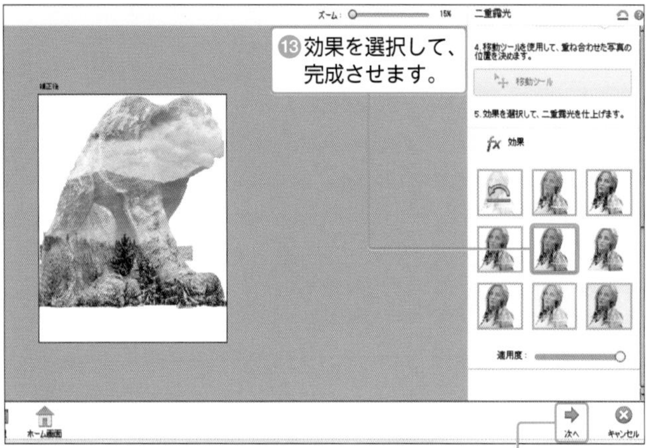

⑬効果を選択して、
完成させます。

⑭［次へ］をクリックして保存します（P.185参照）。

MEMO

不要な選択範囲を解除する

選択範囲に余計な部分まで選択された場合は、Alt（macOSでは option）を押しながらドラッグすると、解除できます。

HINT

重ねる写真

手順⑩では用意されているサンプル写真を選びましたが、［写真の読み込み］をクリックして、手持ちの写真を選ぶこともできます。

MEMO

効果を利用する

二重露光にはいくつかの効果が用意されています。効果を選択し、さらに適用度で調整することで、芸術作品のような写真を作成できます。

Chapter

8

RAW現像を楽しもう

写真データ形式にあるRAWは、カメラ内で画像処理がされていないもとのデータです。通常利用するJPEGなどとは異なり、多くの画像の情報を持っているため、より高品質の写真に仕上げることができます。

Section
82

RAW現像とは

Photoshop ElementsではJPEGファイルだけでなく、RAWファイルの編集や加工を行うことができます。RAWファイルとは、カメラ内で現像処理されていない、撮影素子から取り込まれたままのデジタルデータのことです。

1 RAWファイルとは

JPEGファイルとRAWファイルの違い

	JPEGファイル	RAWファイル
メリット	• 特別なソフトがなくてもPCで開くことができる • そのまま印刷できる • ファイルサイズが小さい • 一般的なファイル形式なのでデータ交換に適している	• ファイルの持っている情報量が多いので本格的な写真編集に利用できる
デメリット	• ファイルの持っている情報量が少ないので本格的な写真編集には適さない	• ファイルサイズが大きい • そのままの状態で印刷できない • 専用のソフトで現像処理を行う必要がある • カメラのメーカーごとにファイル形式が異なるのでデータ交換に適さない

JPEGファイル

RAWファイル

2つの画像を比較すると、RAWファイルのほうが陰影部分や色みの情報量が多いことがわかります。情報量の多いRAWファイルの状態で補正・加工を行ったほうが、より品質の高い写真に仕上げることができます。

KEY WORD

JPEGファイルとRAWファイル

一般的に写真データとして使用されている形式は「JPEG」で、本書もここまですべてJPEGを前提に解説しました。「RAW(ロウ)」とは、JPEGとは異なった写真データの形式の総称です。RAWは英語で「生」や「未加工」を表す言葉で、RAWファイルはカメラ内で画像処理されていない、撮像素子から取り込まれたそのままのデータのことです。JPEGに比べて写真の情報量をより多く保存し、本格的な写真編集に利用できるという長所があります。反面、そのままだと印刷できなかったり、ファイルサイズが大きすぎたりといった短所もあります。専用のアドインソフト(Photoshop ElementsではCamera Raw)を使用してパソコンで現像処理を行う必要があります。

MEMO

RAW現像のメリット

RAWファイルはデジタルカメラ内で現像処理が行われていないことから、多くの情報を持っています。そのため、より品質の高い写真に仕上げることができます。

2 Camera RawでできるRAWファイルの補正

露光量の調整

彩度の調整

ホワイトバランスの調整

輪郭の調整

HINT

Camera Rawを利用する

RAWファイルの補正／加工や現像処理は、Elements Editorではなく、Camera Rawで行います。Camera Rawを利用するには、[ヘルプ]メニュー→[Camera Rawをインストール]の順にクリックして、[Photoshop Elements Add-on Utilities 2023]をインストールする必要があります(RAWファイルを開く際に、インストールを促されます)。

Camera Rawでサポートされているカメラ機種の最新情報は、アドビのWebサイト(https://helpx.adobe.com/jp/camera-raw/using/supported-cameras.html)で確認ください。

MEMO

Camera Rawのアップデート

Camera Rawは随時アップデートされています。詳細についてはアドビのサポートページ(https://helpx.adobe.com/jp/photoshop-elements/release-note/update.html)で確認してください。アップデートの確認が表示されたら、アップデートしておきましょう。

HINT

RAWで撮影するには カメラ側での設定が必要

一般のデジタルカメラでは、通常はJPEGで撮影する設定になっています。使用するカメラの説明書を読んで、RAWで撮影できる状態に設定し直しましょう。

Section 83

Camera Rawの基本操作を知ろう

RAWファイルは、Photoshop Elementsのアドインソフト「Camera Raw」で開くことができます。最初にElements OrganizerまたはEditorでRAW写真を開くと、Camera Rawが自動的に起動します。右側のパネルに画像情報や補正機能が表示されます（バージョンによって画面が異なります）。

1 RAWファイルを開く

❶Elements Organizerに取り込んだRAW形式の写真を選択して、

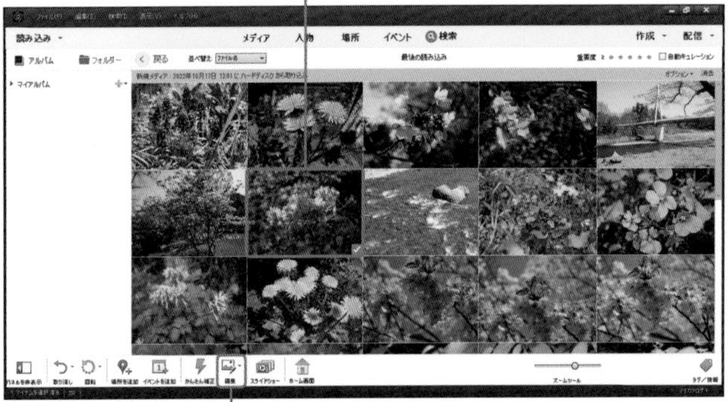

❷［編集］をクリックすると（またはEditorでファイルを選択すると）、

❸Camera Rawで写真が開かれます。

❹ここをクリックして［16bit/チャンネル］を選択します（MEMO参照）。

HINT RAWとJPEGの見分け方

RAWとJPEG両方のファイルがあって、一見しただけではどちらがRAWファイルかわからない場合は、［タグ／情報］の［情報］からファイル名やサイズを確認します。なお、RAWファイルの拡張子（下の画像の場合は.CR2）はカメラのメーカーごとに異なります。

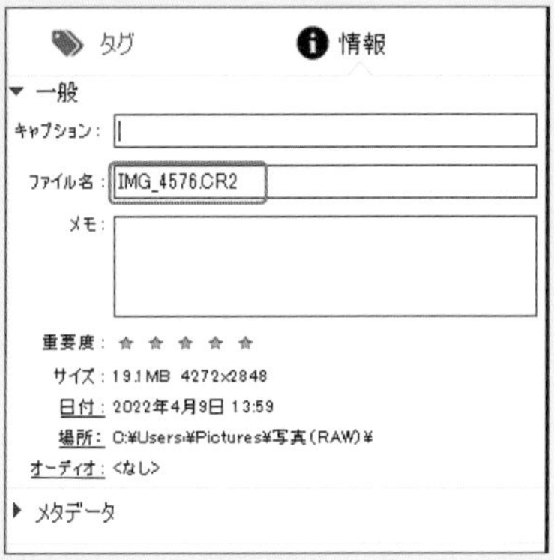

MEMO 16bitで編集する

bit（ビット）数が多いほど色情報は多くなります。RAWはJPEGよりも多くの色情報を持つことができるので、16bitで編集しましょう。

② Camera Rawの画面構成

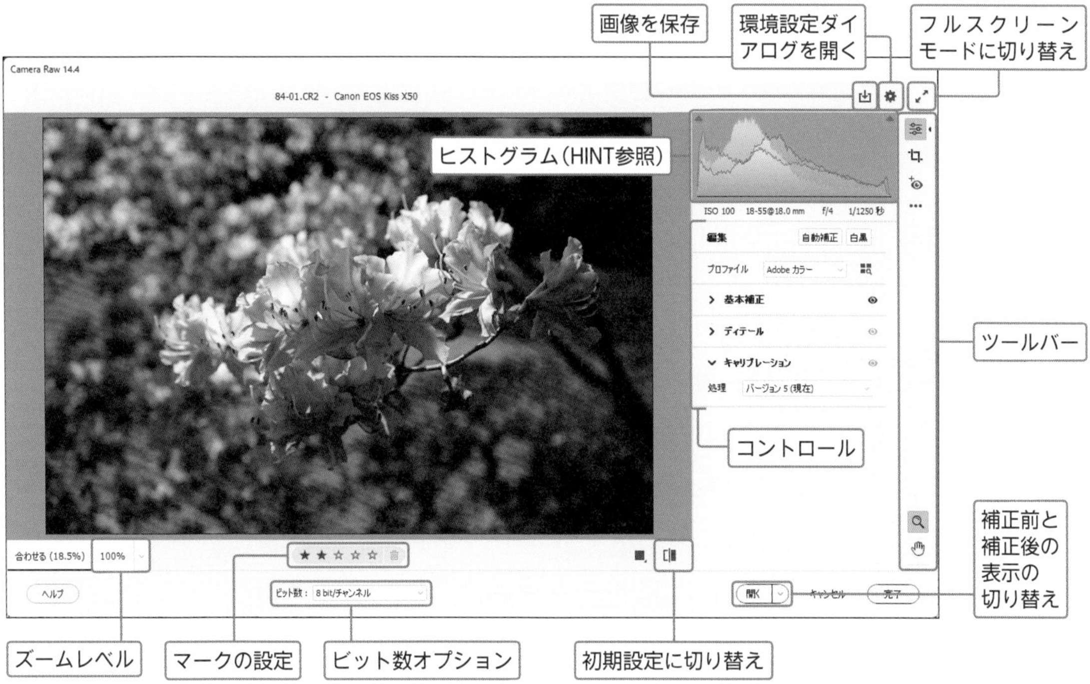

主な項目名	説　明
フルスクリーンモードに切り替え	デスクトップ一杯に拡大表示します。
ツールバー	よく使うツールが画面右上や右横にまとめられています（P.251のMEMO参照）。
コントロール	基本補正、ディテール、キャリブレーションの補正機能が表示されます。
ズームレベル	写真の拡大／縮小表示を切り替えます。
マークの設定	重要度（お気に入り）マークを設定できます。
ビット数オプション	8ビット／16ビットを切り替えます。
補正前と補正後の表示の切り替え	画面の表示方法を切り替えます。
初期設定に切り替え	変更を解除して、画像の初期設定に戻します。
開く	変更を適用して、Photoshop Editorで開きます。
完了	変更を適用して、Raw画面を閉じます。

HINT

補正とヒストグラムの見方

画像補正の目安となるのが、ヒストグラムによる色バランスの表示です（画像にマウスポインターを合わせた位置のRGB値が表示されます）。通常、ヒストグラムの表示に偏りのないものが「バランスのよい写真」とされます。RAW現像ではなるべくこのヒストグラム上の偏りをなくす作業を行いますが、あえてバランスを崩して写真に味を出すというテクニックもあります。

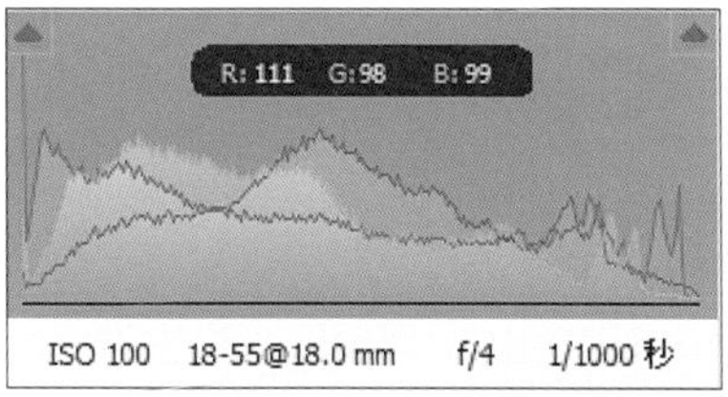

③ 補正を保存して閉じる

❶ Camera RawでRAW画像を開き、補正を行います。

❷ [完了] をクリックすると、

❸ Camera Rawが閉じ、Elements Organizerの画面に戻ります。

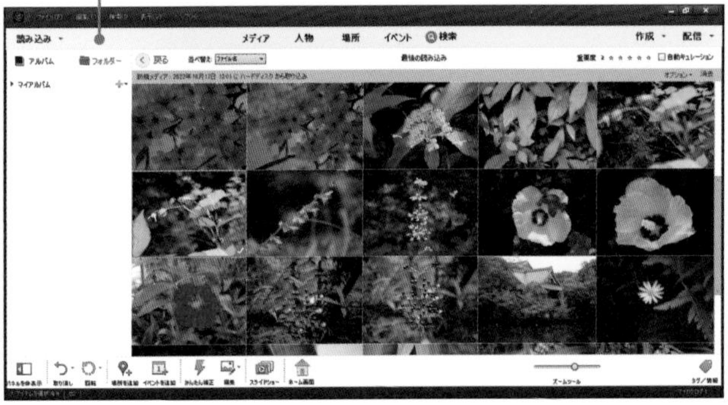

❹ 再びCamera Rawで開くと、

HINT参照

❺ 補正内容が保存されていることがわかります。

MEMO

補正の保存

[完了] をクリックすると補正を保存することができます。Elements Editorとは違って保存するかどうかを確認するダイアログボックスが表示されず、XMPファイルとして保存されます。

MEMO

補正をキャンセルする

RAW画像の補正を中断するには、[キャンセル] をクリックします。この場合、Camera Raw画面も閉じることになります。補正内容のみをもとに戻したい場合は、初期化（下のHINT参照）するとよいでしょう。

HINT

補正内容の初期化

補正内容を初期化したい場合は、ツールバーの … をクリックし、[初期設定に戻す] をクリックします。

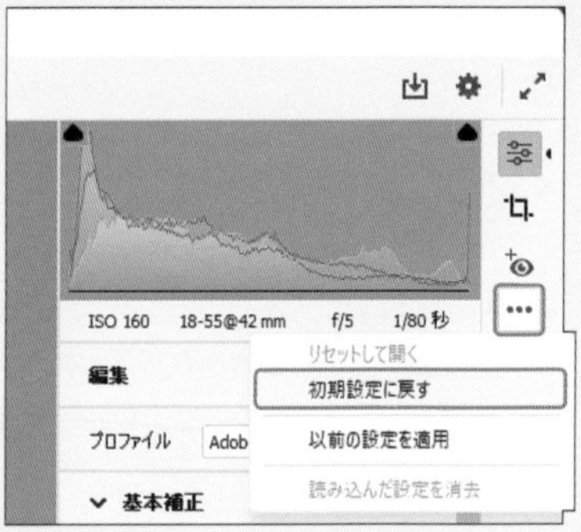

4 別ファイル形式で保存する

❶ Camera Rawで補正したRAW画像を開いておきます。

❷ [開く]をクリックすると、

❸ Elements Editorでファイルが開かれます(MEMO参照)。

❹ [ファイル]メニュー→[別名で保存]の順にクリックします。

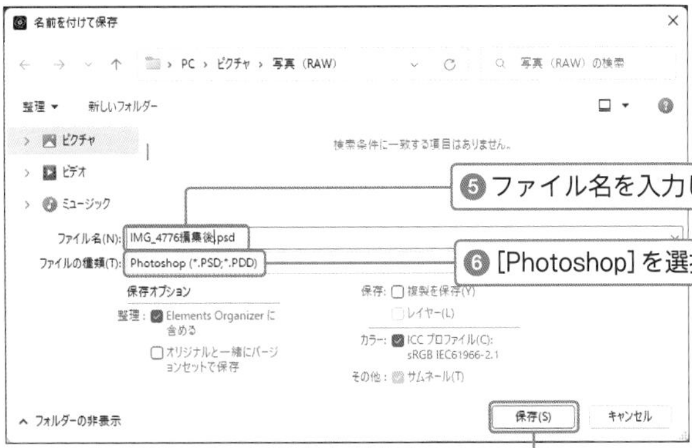

❺ ファイル名を入力して、

❻ [Photoshop]を選択し、

❼ [保存]をクリックします。

HINT

別ファイル形式での保存

RAWファイルはそのままでは通常の写真データとしては使用できないため、補正が済んだら別ファイル形式で保存しておきましょう。保存できる形式は、PSD、JPEG、TI FF、PNG形式です。

MEMO

そのままElements Editorで編集できる

Elements Editor起動後は、補正した画像をEditorの機能を使用して編集できるようになります。さらに編集を続けたいときに利用しましょう。

Section
84

露光量を調整しよう

写真全体の明るさは露光量で決まります。露光量の多いほうが明るくなります。情報の多いRAWファイルでは、細部にわたってより細かな露光量の調整を行えるので、被写体を引き立たせるような効果を与えることができます。

BEFORE　全体的に薄暗く、ぼんやりしている。

AFTER　明るくしてメリハリを付けた。

1 ［露光量］スライダーを利用する

❶Camera RawでRAW画像を開いておきます。

❷［露光量］スライダーをドラッグします。

KEY WORD　露光量

「露光量」とは写真全体の明るさのことをいいます。露光量が高い写真ほど全体的に明るく、低い写真ほど全体的に暗くなります。

❸写真の全体的な明るさが調整されます。

❹[コントラスト] スライダーをドラッグすると、

❺写真にメリハリが付きました。

❻[シャドウ]スライダーをドラッグして、メリハリの付いた部分をさらに微調整します(右下のMEMO参照)。

右上のHINT参照

❼[完了] をクリックして保存します(P.244参照)。

MEMO

自動補正機能の利用

[自動補正] をクリックすると、いくつかの補正機能を組み合わせて自動的に補正してくれます。

HINT

並べて表示する

画面下部の ■ をクリックすると、補正前と補正後の画像が並べて表示されます。

MEMO

シャドウとハイライト

シャドウでは暗いトーンのレベルを、その下のハイライトは明るいトーンのレベルを調整できます。コントラストを強めた後に調整を加えると、より深みのある仕上がりにできます。

HINT

シャドウとハイライトのクリッピング警告

ヒストグラム上部の ▲ △ をクリックすると、画像中で黒つぶれしている部分(シャドウクリッピング警告) ▲ と、白飛びしている部分(ハイライトクリッピング警告) △ を、それぞれ青と赤で表示してくれます。

❶クリックすると、

❷白飛びや黒つぶれしている部分がハイライト表示されます。

Section 85

彩度を調整しよう

写真全体がくすんで見えるときは、彩度を調整しましょう。[彩度]のスライダーをドラッグして、彩度を上げて色鮮やかにすることで、いきいきとした被写体の色がよみがえります。そのほか、明瞭度や自然な彩度を利用して調整します。

BEFORE 撮影時のイメージとは違い、くすんで見える。

AFTER 花の鮮やかさがよみがえった。

1 ［彩度］スライダーを利用する

❶Camera RawでRAW画像を開いておきます。

❷ここを下方向にスクロールします。

KEY WORD 彩度

彩度とは、色の鮮やかさを表す値です。彩度を上げるとそれぞれの色が原色に近づき、赤はより赤く、青はより青くなります。彩度を下げると色が浅くなり、灰色に近づきます。

MEMO参照

❸[彩度]スライダーをドラッグすると、

❹全体の彩度が上がります。

❺[完了]をクリックして保存します(P.244参照)。

MEMO

[明瞭度]スライダー

[明瞭度]スライダーを右にドラッグすると、被写体の境界部分のコントラストを高めます。写真にメリハリや力強さを与えたいときに効果的です。反対に、左にドラッグしてソフトフォーカスがかかったような効果を与えることもできます。

HINT

[自然な彩度]の利用

[彩度]スライダーでは全体の彩度を高めてくれますが、上げすぎるともともとはわずかに色が付いていた部分が完全な赤や青に変わってしまい、写真の色のバランスが崩れてしまうことがあります。[自然な彩度]を利用すると、色のバランスがおかしくならない範囲で彩度を調整できます。

Section
86
ホワイトバランスを調整しよう

撮影時の天候や環境によって、本来の色合いが適切に表現できない場合があります。このようなときは、ホワイトバランスを調整するとよいでしょう。ホワイトバランスとは、光源の種類によらず、適切な白色を再現する補正機能です。

BEFORE 花びらに赤みがかかってしまった。

AFTER 本来の白い花びらの色を表現できた。

1 ホワイトバランスツールを利用する

❶ Camera RawでRAW画像を開いておきます。

❷ ここをクリックします。

KEY WORD

ホワイトバランス

晴天下と曇天下、蛍光灯下と電球下とでは、同じ「白色」なのにまったく違う色として表現されてしまいます。ホワイトバランスとは、光源の種類によらず、適切な「白色」を再現するための補正機能のことをいいます。

❸本来の色が白色の部分をクリックします。

下のMEMO参照

❹花びらの白色部分が補正されました。

❺[完了]をクリックして保存します(P.244参照)。

MEMO

クリックする部分に注意

ホワイトバランスツールでは、クリックした部分の持つ色情報をもとに、全体の色合いを調整します。そのため、できるだけ正確な色の部分をクリックしましょう。

クリックする場所を間違えると色のバランスが崩れます。

HINT

プリセットの利用

ここでは手動で設定しましたが、ホワイトバランスの設定には各種プリセットが用意されています。手軽に調整したい場合に使うとよいでしょう。

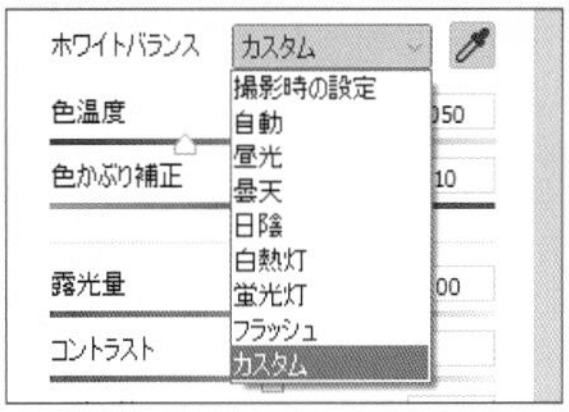

MEMO

ツールの利用

よく使うツールは、右側のツールバーにまとめられています。上部には切り抜きや赤目修正、下部にはズームと手のひらツールがあります。そのほか、ホワイトバランスツールは[基本設定]内、反転や回転は[切り抜き]画面に表示されます。

編集（編集画面を表示します）	詳細な画像修正（修正前に戻します）
切り抜き（切り抜き画面を表示します）	ズーム（写真の表示を変更します）
赤目修正（赤目を自動修正します）	手のひら（写真の表示位置を移動します）

Section 87

輪郭を調整しよう

写真がぼやけているときは、輪郭部分を調整してみましょう。ぼやけた部分を調整する機能をシャープといいます。[編集] パネルの [ディテール] にあるシャープの各調整用スライダーで微調整します。

BEFORE　拡大すると輪郭にぶれが生じている。

AFTER　ぼやけた部分を補正できた。

1 ディテールのシャープを利用する

❶Camera RawでRAW画像を開いておきます。

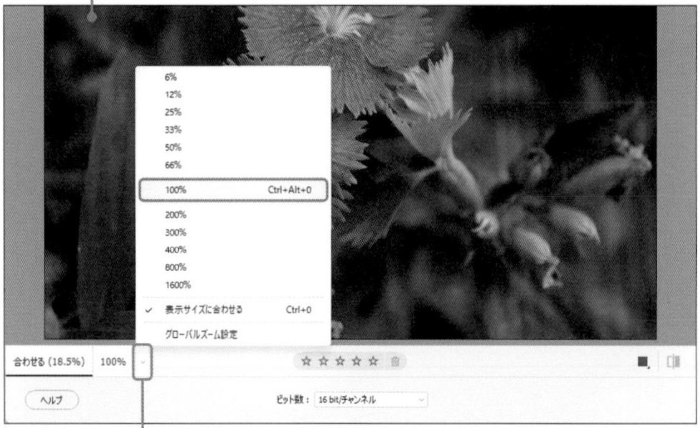

❷ここをクリックして、画像を100%以上の表示にします(P.253のHINT参照)。

KEY WORD　ディテールとシャープ

ディテールとは細部のことで、値を高くすると画像のテクスチャが鮮明になり、低いほど輪郭が鮮明になります。
写真のぼやけた部分を調整する機能を、シャープまたはシャープネスなどといいます。クイックモードにも備わっている基本の機能ですが(Sec.30参照)、Camera Rawではより細部の調整を行うことができます。

❸［ディテール］をクリックします。

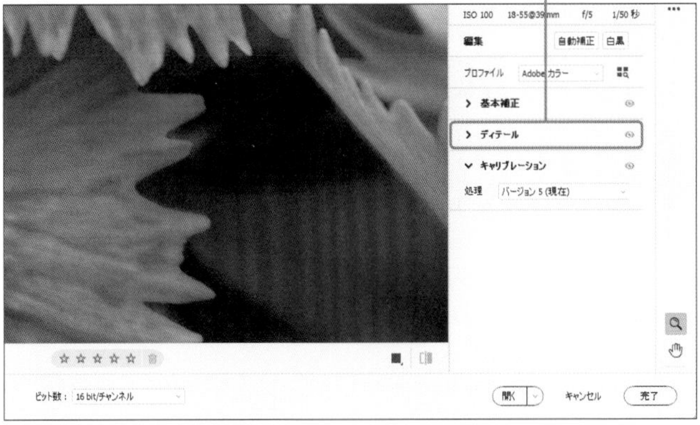

❹それぞれのスライダーを利用して微調整します（右中のMEMO参照）。

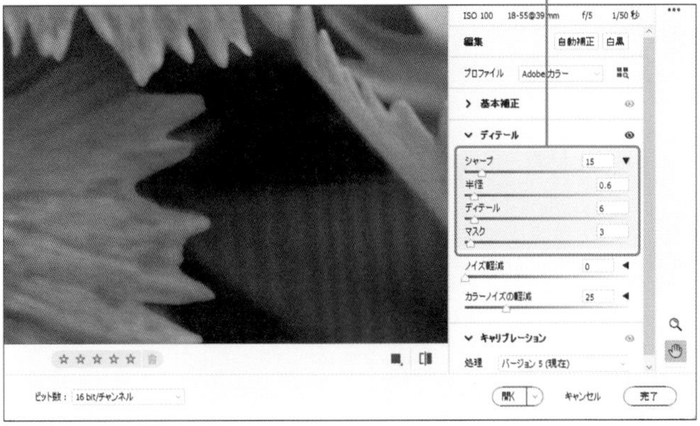

❺［ノイズ軽減］の値を1以上にして、▼をクリックします。

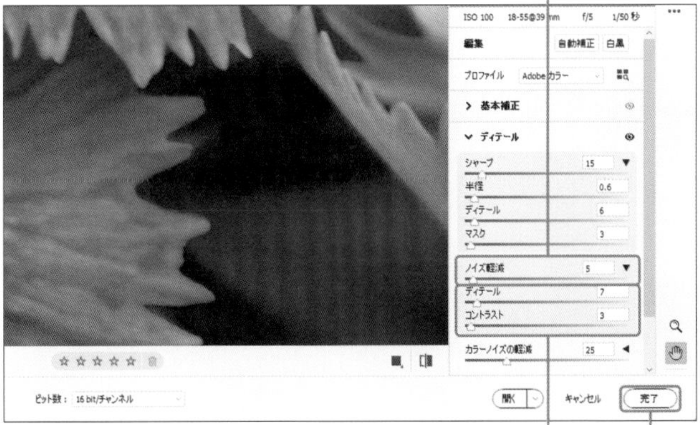

❻スライダーで微調整します（右下のMEMO参照）。

❼［完了］をクリックして保存します（P.244参照）。

HINT

画像表示は100%以上

細かな部分の調整を行うため、プレビュー画像の表示を100%以上に設定する必要があります。

MEMO

［ディテール］のスライダー一覧

［ディテール］で調整できるものは以下になります。

- **シャープ**
  シャープの適用量を調整します。
- **半径**
  シャープを適用するディテールのサイズを設定します。細かい画像の場合はここを低く設定します。
- **ディテール**
  低くするほど輪郭が鮮明になり、逆に高くするほど画像のテクスチャが鮮明になります。
- **マスク**
  0にすると全体に同程度のシャープが適用されます。

MEMO

ノイズ軽減

ノイズが激しいときは［ノイズ軽減］や［カラーノイズ軽減］を利用するとよいでしょう。手順❻のように［ノイズ軽減］をクリックすると、設定できる［ディテール］と［コントラスト］が表示されるのでスライダーで調整します。ノイズについては、Sec.88を参照してください。

Section 88

ノイズを目立たなくしよう

ノイズとは、写真にざらつきを感じさせる不自然な斑点のことで、暗い場所で撮影した場合などに生じます。[編集] パネルの [ディテール] のカラーノイズ軽減やノイズ軽減を使うと、シャープさやディテール、カラー彩度を大きく損なわずにノイズを軽減できます。

BEFORE　ノイズが目立っている。

AFTER　ノイズが軽減できた。

1 ノイズ軽減コントロールを利用する

❶ Camera RawでRAW画像を開いておきます。

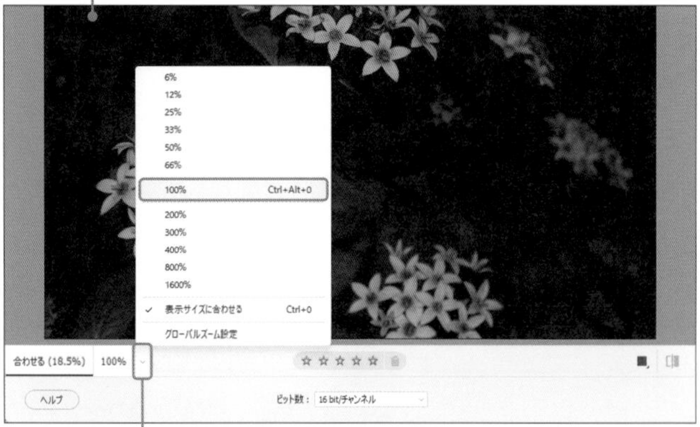

❷ ここをクリックして、画像を100%以上の表示にします（P.253のHINT参照）。

KEY WORD

ノイズ

ノイズ（noise）は、写真上でザラザラした質感を感じさせる斑点のことです。画像のノイズには、画像の粒子を粗く見せる輝度（グレースケール）ノイズと、画像内にカラーの斑点として表示される彩度（カラー）ノイズがあります。高感度撮影（高いISO感度で撮影する）や長時間露光撮影（遅いシャッターを切ったとき）などで起こります。

③［カラーノイズ軽減］の▼をクリックすると項目が開きます。

④各スライダーで微調整します。

⑤［ノイズ軽減］を「1」以上に指定して▼をクリックし、

⑥各スライダーで微調整します。

⑦［ディテール］の［シャープ］の値を減らしてすっきりさせます。

⑧［完了］をクリックして保存します（P.244参照）。

HINT

カラーノイズ軽減を先に指定する

ノイズがある写真は、先にカラーノイズを軽減すると、光のノイズが落ち着きます。その後、ノイズ軽減、シャープで調整すると、ノイズが目立たなく被写体がわかりやすくなります。

MEMO

ノイズ軽減を利用する

［ノイズ軽減］で調整できる項目は以下の通りです。

- **ディテール**
  値を上げるとノイズが目立ち、値を下げるとノイズは少なくなります（シャープさが失われます）。
- **コントラスト**
  値を上げると斑点が目立ち、値を下げるとスムーズになります（コントラストが失われる場合があります）。

MEMO

カラーノイズ軽減を利用する

［カラーノイズ軽減］で調整できる項目は以下の通りです。

- **ディテール**
  値を上げるとカラーが斑点状になり、値を下げるとカラーの斑点がなくります（カラーがにじむことがあります）。
- **滑らかさ**
  値を上げると滑らかになり、シャープさが失われます。

Section

89

DNG形式で保存しよう

RAWファイルを別ファイルに保存する場合は、DNG形式に変換して保存します。この形式は、カメラの種類によるRAWファイルの規格の違いを統一できるので、ファイルの運用管理をスムーズに行うことができます。

1 DNG形式で保存する

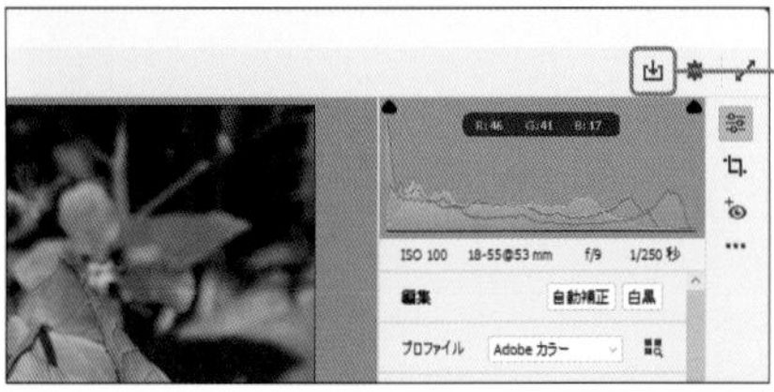

❶ Camera RawでRAW画像の編集を行ったら、[画像を保存] をクリックします。

❷ ここをクリックして、

❸ [新しいフォルダーに保存] をクリックします。

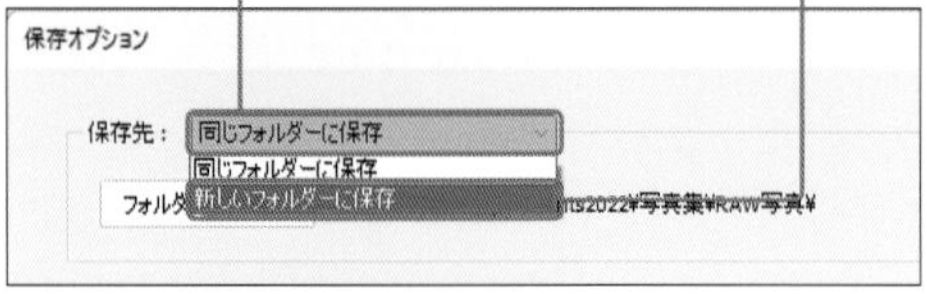

❹ フォルダーを選択して、

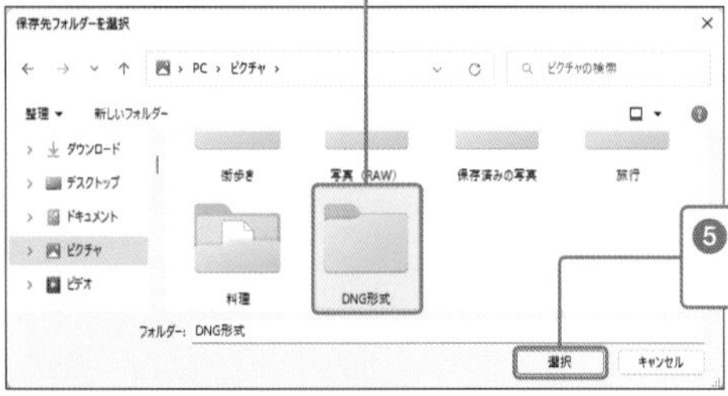

❺ [選択] をクリックします。

❻ ファイル名を付けて、

❼ [保存] をクリックします。

KEY WORD

DNG

DNG (Digital Negative) は、Adobe社 が提唱しているRAWファイルの統一規格です。DNGファイルやDNG形式と呼ばれることもあります。
RAWファイルは各カメラメーカーによって規格や拡張子が異なりますが、DNGファイルに変換することによって、各メーカーのRAWファイル形式を統一して管理・運用することができます。
詳しくはアドビのWebサイト (https://helpx.adobe.com/jp/photoshop/digital-negative.html) などをご確認ください。

HINT

DNGファイルの保存先

DNGファイルの保存先は、初期設定ではもとのRAW画像の保存されているフォルダーと同じものになります。変えたい場合は、左の操作のようにほかの保存先を指定します。

Chapter

9

写真を印刷しよう

写真を1枚ずつ、あるいは複数枚をまとめて印刷したり、日付やファイル名を付けて印刷したりなど、さまざまな印刷方法を紹介します。また、写真を使ってはがきを作成して印刷する方法を解説します。はがきには、フレームを付けたり文字やイラストを入れたりすることもできます。

Section
90
印刷に必要なものを揃えよう

この章では写真を印刷していきます。写真を紙に印刷するには、プリンターが必要です。プリンターをパソコンにつなげ、用紙を準備しましょう。印刷は、自分で印刷する以外に、プリントサービスを利用する方法もあります。

1 プリンターで印刷する

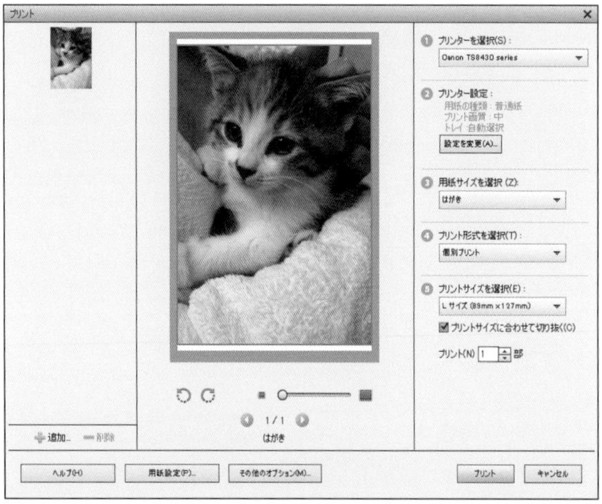

MEMO
プリンターの利用

Photoshop Elementsから印刷する一般的な方法はプリンターの利用です。家庭用では、インクジェット方式のプリンターが一般的です。専用の光沢用紙などを使うと、よりきれいに印刷することができます。

KEYWORD
[プリント]ダイアログボックス

写真を印刷する際は、[プリント]ダイアログボックスを表示します。1枚の用紙に複数の写真をまとめて印刷することもできます。
なお、[プリント]ダイアログボックスの表示内容や設定できる項目は、お使いのプリンターによって異なることがあります。詳しくはプリンターのマニュアルを参照してください。

② プリントサービスを利用する

さまざまなプリントサービス例

プリントサービス	特　徴
コンビニや大型電気店などの複合機／専用プリンターを利用	すぐ仕上がるので少量の印刷物をその場で早く確認したい場合に適しています。
カメラ店などの店頭サービスを利用	店頭で仕上がりを確認できるため品質が保証されていて、大量の印刷に適しています。
オンラインのプリントサービスを利用	即日完成ではないが外出せずに自宅で受け取れるので、大量の印刷に適しています。

MEMO **プリントサービス**

年に数回しか印刷しないのであれば、プリンターを買う代わりにプリントサービスを利用してもよいでしょう。サイズにもよりますが1枚10～20円程度で印刷することができます。オンラインのプリントサービスでは、写真のファイルをインターネット経由で送ると、印刷物を自宅に届けてくれます。

③ はがきに合わせて加工する

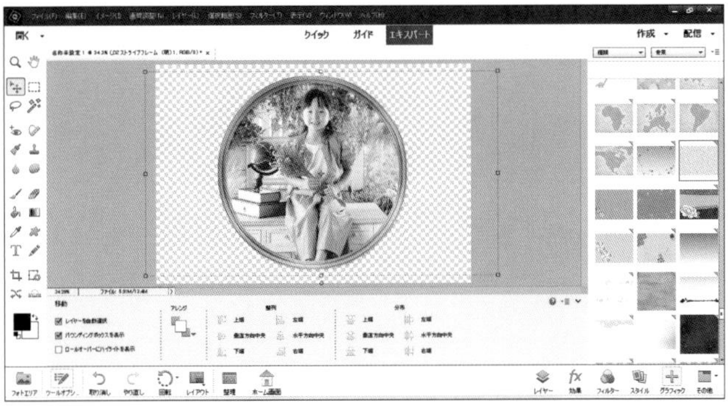

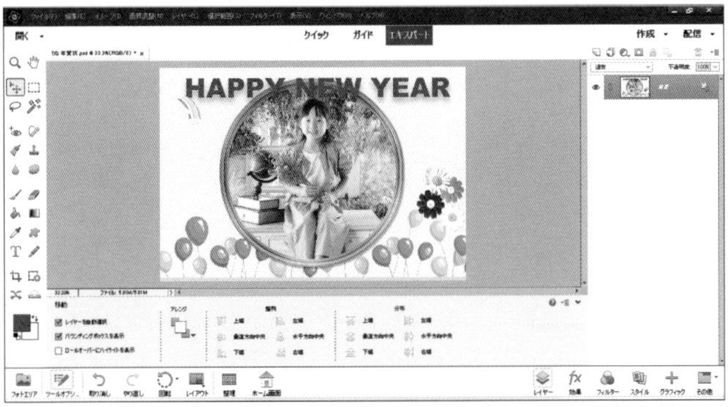

MEMO **年賀状の作成**

この章の後半では、年賀状を作成します。Photoshop Elementsには、はがきのデザインに使える背景やフレーム、イラストなどのさまざまな画像が用意されています。グラフィックパネルを使い、それらを組み合わせて、年賀状以外にも暑中見舞いや引っ越しの報告など、かんたんにオリジナルのポストカードを作成することができます。

HINT **プリントサービスで使うファイル形式**

プリントサービスでは一般的にJPEG形式のファイルしか受け付けていません。作業中はPhotoshop形式を使い、最後にJPEG形式で保存しましょう（P.284のMEMO参照）。

Section

91

お気に入りの1枚を印刷しよう

写真の印刷操作は、OSによって制限があります。WindowsではElements OrganizerとElements Editorのどちらでも同じように印刷の操作ができます。macOSではElements Editorでしか印刷操作はできません。

1 Elements Organizerから印刷する

❶Elements Organizerを起動します。

❷印刷したい写真を選択し、

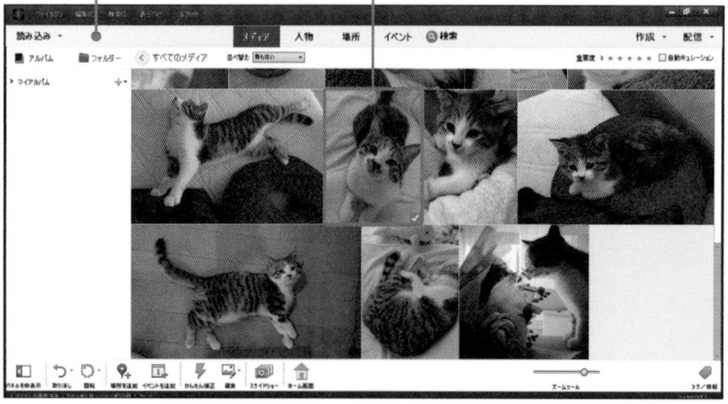

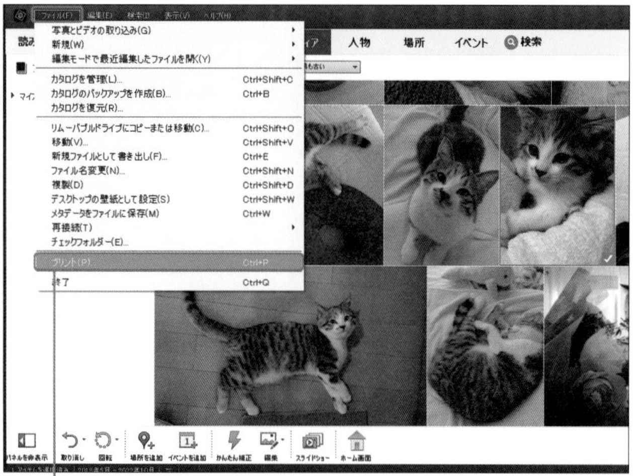

❸[ファイル]メニュー→[プリント]の順にクリックします。

MEMO Elements Organizerからの印刷

Elements Organizer、Elements Editorともに[ファイル]メニュー→[プリント]の順にクリックして印刷ができます。macOSでこの操作を行うと、Elements Editorが起動して印刷ができます。

MEMO macOSでは一部の機能は使えない

macOSでは、この章で紹介している印刷機能の一部が使用できません。本書では、Windows向けに解説しています。

❹［プリント］ダイアログボックスが表示されます。

❺印刷に使うプリンターを選択して、

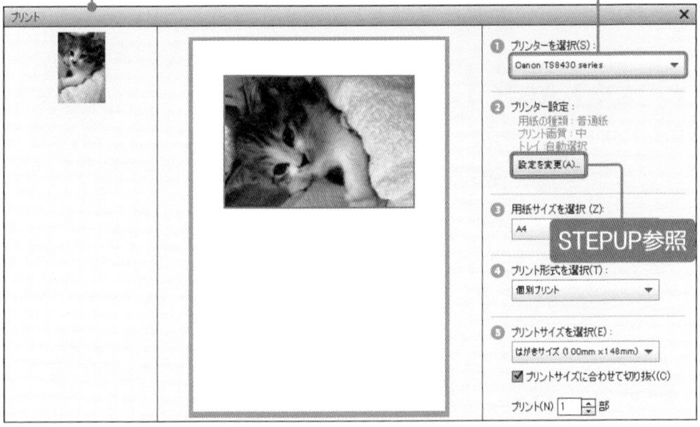

❻［用紙サイズを選択］のリストをクリックし、

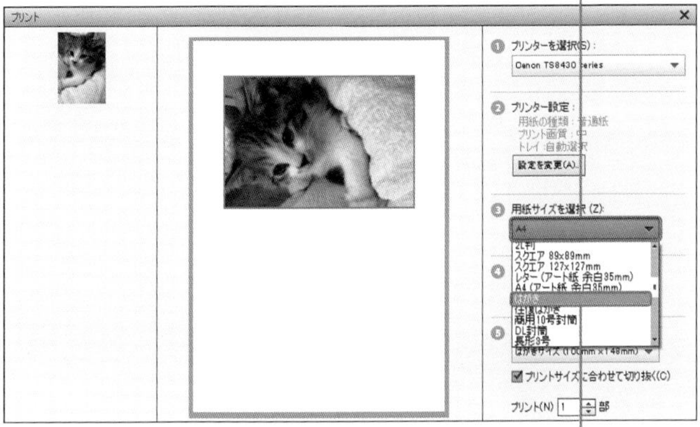

❼印刷する用紙のサイズを選択します。

❽［プリントサイズを選択］のリストから印刷サイズを選択して、

❾印刷部数を指定し、

用紙に対して写真を拡大／縮小します（MEMO参照）。

❿［プリント］をクリックして印刷を実行します。

HINT

［プリント］ダイアログボックスの設定項目

［プリント］ダイアログボックスでは、以下の設定を行えます。

①プリンターを選択

印刷に利用するプリンターを選択します。

②プリンター設定

用紙サイズや種類、トレイなどのプリンターの設定を行います。

③用紙サイズを選択

用紙サイズを選択します。プリンターで印刷可能なサイズが表示されます。

④プリント形式を選択

印刷形式を選択します。

⑤プリントサイズを選択

写真の印刷サイズを選択します。

⑥［用紙設定］ボタン

用紙サイズと向きを設定します。

⑦［その他のオプション］ボタン

ファイル名や日付の印刷などについて設定をします。

MEMO

サイズを独自に修正する

写真サイズを独自に修正して印刷したい場合は、回転ボタンや拡大率スライダーを使用します。

STEP UP

高品質な用紙に印刷する

市販されている写真プリント専用紙や、インクジェット紙を使うと、印刷物がより美しくなります。こうした専用紙を利用する場合は、［プリント］ダイアログボックスの［設定を変更］をクリックして、用紙の種類を選んでおきます。なお、この画面はプリンターによって異なることがあります。

Section
92
複数の写真をまとめて印刷しよう

写真は通常1枚の用紙に1枚を個別にプリントしますが、複数の写真をまとめて一覧にして1枚の用紙に印刷することができます。この印刷方式をピクチャパッケージといいます。なお、macOSではピクチャパッケージ機能は使用できません。

1 ピクチャパッケージで印刷する

❶Elements Organizerを起動しています。

❷ Ctrl を押しながら、まとめて印刷したい複数の写真をクリックして選択します。

❸[ファイル]メニュー→[プリント]の順にクリックします。

HINT

複数の写真を選択する

Elements Organizerで複数の写真を選択するときは、Ctrl（macOSでは command ）を押しながら写真をクリックしていきます。

MEMO

写真を選択せずに印刷すると

写真を1枚も選択していない状態で、[ファイル]メニュー→[プリント]の順にクリックすると、「現在表示されているすべての写真をプリントしてよろしいですか？」と表示されます。アルバム内の写真をすべて印刷したいときなどに利用すると便利です（Sec.16参照）。

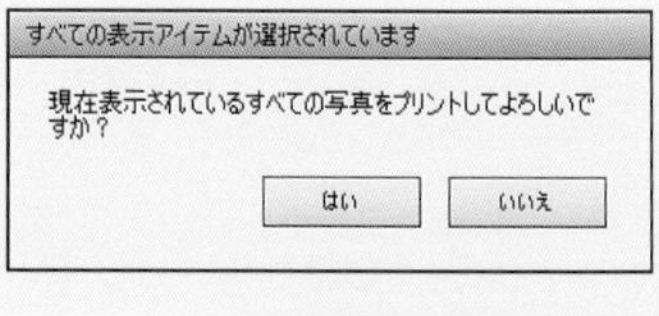

④プリンターを選択して、

⑤用紙サイズを選択します。

⑥[個別プリント]をクリックして、

⑦[ピクチャパッケージ]をクリックします。

⑧ここをクリックして、

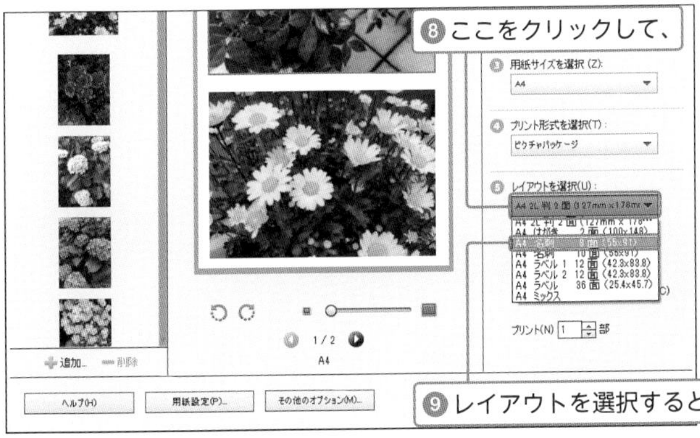

⑨レイアウトを選択すると、

⑩レイアウトが変わります。

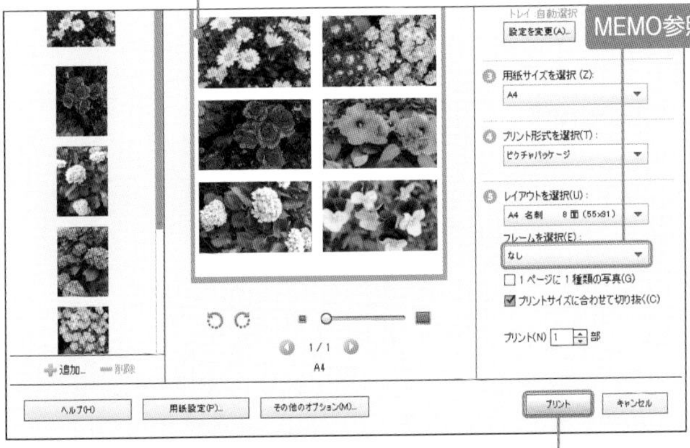

⑪[プリント]をクリックして印刷を実行します。

KEY WORD

ピクチャパッケージ

複数の写真を並べる印刷方式をピクチャパッケージといいます。写真は用紙内に収まるよう縮小されます。ピクチャパッケージでは印刷レイアウトを選択できますが、レイアウトの一覧に表示される内容は、用紙サイズによって変わります。

MEMO

フレームを選択する

手順⑦でピクチャーパッケージを選択すると、フレームを設定できます。[フレームを選択]をクリックして、フレームを選びます。写真の周りをぼかしたり、フレームを付けたりすることができます。

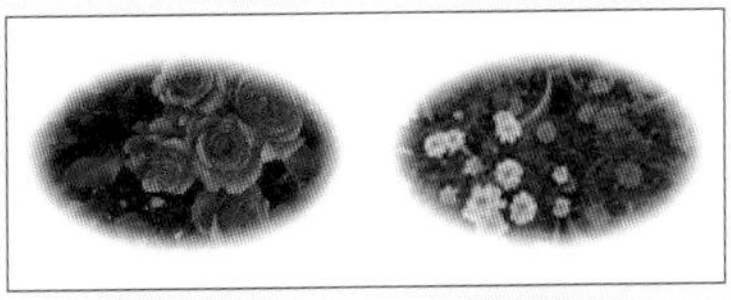

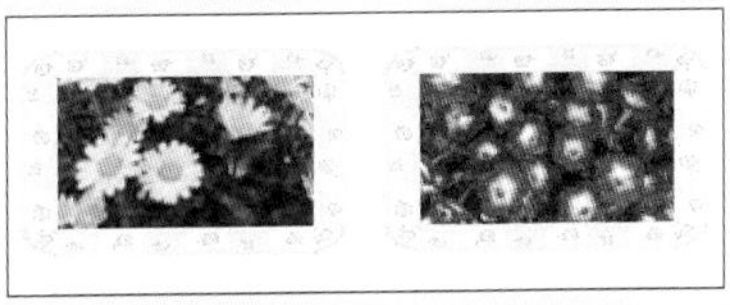

HINT

インデックスプリントとの違い

インデックスプリントでも複数の写真を印刷できますが、写真のカタログを作るのが目的なので、写真は正方形に切り取られます(Sec.93参照)。

Section 93

写真のカタログを作ろう

どんな写真があるのか確認するにはカタログを作っておくとよいでしょう。インデックスプリントを利用すると、最大で横9列までのサムネイルを並べた写真の一覧表を作成できます。写真に日付やファイル名などの要素も一緒に印刷できます。

1 インデックスプリントで印刷する

❶Elements Organizerを起動しています。

❷写真を1枚も選択していない状態で、

❸［ファイル］メニュー→［プリント］の順にクリックします。

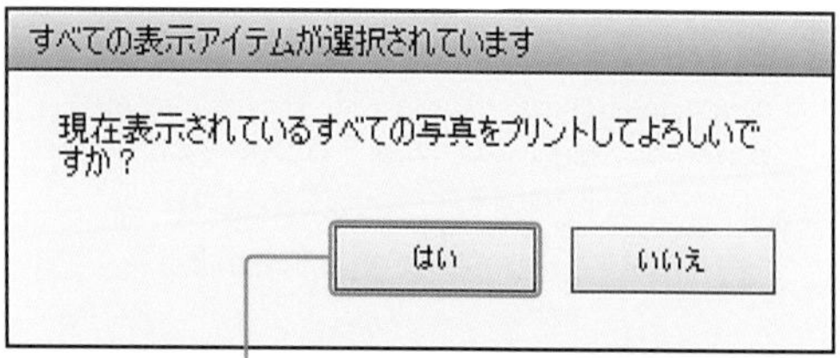

❹［はい］をクリックします。

MEMO インデックスプリント

インデックスプリントは写真の目録を作るときに役立つ印刷方式です。

MEMO macOSではインデックスプリントは使えない

macOSではインデックスプリント機能は使用できません。

HINT 警告が表示される

左の例では写真を選択せずに手順を進めていますが、選択した複数の写真をインデックスプリントで印刷することもできます。

なお、手順❹の画面に続けて下図が表示されることがあります。これはElements Organizerに動画など写真として扱えないファイルが含まれている場合に表示されるもので、［OK］をクリックして手順を進めます。

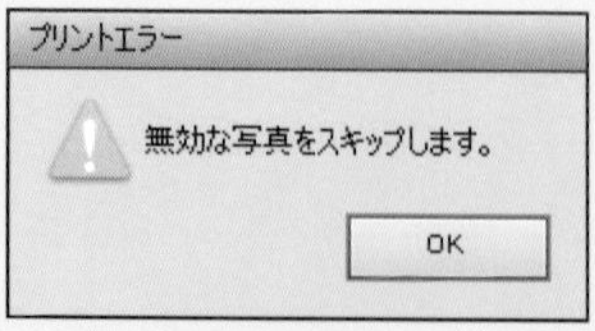

❺すべての写真が読み込まれます。

❻プリンターを選択して、

❼用紙サイズを選択して、

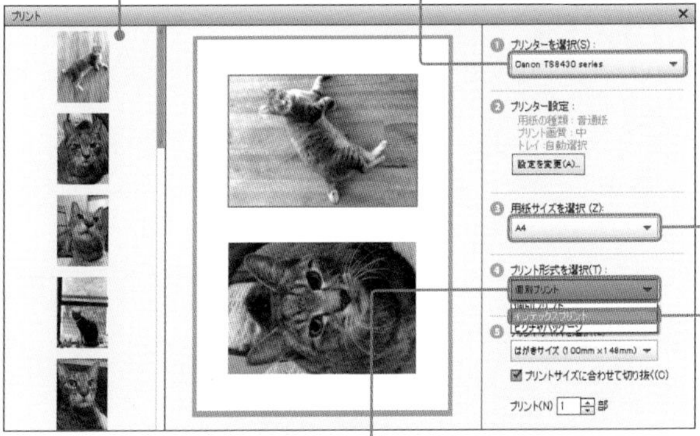

❽［個別プリント］をクリックして、

❾［インデックスプリント］を選択します。

❿レイアウトが変わります。

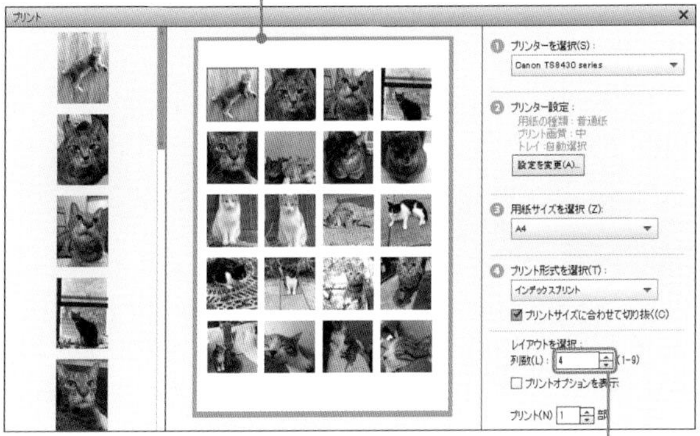

⓫列数を設定すると、

⓬レイアウトが変わります。

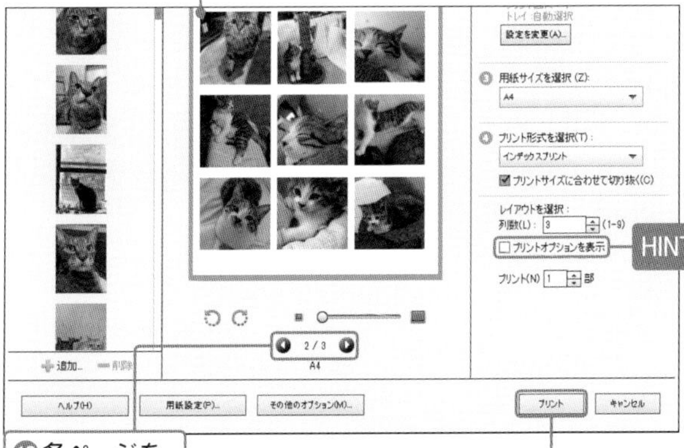

HINT参照

⓭各ページを確認します。

⓮［プリント］をクリックして印刷を実行します。

HINT

写真のファイル名を印刷する

手順❾の［インデックスプリント］を選んだ状態で、［プリントオプションを表示］をオン☑にすると、写真のファイル名や撮影日時なども一緒に印刷することができます。

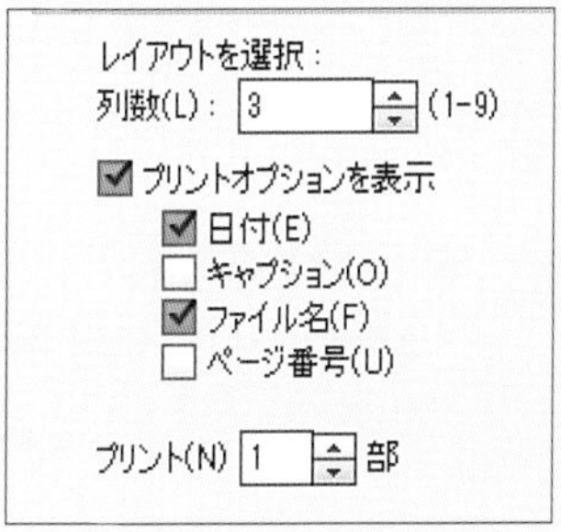

STEP UP

個別プリントにファイル名を付ける

上のHINTはインデックスプリントで日付やファイル名を印刷する方法です。個別プリント（Sec.91参照）で日付やファイル名を印刷するには、［その他のオプション］をクリックして、［その他のオプション］ダイアログボックスを表示して設定します（Sec.94参照）。

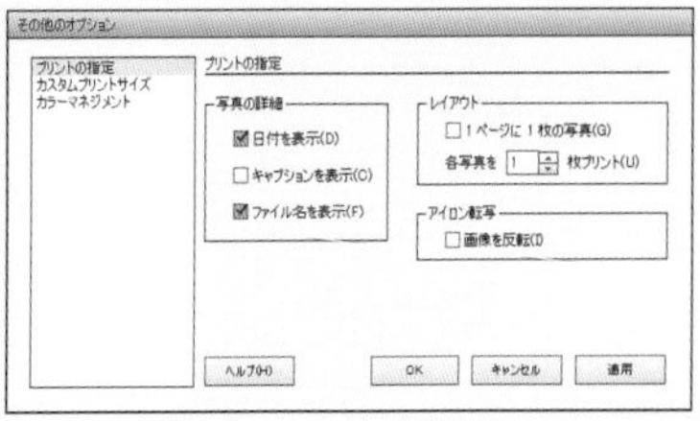

Section

94

日付やファイル名を付けて印刷しよう

写真に付いている日付やキャプション、ファイル名の情報も一緒に印刷したい場合は、[プリント] 画面の [その他のオプション] のプリントの指定で指定します。これらは写真の左下に印刷されます。

1 [プリントの指定] を利用する

❶ Elements Organizerを起動しています。

❷ 印刷したい写真を選択して、

❸ [ファイル] メニュー→[プリント] の順にクリックします。

❹ プリンターを選択して、

❺ 用紙サイズを選択し、

❻ [その他のオプション] をクリックします。

MEMO

印刷オプション

[プリント] ダイアログボックスの [その他のオプション] では、さまざまな印刷オプションを付けることができます。特にここで扱う [プリントの指定] では、以下のオプションが利用できます。

- **写真の詳細**
  日付やキャプション、ファイル名が印刷できます。
- **レイアウト**
  1枚に印刷する写真の枚数を変更できます。
- **アイロン転写**
  反転画像を選択します。

❼ [その他のオプション] 画面が表示されます。

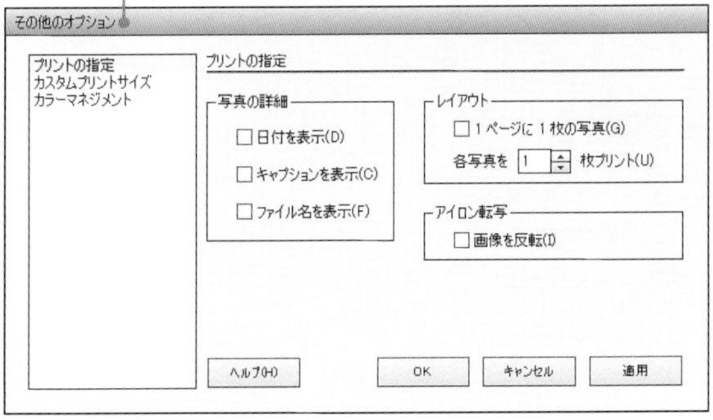

❽ [日付を表示] をクリックしてオンにします。

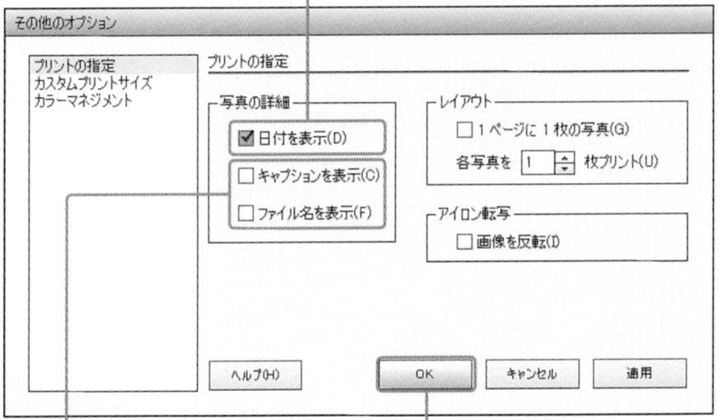

HINT参照

❾ [OK] をクリックします。

❿ 日付が表示されました。

⓫ [プリント] をクリックして印刷を実行します。

HINT

キャプションやファイル名も印刷する

手順❽で [キャプションを表示] や [ファイル名を表示] をオン☑にすると、それらも表示されて印刷されます。なお、キャプションはあらかじめ付けておく必要があります。キャプションの付け方はP.072のHINTを参照してください。

STEP UP

Elements Editorのプリントで利用できる機能

Elements Editorのプリント機能では、ここで紹介する以外の機能も利用できます。Elements Editorの [ファイル] メニュー→ [プリント] の順にクリックして [プリント] ダイアログボックスを表示し、[詳細オプション] をクリックします。[詳細オプション] 画面を開くと、以下のような機能が利用できます。

- **境界線**
  写真に枠線を付けることができます。
- **トリミング用のガイドライン**
  トンボ（写真の四隅のガイドライン）を表示します。

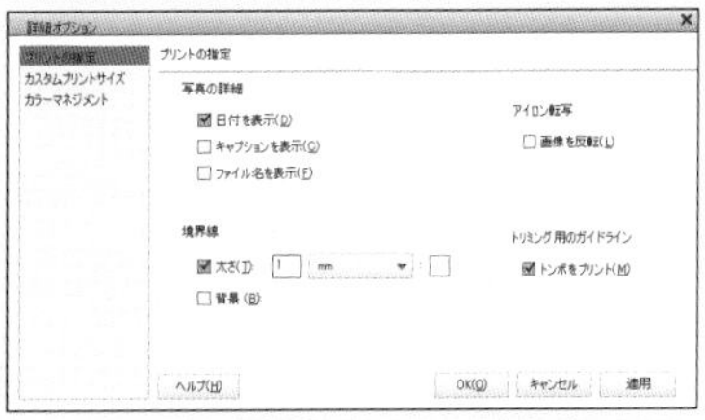

背景や枠線を設定できます。

Section
95

印刷のサイズを自由に調整しよう

写真のサイズに影響を受けずに印刷サイズを変更したい場合は、[プリント] 画面の [その他のオプション] からカスタムプリントサイズを指定します。用紙いっぱいに印刷したり、自由なサイズを指定できたりします。

1 [カスタムプリントサイズ] を利用する

❶Elements Organizerを起動しています。

❷印刷したい写真を開いて、

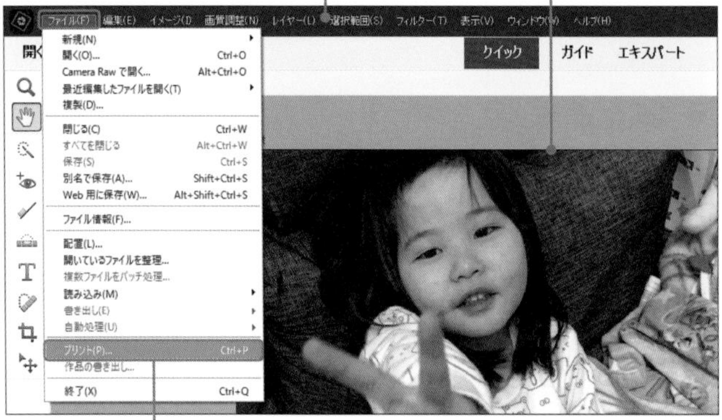

❸[ファイル]メニュー→[プリント]の順にクリックします。

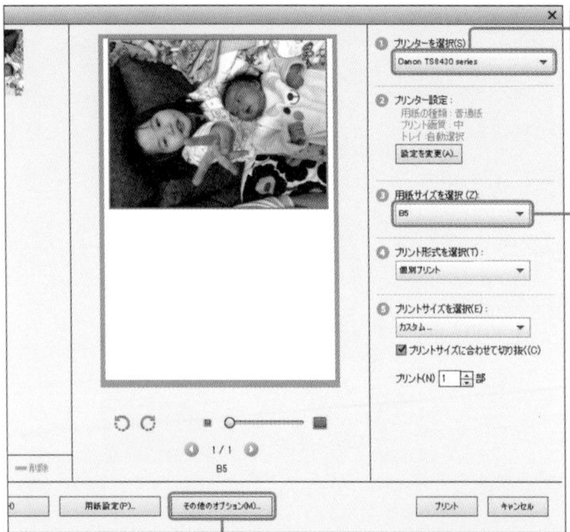

❹プリンターを選択して、

❺用紙サイズを選択し、

❻[その他のオプション]をクリックします。

KEY WORD

カスタムプリントサイズ

[カスタムプリントサイズ] では、印刷の幅と高さをcmやmm単位で指定できます。用紙サイズに合わせて写真を拡大／縮小することもできます（P.269のMEMO参照）。

HINT

[プリント] ダイアログボックスの表示

印刷したい写真を右クリックして、[プリント] を選択しても [プリント] ダイアログボックスを表示できます。

STEP UP

ガイドモードを利用する

プリントサイズを変更する方法は、ここで紹介している方法以外にガイドモードの「写真のサイズ変更」を利用する方法もあります（Sec.102参照）。

❼ [カスタムプリントサイズ]をクリックします。

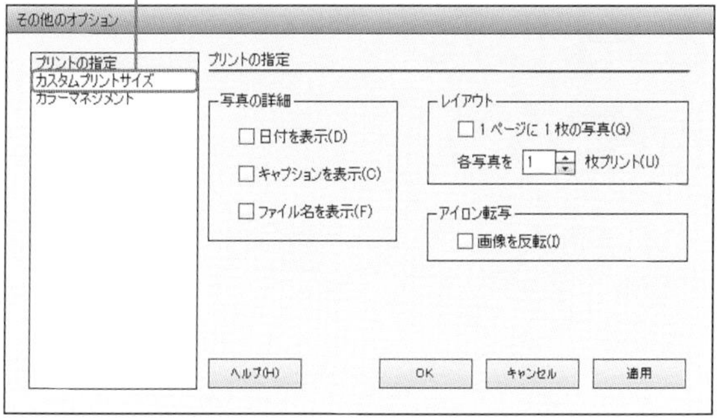

❽ ここに印刷したい大きさの数値を入力します。

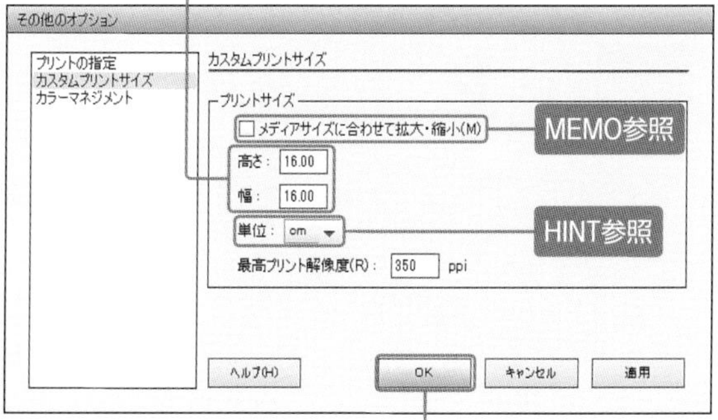

❾ [OK] をクリックします。

❿ 入力した数値に合わせて写真がトリミングされました。

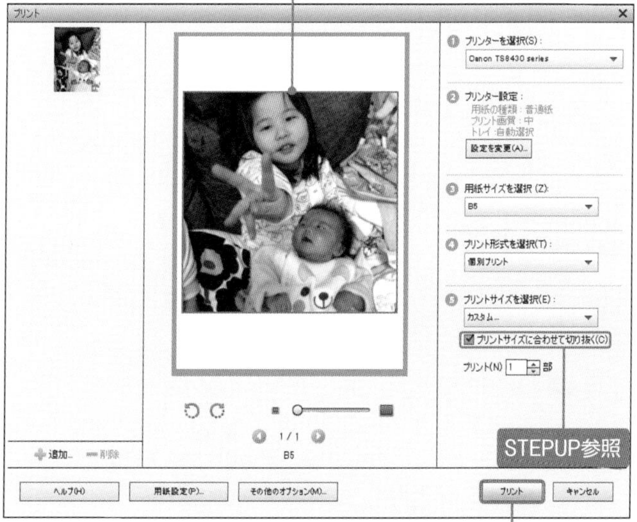

⓫ [プリント]をクリックして印刷を実行します。

MEMO

用紙いっぱいに印刷する

[メディアサイズに合わせて拡大・縮小]をオン☑にすると、印刷用紙いっぱいに印刷できますが、用紙の大きさによっては画像が粗くなることもあるので注意しましょう。

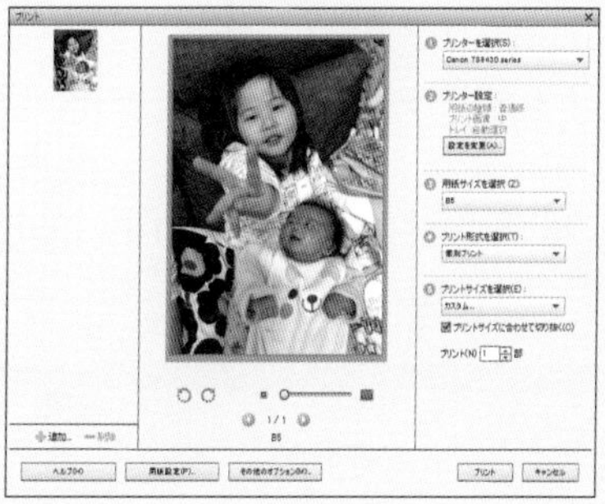

HINT

印刷の大きさの単位

印刷の大きさの単位は、inch、cm、mmから選択できます。

STEP UP

トリミングなしにもできる

[プリントサイズに合わせて切り抜く]をクリックしてオフ□にすると、用紙よりも写真のサイズが大きいときには写真のトリミングは行われず、高さと幅いずれかに合わせた画像になります（下の画像の場合は高さに合わせています）。

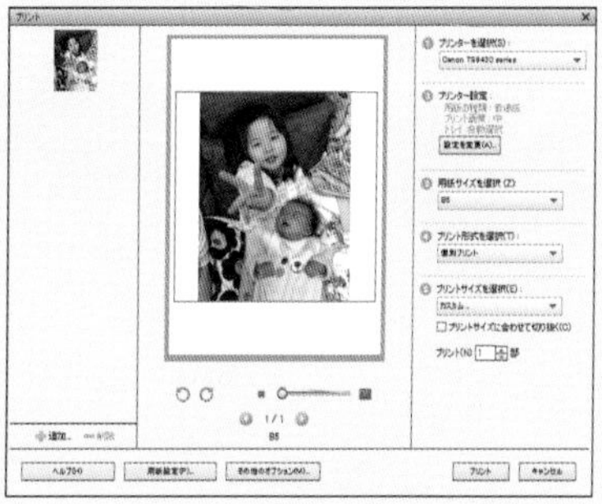

Section
96

写真を活用したはがきを作ろう

ここから数ページにわたって、写真を使用したはがきの作成とはがきの印刷方法解説します。はがきは年賀状を例に作成します。使いたい写真を用意しておきましょう。ここでは、大まかな操作の流れを紹介します。

1 はがきサイズの画像を作成する

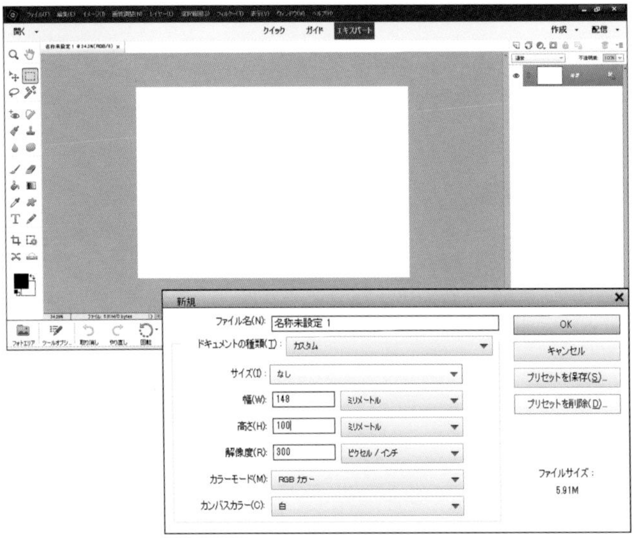

MEMO

画像の新規作成

郵政はがき（旧官製はがき）のサイズは、100mm×148mmです。横長で作成したい場合は幅148mm、高さ100mmと指定します。

2 フレームを使って写真を配置する

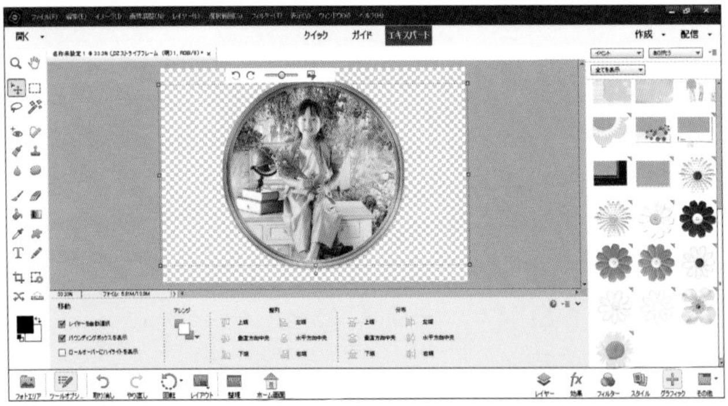

MEMO

フレームの利用

[グラフィック] パネルから利用できる「フレーム」を利用すると、額縁を配置してその中に写真を読み込むことができます。複数の写真を読み込むことも可能です。

3 背景を設定する

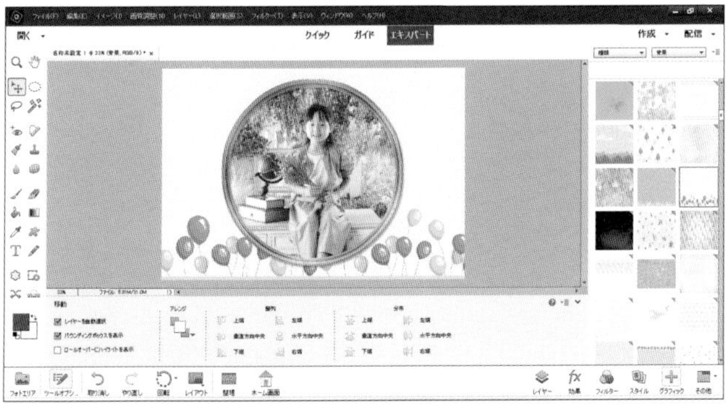

MEMO

背景の設定

[グラフィック] パネルには、背景用の画像も用意されています。ダブルクリックするだけで「背景」レイヤーに適用してポストカードの背景にすることができます。

4 文字を書き込む

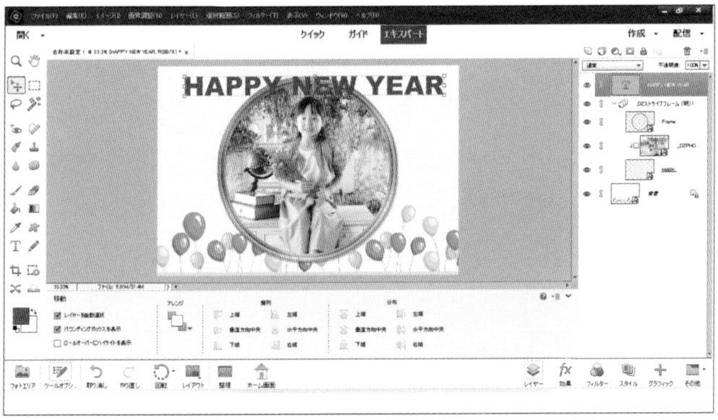

MEMO

文字の書き込み

文字の書き込みには、文字ツールを利用します。タイトルやメッセージなどに合わせて、フォントの種類、サイズ、色を指定します。

5 イラストを追加する

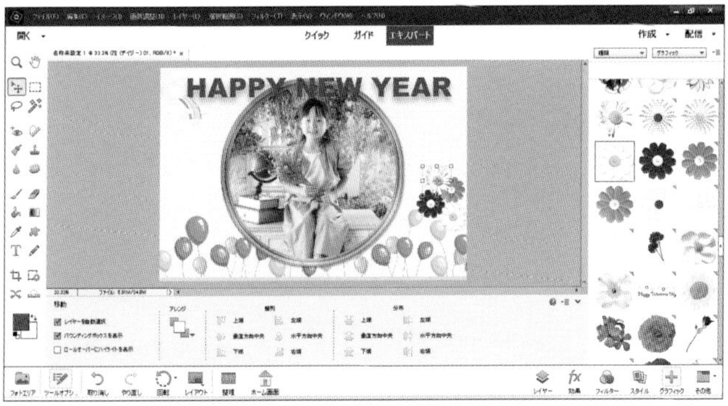

MEMO

イラストの追加

Photoshop Elementsには、多数のイラストが用意されています。用途に合わせて、はがきを飾ることができます。

Section 97

はがきサイズの画像を作成しよう

最初に、はがきサイズの画像を新規作成しましょう。ここでは、一般的な郵便はがきのサイズを指定して、横長にします。ほかのサイズや配置を指定したい場合は、必要に応じて変更してください。

1 画像を新規作成する

❶ Elements Editorを起動して、エキスパートモードにしておきます。

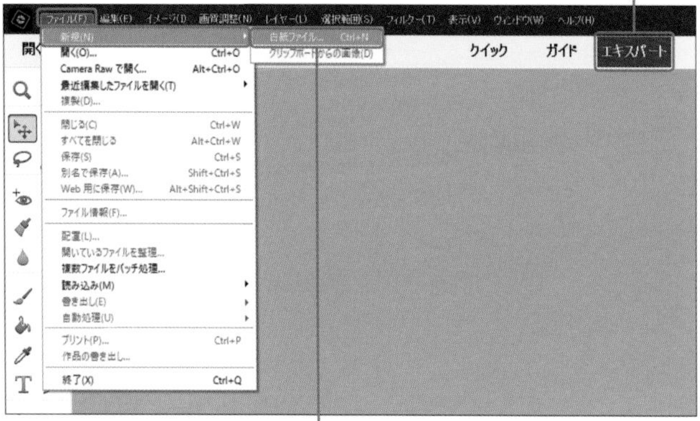

❷［ファイル］メニュー→［新規］→［白紙ファイル］の順にクリックします。

❸ ここをクリックして、

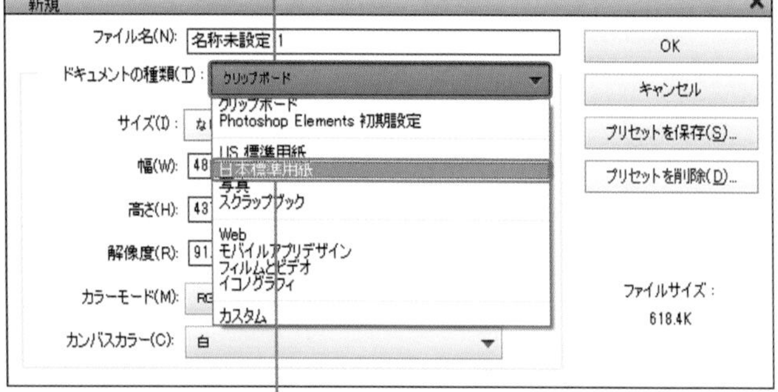

❹［日本標準用紙］をクリックします。

MEMO **用紙サイズの選択**

郵政はがき（官製はがき）やA4、B4などの一般的な用紙サイズは、［新規］ダイアログボックスのリストから選んで指定することができます。日本で使われる一般的な用紙サイズにするには、［プリセット］の一覧から［日本標準用紙］を選択します。

HINT **クリップボードから作成する**

［ファイル］メニュー→［新規］→［クリップボードから］の順にクリックすると、現在クリップボードにコピーされている画像と同じサイズの新規画像を作成できます。

❺ [サイズ] で [ハガキ] を選択すると、

❻ 自動的に幅と高さが設定されます。

❼ 幅と高さの値を入力して入れ替えて (MEMO参照)、

❽ [OK] をクリックすると、

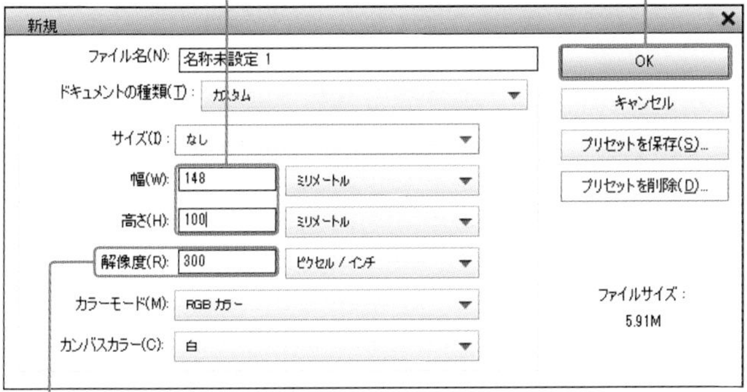

HINT参照

❾ はがきサイズの画像が作成されます。

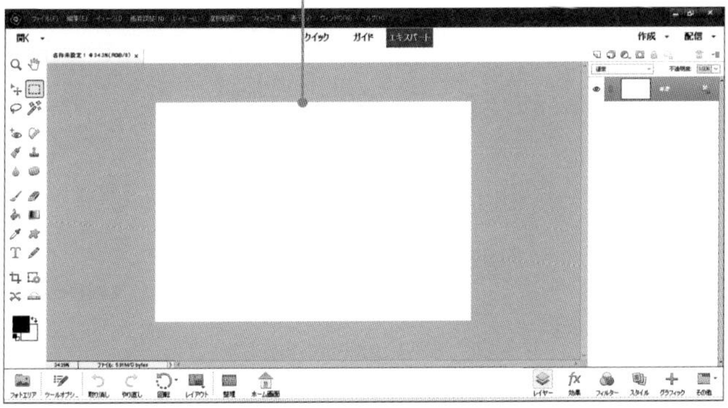

MEMO

横長のはがきにする

[サイズ] から [ハガキ] を選択すると、縦長のはがきサイズが設定されるので、横長にしたい場合は幅と高さを入れ替えてください。

HINT

解像度の設定

解像度とはピクセルの密度のことで、一般的にpixel/inch (ppi=1インチあたりのピクセル数) という単位で表されます。初期設定の300で通常は問題ありません。

Section

98

フレームを選んで写真を挿入しよう

Photoshop Elementsのエキスパートモードの［グラフィック］パネルでフレームを開きます。用意されているデザインから年賀状に合ったフレームを選びましょう。フレームの中に写真を挿入して、さらに背景を設定します。

BEFORE　白紙の状態から年賀状の基礎を作りたい。

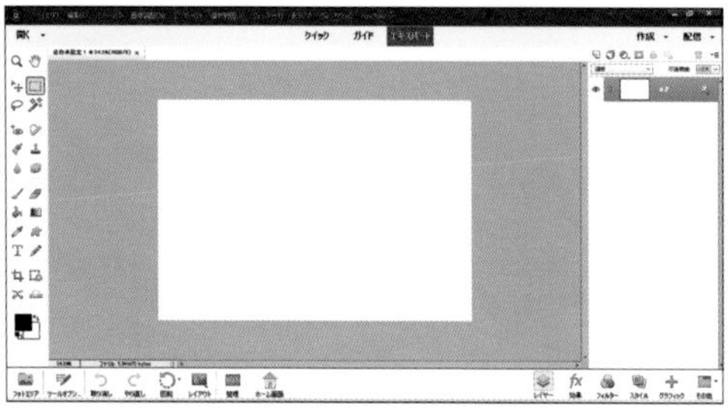

AFTER　写真とフレーム、背景を配置できた。

1 フレームを配置する

❶P.273のはがき画像を表示します。

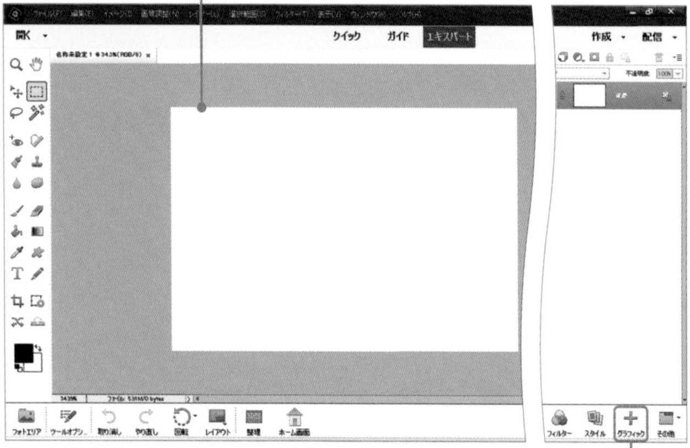

❷［グラフィック］をクリックします。

KEYWORD

［グラフィック］パネル

［グラフィック］パネルからは、フレーム、背景、イラストなどのさまざまな素材を配置できます。これらはパネル上のサムネイルをダブルクリックするだけで、かんたんに画像上に配置できます。

HINT参照

❸ここをクリックして、

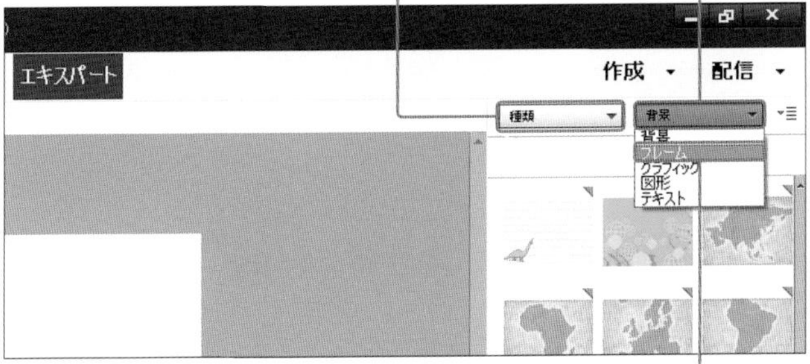

❹［フレーム］をクリックします。

❺目的のフレームをダブルクリックすると、

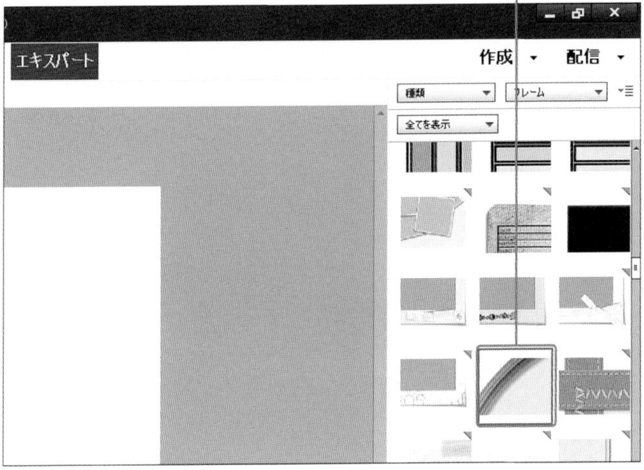

フレームがダウンロードされます。
表示されるまでに時間がかかることがあります。

❻フレームが画像上に配置されます。

❼［フレーム内に配置する新しい写真を取得］をクリックします。

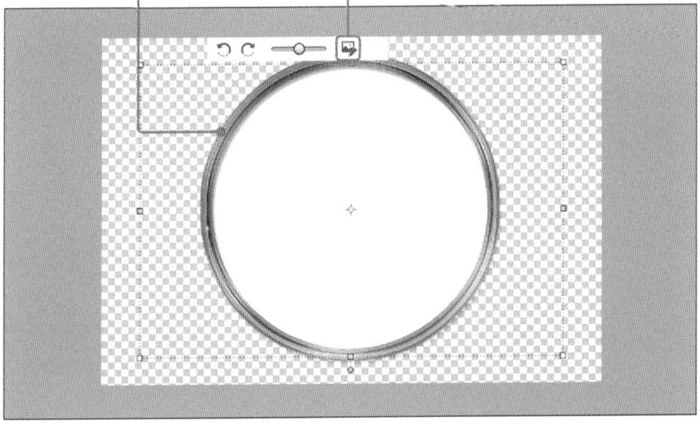

KEY WORD

フレーム

フレームは中に写真を挿入できる額縁のようなものです。選択中はスライダーが表示され、ドラッグして挿入した写真の拡大率を調整することができます。ここでは1つのフレームしか配置していませんが、複数のフレームを配置することもできます。

MEMO

ダウンロードが必要な素材

右上に青い三角が付いた素材は、ダウンロードが必要です。はじめて利用するときに自動的にダウンロードされるため、インターネットに接続しておく必要があります。

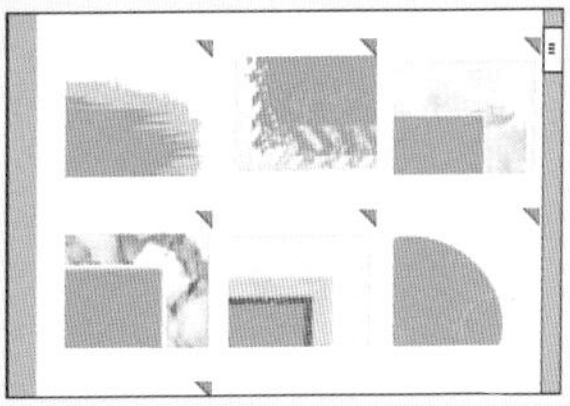

HINT

［グラフィック］パネルの分類

［グラフィック］パネルの左のリストでは素材の分類方法を選択できます。たとえば［イベント］を選択した場合、「お祝い」や「学校」などのシチュエーション別の分類で素材を選べるようになります。

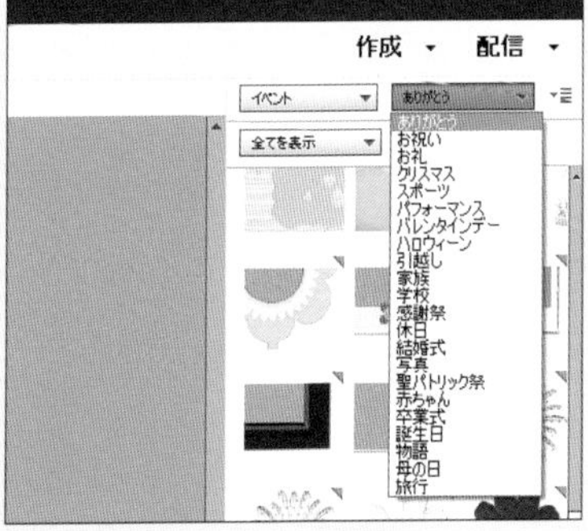

❽写真を選択して、

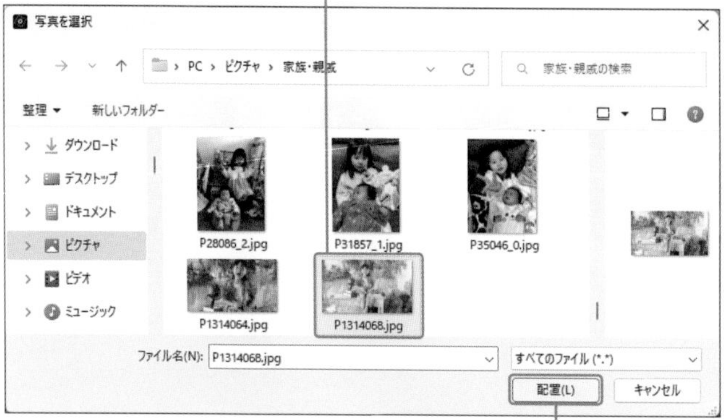

❾[配置]をクリックすると、

❿写真が挿入されます。

⓫スライダーをドラッグして、

右下のHINT参照

⓬写真のサイズを調整し、

⓭ここをクリックして確定します。

HINT

写真の加工は先に済ませておく

フレームに読み込む写真は、あらかじめ補正や加工を済ませておきましょう。

MEMO

写真のサイズと位置の調整

フレームに挿入した写真のサイズは、選択中に表示されるスライダーで調整できます。また、写真上をドラッグして位置を微調整できます。スライダーの横の回転ボタン をクリックすると、写真を90°ずつ回転させることができます。

HINT

写真を変更する

いったん確定した後で写真を変更したくなった場合は、フレームをダブルクリックするとスライダーとボタンが表示されるので、 をクリックします。

⑭移動ツールを選択して、

⑮フレームのサイズと位置を調整します。

⑯ここをクリックして、確定します。

MEMO

フレームサイズと位置の調整

移動ツール に切り替えると、フレームのサイズを調整することができます。フレーム内の写真も一緒にサイズ変更されます。 をクリックして確定します。

2 背景を設定する

❶ここをクリックして、

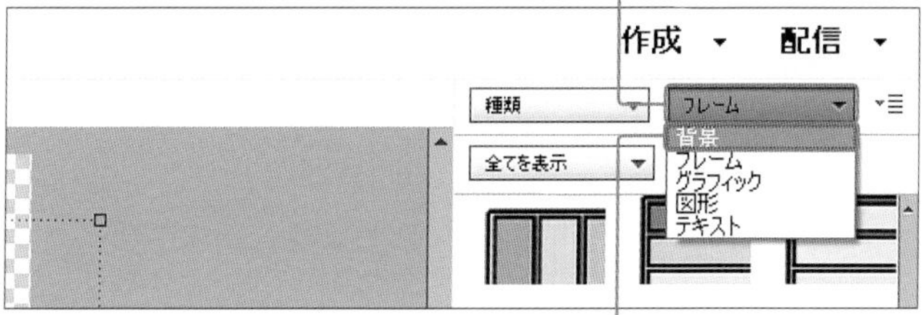

❷[背景]をクリックします。

❸目的の背景をダブルクリックすると、

❹背景が設定されます。

MEMO

背景の設定

[グラフィック]パネルで[背景]を選択すると、画像の背景を設定することができます。背景は最背面の「背景」レイヤーに設定されます。

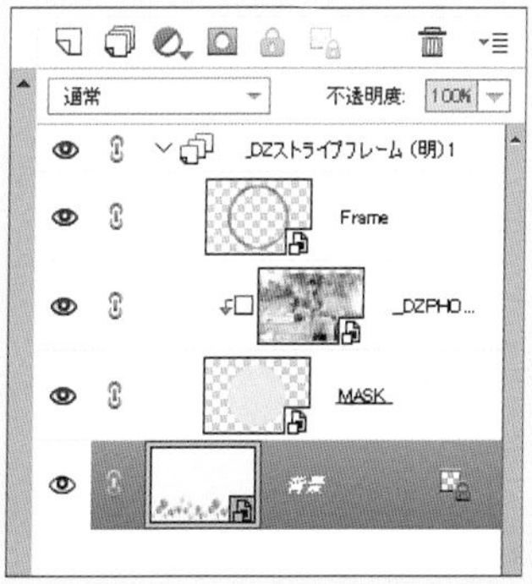

Section

99

はがきに文字を書き加えよう

文字ツールを利用して、はがきに文字を書きます。最初にフォントやサイズを指定して、文字を書き、移動ツールで文字を配置します。なお、[グラフィック] パネルにも文字が用意されているので利用してもよいでしょう。

BEFORE　はがきに文字を書き込みたい。

AFTER　年賀状用のメッセージができた。

1 文字を入力する

❶ [横書き文字ツール] をクリックして、

❷ ツールオプションバーを表示します。

❸ フォントや文字サイズを設定して、

❹ ここをクリックします。

MEMO

文字の入力

ここでは横書きの文字を入力するため、[横書き文字ツール] を使用しますが、縦書きを入力したい場合は、ツールオプションバーで [縦書き文字ツール] をクリックします。フォントとサイズや文字色は設定しますが、行送り以外はそのままにしておいてかまいません。

❺文字の色を指定します。

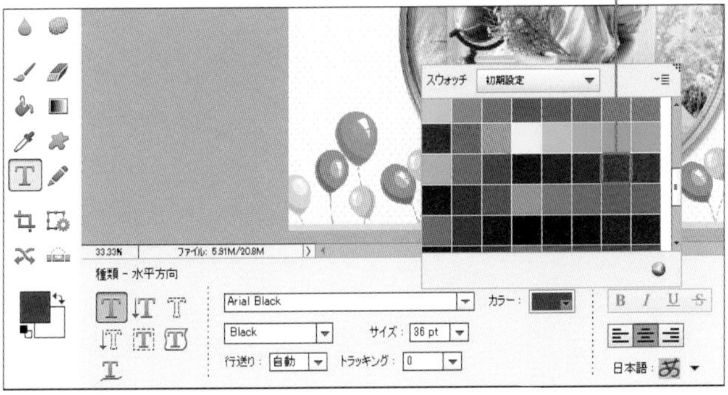

❻文字を入力したい位置をクリックします。

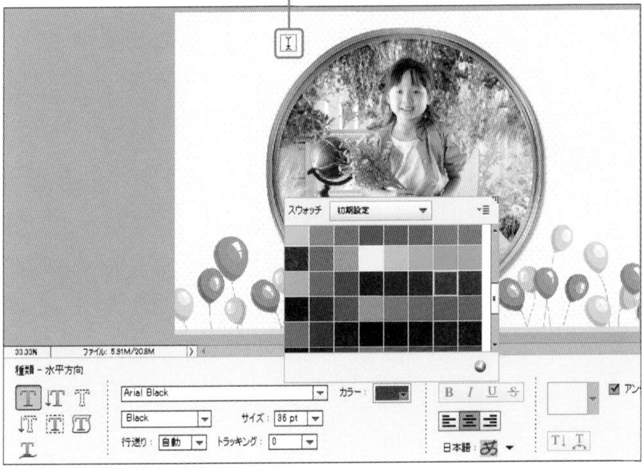

❼文字を入力して、

❽ここをクリックして確定します。

MEMO

文字サイズと位置の調整

文字サイズは、文字ツールのツールオプションバーで数値指定することもできますが、移動ツールを使って拡大／縮小を行う方が、マウスで直感的に調整することができ、さらにサイズの調整も同時に行えます。ポストカード作成など全体のデザインバランスを考えながらの作業にはこちらの方が向いています。また、四隅のハンドルの外側をドラッグすることで、文字の回転も行えます。

HINT

文字の色指定

手順❺の文字の色指定を省略して、後から指定することもできます。文字を確定してから、文字を選択して、[その他]から[スウォッチ]パネルで色を指定します。これは文字の色を後から変更する場合も同様です。

HINT

文字の書式を個別に指定する

ここでは、すべての文字を同じフォント、色にしていますが、文字を入力後に、文字や単語単位で選択して、個別に指定することができます。

2 文字を配置する

❶移動ツールを選択して、

❷文字をドラッグして移動します。

❸文字を配置したら、

❹ツールオプションの[アレンジ]をクリックして、

❺[最前面へ]をクリックします。

❻文字が写真の上に配置されました。

MEMO 文字と写真の配置

入力した文字が写真の周りに配置される場合は、手順❹、❺の操作は必要ありません。文字が写真にかかる場合は、前面に配置しておくとよいでしょう。

HINT レイヤーの順番

[レイヤー]をクリックして[レイヤー]パネルを表示すると、設定してきた写真やフレーム、イラストなどが1枚ずつのレイヤーで構成されているのがわかります。前後の配置を移動したい場合、ここでは文字レイヤーを一番上にドラッグしても、最前面に配置できます。

3 文字のスタイルを指定する

❶文字を選択してから、

❷[レイヤー] メニュー→[レイヤースタイル]→[スタイル設定] の順にクリックします。

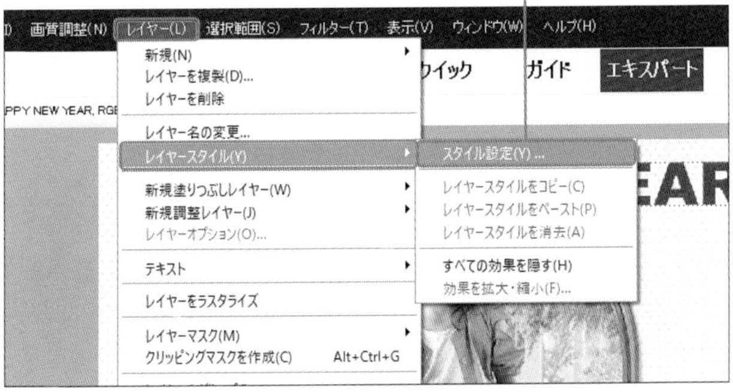

❸[ドロップシャドウ] をクリックしてオンにし、

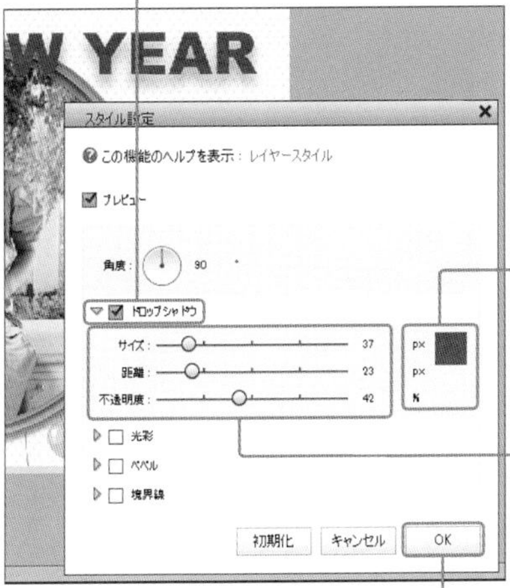

❹カラーをクリックして色を選択します。

❺プレビューを見ながらスライダーで調整します。

❻[OK] をクリックすると、

❼文字に影が付きます。

❽文字にスタイルを設定できました。

MEMO

レイヤースタイルの表示

レイヤースタイルの各種項目は、文字をクリックして選択した状態でないと表示されません。

KEYWORD

ドロップシャドウ

レイヤースタイルのドロップシャドウは画像や文字に影を付ける設定です。[サイズ] で影の大きさを、[距離] でもとの画像からの距離を設定し、[不透明度] で影の濃さを調整します。また、[角度] の円上をドラッグして影ができる向きを指定します。カラーをクリックして、色の選択画面で指定します。

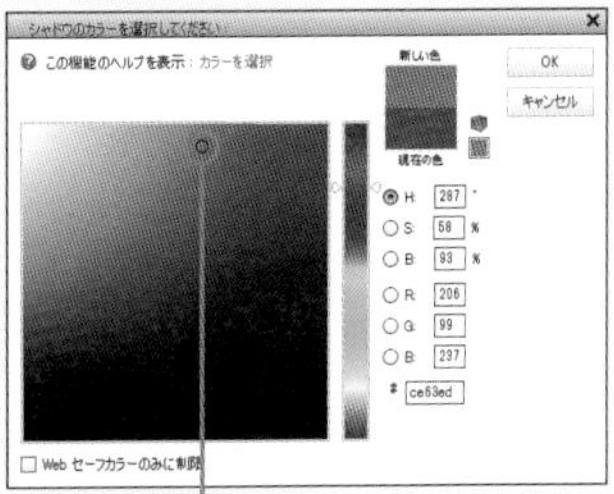

文字に合う影の色を指定します。

HINT

スタイル設定はリアルタイムで反映される

[スタイル設定] ダイアログボックスでの設定は、[プレビュー] をオンにして編集画面上の結果を見ながら設定することができます。もし、設定を取りやめたくなった場合は、[キャンセル] をクリックしてダイアログボックスを閉じれば、設定前の状態に戻ります。

9 写真を印刷しよう

Section
100
はがきにイラストを追加しよう

背景がさびしいときは、イラストを追加してみましょう。Photoshop Elementsのエキスパートモードの［グラフィック］パネルでグラフィックを開きます。イラストを挿入して、サイズを変更し、移動ツールで配置します。

BEFORE はがきにもっと飾りを付けたい。

AFTER 楽しいはがきに仕上がった。

1 ［グラフィック］パネルからイラストを貼り付ける

❶［グラフィック］をクリックしてパネルを表示し、

❷ここをクリックして、

❸［グラフィック］をクリックします。

MEMO
グラフィック

［グラフィック］パネルから［グラフィック］をクリックすると、イラスト素材が表示されます。

❹目的のイラストをダブルクリックすると、

❺はがき上にイラストが配置されます。

❻移動ツールを選択して、

❼移動して、サイズと位置を調整します。

❽ほかのイラストも同様にして配置します。

MEMO

サイズの調整

イラストのサイズを変更したい場合は、移動ツール で調整します。拡大／縮小中はイラストが粗く表示されますが、確定するときれいになります。

HINT

イラストを削除する

配置したイラストが不要になった場合は、イラストを選択した状態で Delete を押して削除できます。何度もやり直せるので、気に入ったイラストを配置してみましょう。

Section
101

はがきを印刷しよう

年賀状が完成したら、印刷してみましょう。作成した年賀状をPhotoshop形式で保存してから、印刷を実行します。また、プリントサービスを利用することも考慮して、レイヤーを統合し、JPEG形式などで保存しておくとよいでしょう。

1 保存して印刷する

❶［ファイル］メニュー→［保存］の順にクリックします。

❷ファイル名を入力して、

HINT参照

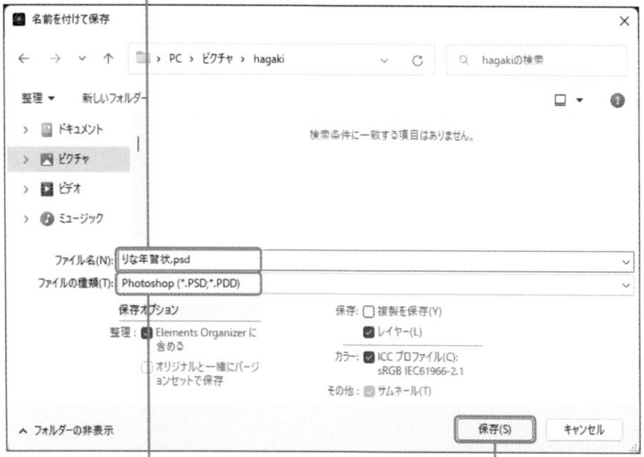

❸Photoshop形式が
選択されていることを確認し、

❹［保存］をクリックします。

MEMO

2種類の形式で保存する

プリントサービスを利用する場合は、Photoshop形式のファイルでは受け付けてもらえないことが多いため、より一般的なJPEG形式で保存します。ただし、JPEG形式で保存すると、レイヤー（Sec.55参照）が失われるため、後からテキストやフレームを編集できなくなります。ここでは、先にPhotoshop形式で保存してからJPEG形式で保存します。

HINT

［Web用に保存］の利用

［ファイル］メニューの［Web用に保存］を利用してもJPEG形式で保存することができます（Sec.103参照）。この方法で保存すると、もとのPhotoshopファイルが失われる心配がありません。

❺［ファイル］メニュー→［プリント］の順にクリックして、

❻使用するプリンターを選択します。

❼［はがき］を選択します。

❽［実サイズ］にします。

❾［プリント］をクリックして印刷します（Sec.91参照）。

MEMO　はがきのプリント

プリンターではがきに印刷する場合も、印刷の手順自体は変わりません。用紙サイズでははがきを選択しますが、プリンターによっては紙の端ぎりぎりまで印刷する「縁なし印刷（borderless）」ができる場合があります。それを利用する場合は、用紙サイズで適切なものを選択してください。

② JPEG形式で保存する

❶［ファイル］メニュー→［別名で保存］の順にクリックします。

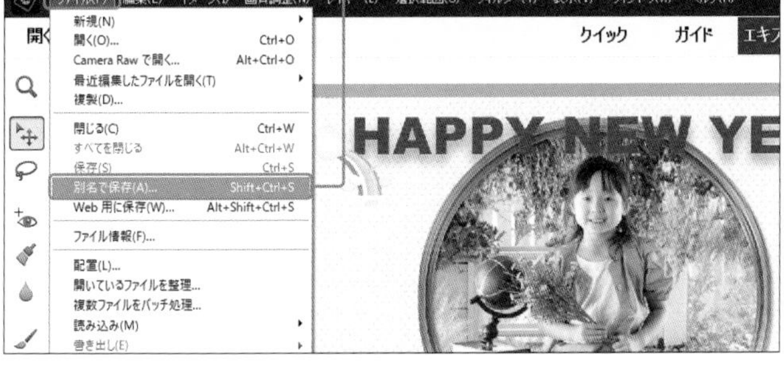

MEMO　別名で保存

別名で保存を選択すると、つねにファイル名を変えて保存することになります。もとのファイルに上書き保存したくない場合に利用します。

❷ファイル名を入力して、

❸［JPEG］を選択し、

❹［保存］をクリックします（MEMO参照）。

MEMO

画質の設定

手順❹の後に表示される画面で、画質などを設定します。画質の設定がわからない場合は、そのまま［OK］をクリックしてかまいません。自動的に適切な画質が設定されます。

STEP UP

レイヤーを統合して保存する

レイヤーを統合して1枚の画像として保存することもできます。保存を実行すると、レイヤーがすべて最背面のレイヤー（ここでは「背景」）にまとめられます。ただし、レイヤーとしての操作ができなくなるので、誤って上書き保存しないよう注意してください。

❶［レイヤー］メニュー→［画像を統合］の順にクリックすると、

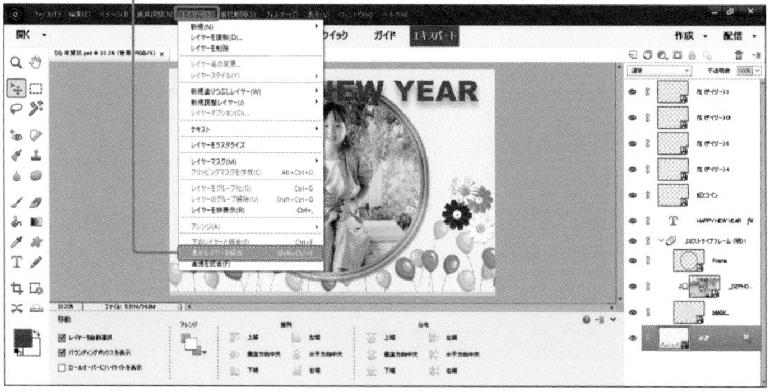

❷レイヤーが統合されます。

Chapter

10

大切な写真を保存・公開しよう

写真をパソコン内に保存しておくと、パソコンのトラブル等によってデータを失くす恐れもあるので、外部に保存しておくことをお勧めします。ここでは、写真の管理のほか、公開用写真の保存方法、さらにフォトコラージュやスライドショーの作成方法を紹介します。

Section
102

写真のサイズを変更しよう

画素数が高いデジタルカメラから取り込んだ写真は、ピクセル数が多い大きなサイズの写真となります。印刷したり、Webページで表示させたりする場合は、ファイルのサイズや解像度を下げたほうがよいでしょう。

1 用紙に合わせて写真を小さくする

❶写真をElements Editorで開いておきます。

❷［ガイド］の［基本］をクリックし、

❸［写真のサイズ変更］をクリックすると、

❹［写真のサイズ変更］パネルが表示されます。

MEMO

写真ファイルのサイズを小さくする

画素数の高いデジタルカメラで撮影した写真は、ファイルサイズが大きくなります。高品質ですが、Webページで表示する際の画像の読み取りや、印刷に時間がかかったりしてしまいます。
ここでは、写真のファイルサイズを下げる方法を2通り紹介します。1つは、ガイドモードを利用して、プレビュー画面を見ながらプリントサイズを直感的に変更できる、最も手軽な方法です。もう1つは、［画像解像度］ダイアログボックスを利用して、ピクセル数（画素の最小単位）を下げることで解像度を変更し、ファイルサイズを下げる方法で、より細かな調整が行えます。
なお、Webページ用のファイルサイズ縮小については、［Web用に保存］ダイアログボックスを利用する方法もあります（Sec.103参照）。

❺［プリント］をクリックして、

❻ここをクリックし、

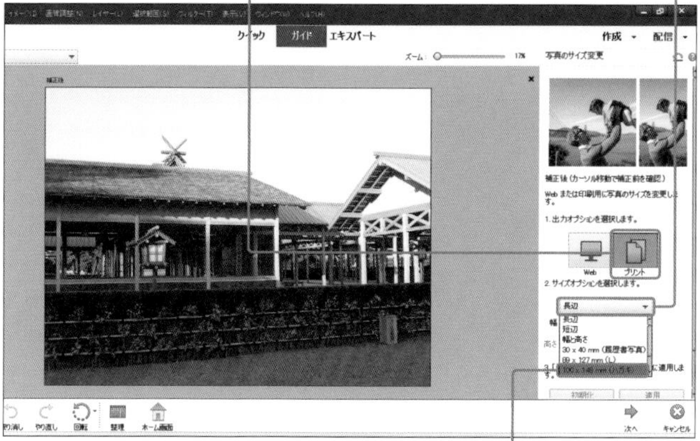

❼［100×148cm(ハガキ)］をクリックします。

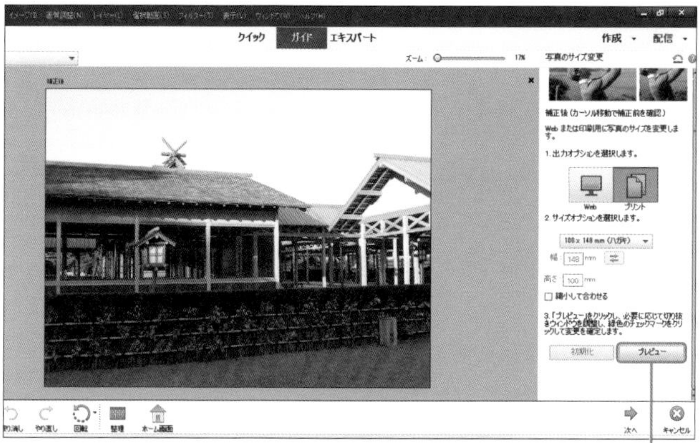

❽［プレビュー］をクリックすると、

❾プレビュー画面が
表示されます。

❿ドラッグして印刷範囲を
選択できます。

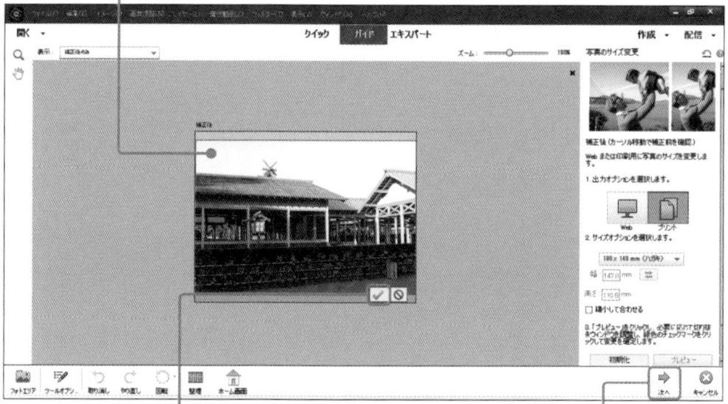

⓫決定したらここを
クリックします。

⓬［次へ］をクリックして保存します
(P.185参照)。

MEMO

サイズの選択と変更

［プリント］をクリックして、印刷用にサイズを変更することができます。［Web］をクリックすると、Web表示用にサイズ変更することができます。設定できるサイズオプションは、「長辺」「短辺」「幅と高さ」「ファイルサイズ」です。「ファイルサイズ」では最大サイズをキロバイト単位で直接入力して指定できます。

ファイルサイズを下げることも
かんたんにできます。

HINT

最初の状態に戻す

［初期化］をクリックすると、最初の状態に戻ります。

② 画像解像度を変えて写真を小さくする

❶写真をElements Editorで開きます。

❷[イメージ] メニュー→ [サイズ変更]
→[画像解像度] の順にクリックすると、

❸ [画像解像度] ダイアログボックスが表示されます。

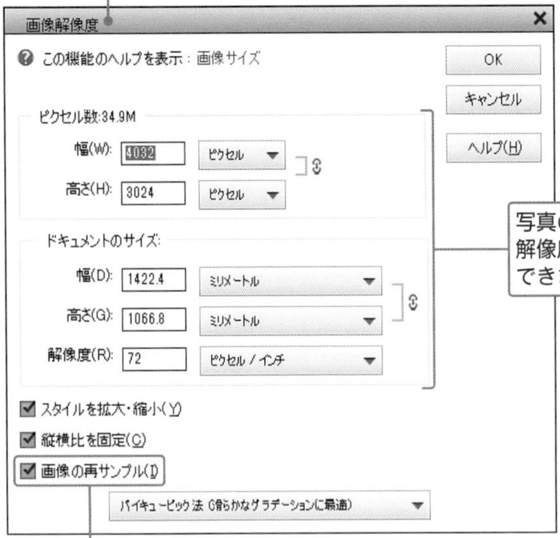

写真の現在の解像度を確認できます。

❹ [画像の再サンプル] がオンになっていることを確認します。

KEYWORD **ピクセル**

ピクセルとは画素の最小単位のことです。解像度はピクセルが1インチ単位（per/inch）にどれほど含まれているのかを示しています。ピクセル数（解像度）が多いほど、高品質ですが容量の大きいデータになります。ここではピクセル数を調整することで解像度を変更しています。

HINT **ピクセル数とドキュメントのサイズ**

手順❸の画面の［ピクセル数］グループの数値は、写真（画像）の横と縦にそれぞれいくつのピクセルが並んでいるかを示しています。また、［ドキュメントのサイズ］グループの数値は、印刷時の写真の幅と高さを示しています。
画面に表示される画像サイズは、［ピクセル数］の値の変更に合わせて拡大／縮小されます。

KEYWORD **再サンプル**

「再サンプル」とは、画像のサイズ変更時にピクセル数を増減することです。再サンプルでサイズを拡大／縮小する場合、現在あるピクセルの色を混ぜ合わせて、新しいピクセルの色が決められます。こうすることで画像の拡大／縮小にともなうピクセルの増減が自然に見えます。なお、再サンプルでピクセル数を増やしても、もとの画像より画質が上がることはありません。

❺ピクセル数の[幅]と[高さ]を変更し、

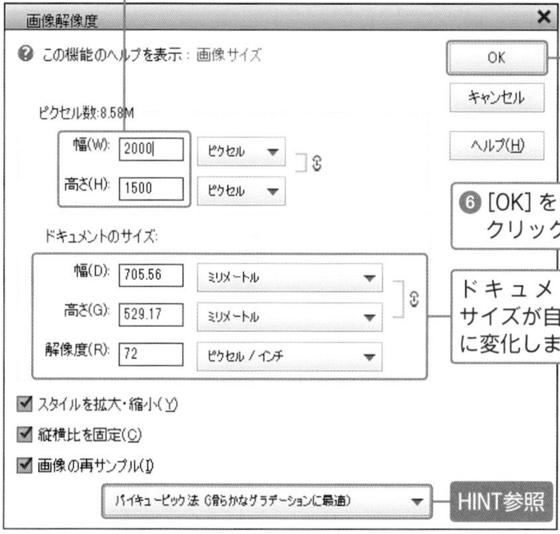

❻[OK]をクリックすると、

ドキュメントサイズが自動的に変化します。

HINT参照

❼解像度が変更され、画像サイズが縮小されます。

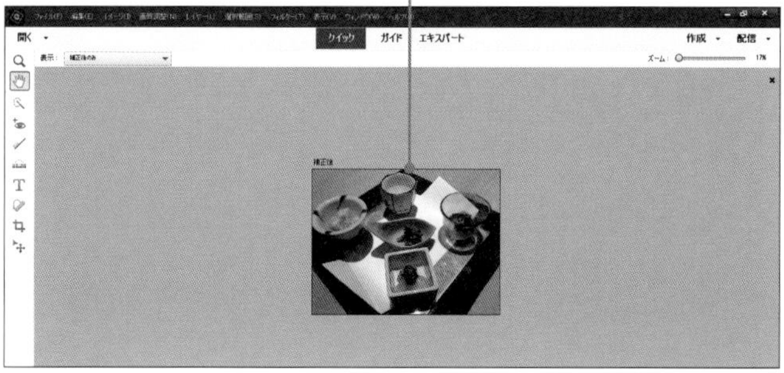

MEMO

再サンプルの方式

再サンプルの方式には、4種類あります。一般的に写真では「バイキュービック法」が用いられます。

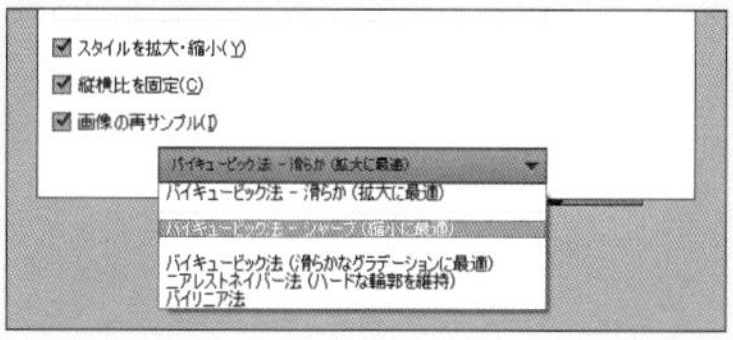

HINT

再サンプルを行わずに解像度を変更する

[画像解像度]ダイアログボックスで[画像の再サンプル]をオフにすると、解像度やドキュメントのサイズを変更しても、ピクセル数が変わりません。画質を保ったまま印刷時のサイズを変更したいときに利用します。

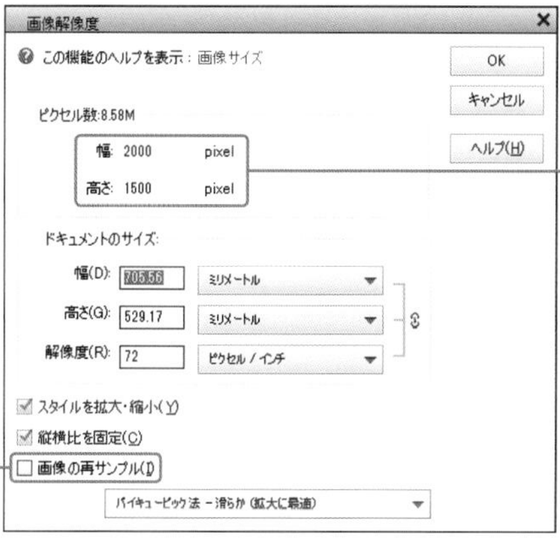

❶[画像の再サンプル]をオフにすると、

❷ピクセル数が固定されます。

Section
103
Webページ用に写真を保存しよう

写真をブログなどのWebページに載せたり、Facebookやインスタグラムなどの SNSに投稿したりする場合は、ファイルサイズを小さくするために最適化して保存します。最適化にはWeb用に保存を利用します。

1 ［Web用に保存］ダイアログボックスを表示する

❶Web用に保存したい写真をPhotoshop Editorで開き、

❷［ファイル］メニュー→［Web用に保存］の順にクリックします。

❸［Web用に保存］ダイアログボックスが表示されます。

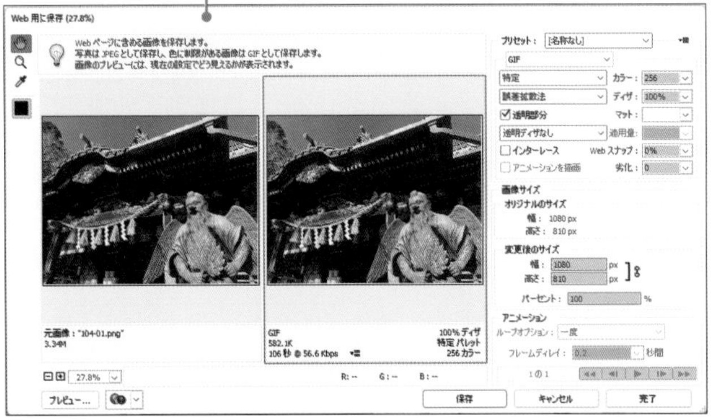

KEY WORD
GIF形式、PNG形式、JPEG形式

［Web用に保存］ダイアログボックスでは、次の3種類のファイル形式で保存できます。

①GIF形式
少ない色数でファイルサイズを抑えられ、イラストやロゴに適しています。

②JPEG形式
ファイルサイズを小さく抑えつつ、きれいに写真を保存するのに適しています。

③PNG形式
高い圧縮率が特長のファイル形式で、色数が少ないPNG-8形式と、フルカラーのPNG-24形式があります。フルカラーにするとJPEG形式よりファイルサイズが大きくなります。

HINT
SNSで共有する

Web用に保存し直した画像は、TwitterなどSNSの投稿にも適しています。SNSへの投稿は、［配信］タブから行えます（App.01参照）。

② ファイル形式と解像度を変更する

❶ここでファイル形式（P.292のKEYWORD参照）を選択して、

❷ここで画質を設定し（HINT参照）、

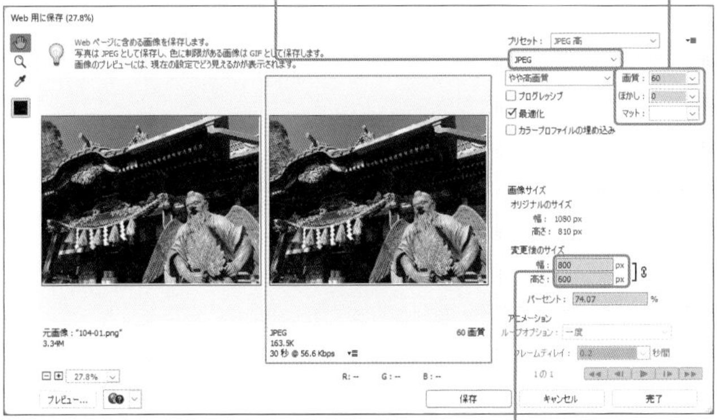

❸ここでピクセルサイズを設定すると、

❹写真の解像度が変更されます。

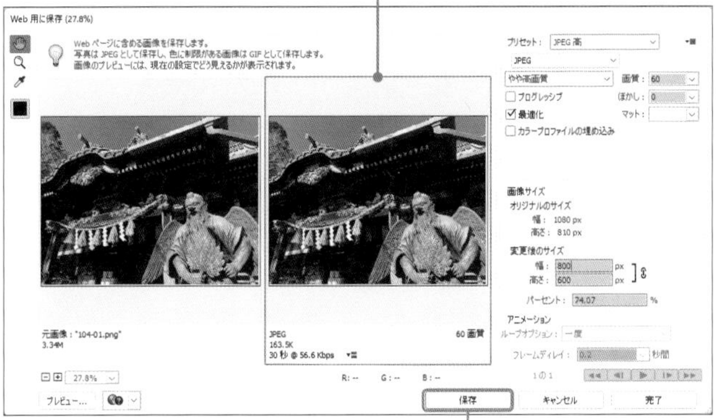

❺［保存］をクリックします。

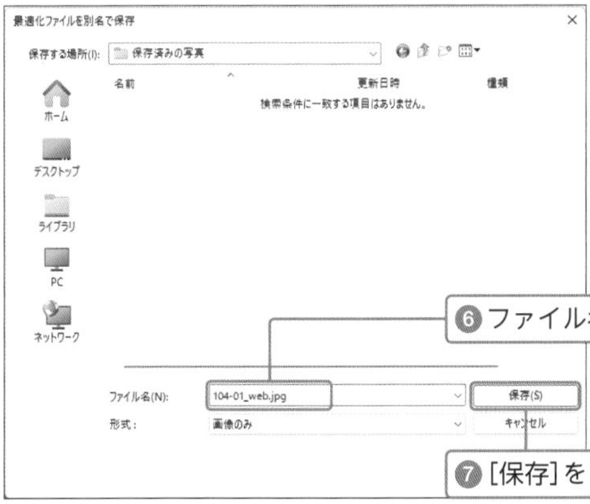

❻ファイル名を入力して、

❼［保存］をクリックします。

HINT 画質の設定

JPEG形式で保存する際の画質は、［画質］の左の一覧から選択するか、［画質］のボックスに0～100の数値を入力して指定します。数値が大きいほど画質がよくなりますが、ファイルサイズも大きくなります。

設定を変更すると、推定ファイルサイズがプレビュー画像の下に表示されます。

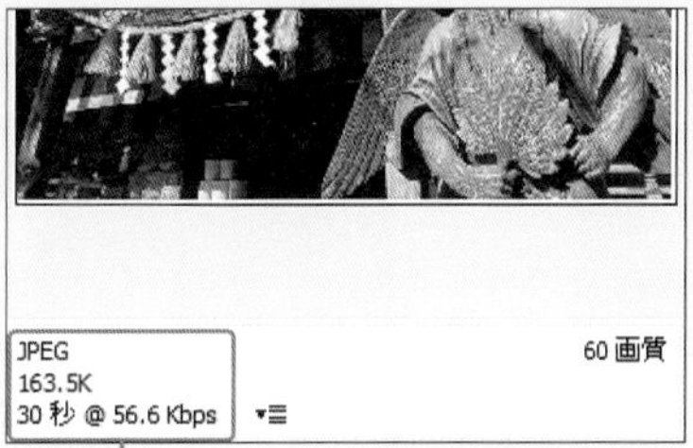

ファイルサイズと推定ダウンロード時間が表示されます。

MEMO 解像度の設定

手順❸の［変更後のサイズ］で最終出力のピクセルサイズを設定することができます。［幅］か［高さ］のどちらかを入力すると、もう一方も自動的に設定されます。なお、ここでピクセルサイズを変更しても、Elements Editorで開いている写真とは別ファイルなので、影響しません。

Section
104 フォトコラージュを作成しよう

写真を素材としてさまざまな作品を作成するフォトプロジェクト機能を利用して、カレンダーやフォトブックなどを作ってみましょう。ここでは、複数の写真を自動でレイアウトするフォトコラージュの作成を紹介します。Organizer、Editorどちらででも作成できます。

BEFORE 複数の写真を、1枚にまとめたい。

AFTER 1枚の台紙にレイアウトした。

1 フォトコラージュを作成する

❶Elements Organizerで素材として使う写真を選択します。

❷[作成]をクリックして、

❸[フォトコラージュ]を選択します。

KEYWORD フォトプロジェクト

写真を素材にさまざまな作品を作る機能を「フォトプロジェクト」と呼びます。フォトプロジェクトは、Elements OrganizerまたはEditorの[作成]をクリックすると表示されるメニューから、目的の作品を選ぶことで開始できます。
なお、Editorのガイドモードの[楽しい編集]にある[効果のコラージュ][写真のスタック]でもコラージュ風の作品を作ることができます。

❹ Editor画面に切り替わり、フォトコラージュが自動的に作成されました。

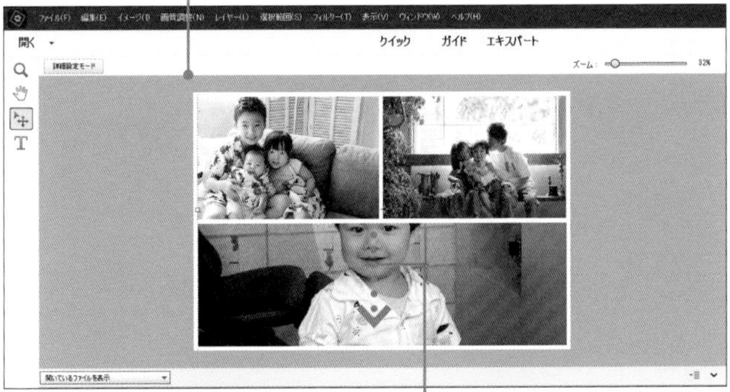

❺ 頭部が隠れているので、写真を選択してドラッグすると、

❻ 枠内で写真を移動できます。

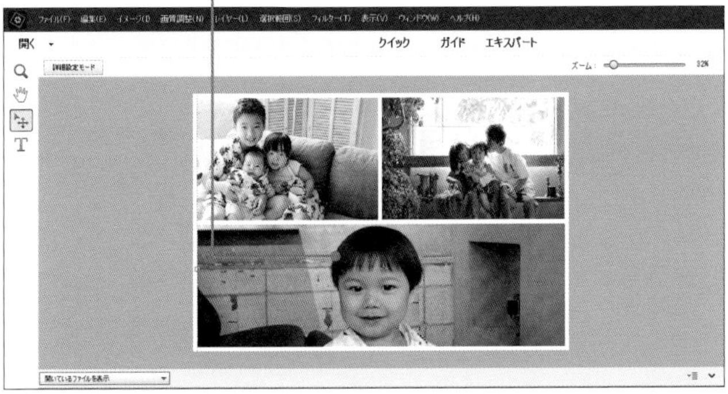

MEMO

フォトコラージュの作成

フォトコラージュは、台紙上に複数の写真をレイアウトしたものです。作成したフォトコラージュは、ポスターやフライヤー、Webページのトップ画像などに利用できます。

HINT

Editor画面で作成する

ここでは、写真を選びやすいOrganizerを利用して、作成を開始していますが、Editorから作成することもできます。この場合は、先に使用する写真を複数枚選んで開いておき、[作成]→[フォトコラージュ]の順にクリックします。

STEP UP

フォトコラージュに写真を追加する

レイアウトをしてみると、写真を追加したくなる場合があります。そのときは、[写真を追加]の[コンピューター]あるいは[整理]をクリックして写真を追加します。[コンピューター]をクリックすると、[開く]ダイアログボックスが表示されます。[整理]をクリックすると、右の[写真を追加]ダイアログボックスが表示されるので、アルバムや人物、場所などのタグを指定して、写真を絞り込むことができます。

❶ 追加したい写真を選択して、

❷ [完了]をクリックします。

❷ コラージュのレイアウトを変更する

❶変更したいレイアウトをダブルクリックすると、

❷レイアウトが変更されます。

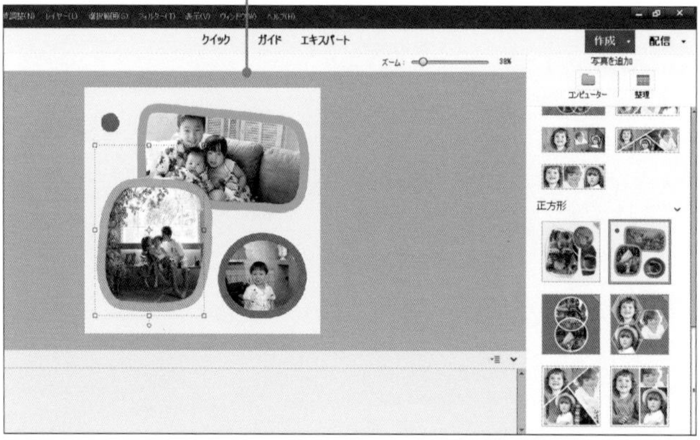

MEMO

フレーム内の写真の編集

フォトコラージュを作成すると、Elements Organizerで選択した写真がフレーム内に自動配置されます。フレームをダブルクリックすると、フレーム内の写真の周囲にバウンディングボックスが表示され、ハンドルをドラッグして拡大／縮小などができます。

HINT

写真の削除

ツールボックスの[移動ツール]をクリックし、削除したい写真を右クリックして[写真を削除]をクリックします。設定したレイアウト用に枚数が足りなくなった場合は、ほかのレイアウトに自動的に変更されます。

HINT

写真を置き換える

各フレーム内の写真は、別の写真に置き換えることができます。ツールボックスの移動ツールをクリックして、差し替えたい写真を右クリックし、[写真の置き換え]をクリックします。表示される[写真を選択]ダイアログボックスで差し替える写真を選択します。

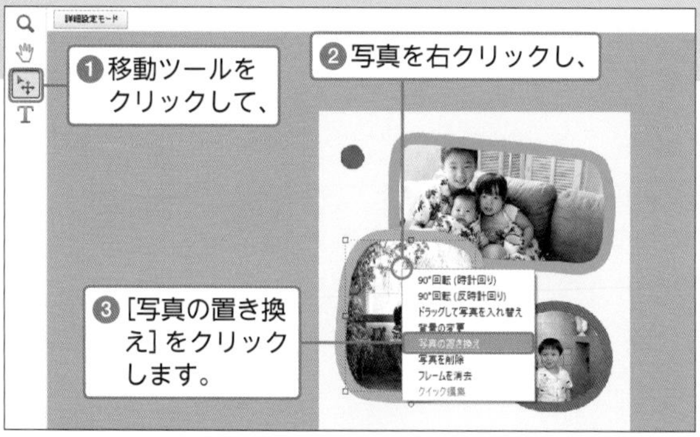

③ 背景を変更する

❶ [グラフィック] をクリックして、

❷ 背景のプレビューを ダブルクリックすると、

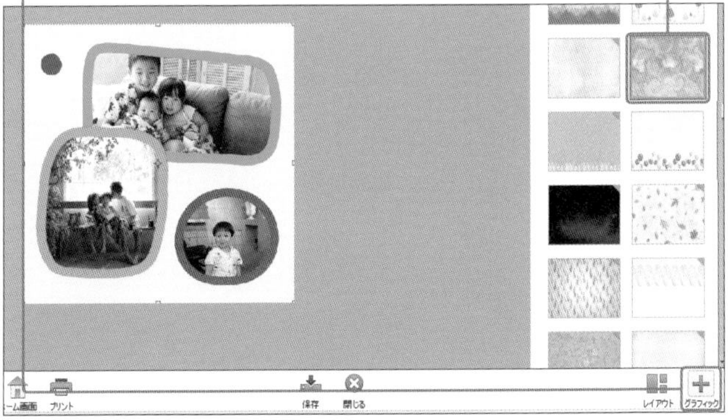

❸ 背景が 変更されます。

❹ [保存] をクリックすると、フォトコラージュが保存されます。

HINT

写真のスタック

1枚の写真からコラージュを作成する機能が、ガイドモードの［楽しい編集］の［写真のスタック］です。写真枚数や境界線、背景などを指定すると自動で作成されます。

HINT

効果のコラージュ

ガイドモードの［楽しい編集］に［効果のコラージュ］という機能もあります。1枚の写真を複数に分割できます。

STEP UP

フォトカレンダーやグリーティングカードを作る

P.294の手順❸のメニューから選択することで、写真を素材にしたカレンダーやグリーティングカードを作ることができます。基本的な作り方の流れは、フォトコラージュと同じです。

フォトカレンダー

グリーティングカード

Section

105

スライドショーを作成しよう

Elements Organizerに取り込んだ写真をもとにして、複数の写真が自動的に切り替わって表示されるスライドショーを作成してみましょう。作成したスライドショーは、ビデオファイルとして書き出すこともできます。

1 スライドショーを作成する

❶Elements Organizerで写真を選択して、

❷[スライドショー]をクリックします。

❸指定した写真(スライド)のスライドショーが開始します。

スライドショーを終了します。
保存するかどうか確認されます。

P.301参照

メディア

テーマ

オーディオ

[音量]

[停止]

MEMO

スライドショーに利用する写真の選択

選択したい写真が連続して並んでいる場合は、Shift を押しながら、範囲の最初と最後の写真をクリックするだけでまとめて選択することができます。また、Ctrl + A (macOSでは command + A) を押すと、現在表示されている写真をすべて選択することができます。

HINT

スライドショーの作成

スライドショーの作成は、写真を選択して、[作成]をクリックし、[スライドショー]をクリックしても同様です。

② スライドショーのテーマと音楽を変更する

❶スライドショーを停止して、

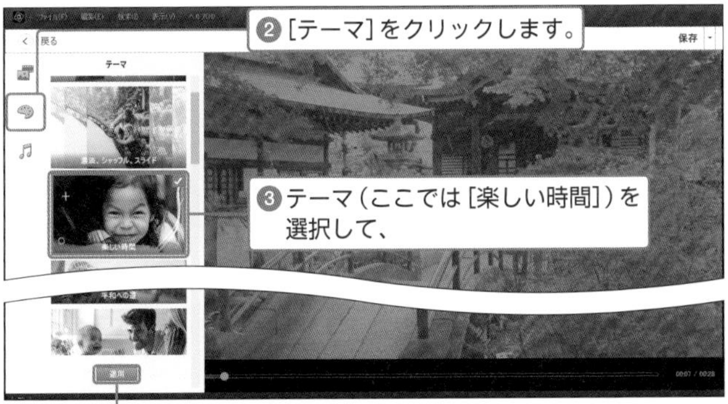
❷[テーマ]をクリックします。
❸テーマ(ここでは[楽しい時間])を選択して、

❹[適用]をクリックします。

❺テーマが変更されて、スライドショーが開始します。

❻[停止]をクリックして、再度スライドショーを停止します。

❼[オーディオ]をクリックして、

❽目的の曲を選択して[+]をクリックすると、

STEPUP参照　HINT参照

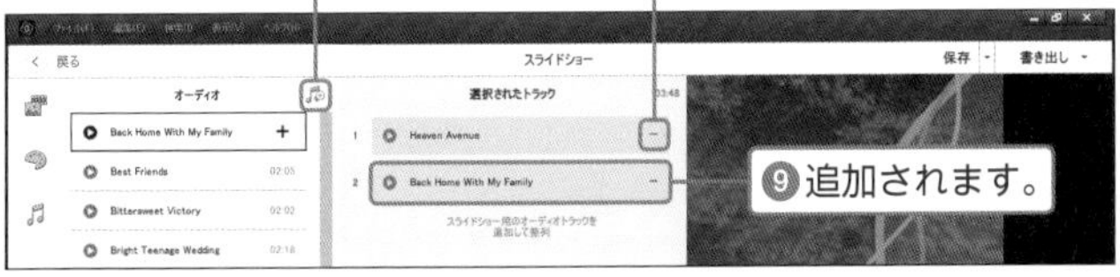
❾追加されます。

MEMO　スライドショーのテーマと音楽

スライドショーのテーマは、スライドショーの見せ方のことで、さまざまな種類が用意されています。スライドショーのイメージに合ったテーマと音楽を指定するとよいでしょう。

HINT　選曲を解除する

オーディオの[選択されたトラック]欄にある曲を解除するには、曲の[－]をクリックします。

STEP UP　オーディオの追加

用意されている曲のほかに追加したい曲がある場合は、[オーディオを追加]をクリックします。[メディアを選択]画面が表示されるので、曲を選択して、[開く]をクリックします。

3 スライドの内容を編集する

ここでは、テキストスライドを追加します。

❶[メディア]をクリックすると、スライドの一覧が表示されます。

❷目的のスライドを選択して(HINT参照)、

❸[テキストスライドを追加]をクリックします。

STEPUP参照

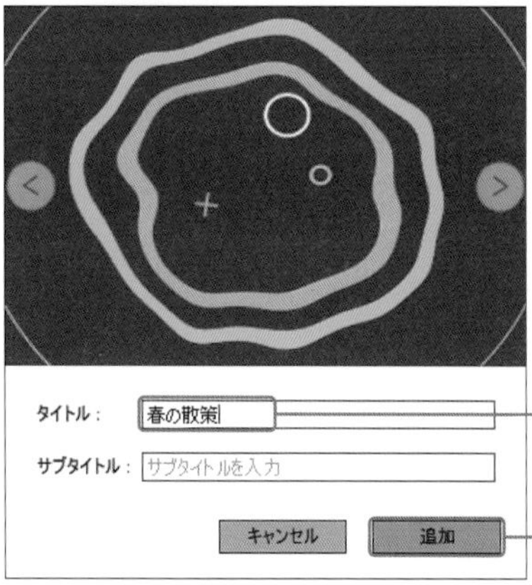

❹テキストスライド用のタイトルを入力して、

❺[追加]をクリックすると、

❻スライドが追加されます。

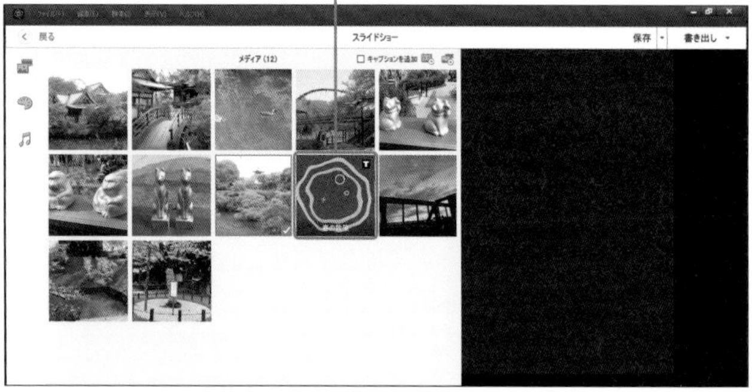

MEMO

スライドの追加

スライドを追加する場合は、追加したい位置の直前のスライドを選択します。

MEMO

スライドの削除と回転

不要なスライドがある場合は、右クリックして[削除]をクリックします。回転させたい場合も、右クリックして回転方向を選択します。

HINT

キャプションの追加

キャプションとは、写真の下などに表示する説明文のことです。[キャプションを追加]をクリックしてオンにすると、スライドの下にテキストボックスが表示されるので入力します。

STEP UP

スライド写真の追加

スライドショーに写真を追加するには、[写真とビデオを追加]をクリックして、[Organizerから写真とビデオを追加]または[フォルダーから写真とビデオを追加]をクリックして、メディアを追加できます。

4 スライドショーを保存する

❶［保存］をクリックして、

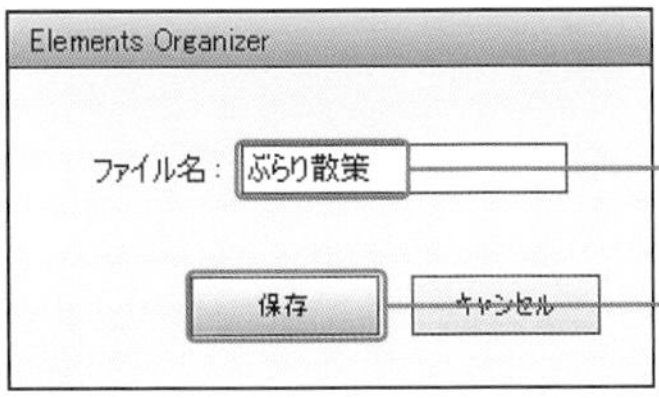

❷ファイル名を入力し、

❸［保存］をクリックします。

MEMO

スライドショーの保存

作成したスライドショーは、後で利用できるように保存しておきましょう。保存されたファイルのサムネイルには、スライドショープロジェクトを示すアイコン が表示されます。

5 スライドショーを書き出す

❶［書き出し］をクリックして、

❷［ビデオをローカルディスクに書き出し］をクリックします。

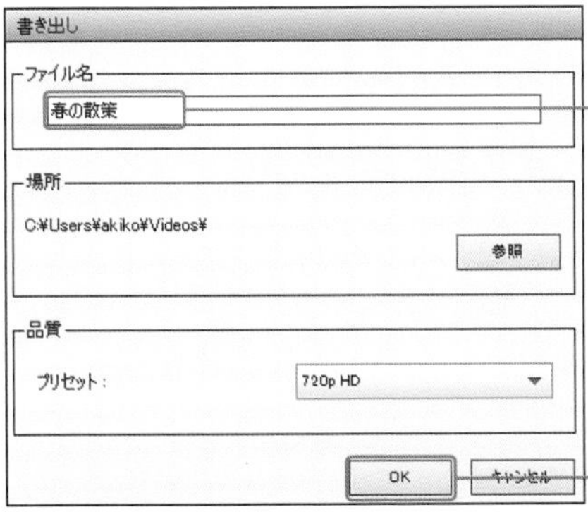

❸ファイル名を入力して、

❹［OK］をクリックすると、書き出しが開始します。

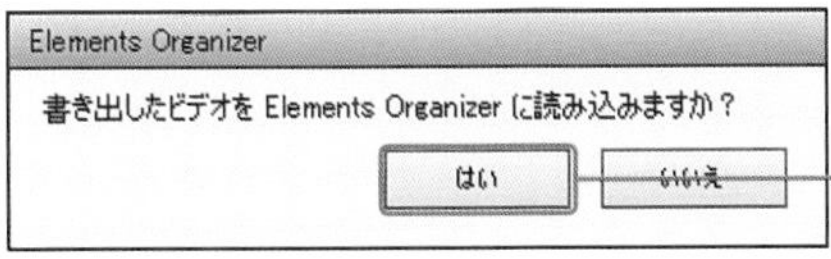

❺［はい］をクリックします。

MEMO

スライドショーの書き出し

スライドショーは、MP4形式のビデオファイルか、Facebook、YouTube、Vimeoなどの投稿画面として書き出すことができます。書き出したファイルのサムネイルには、ビデオのアイコン が表示されます。
再生するには、Elements Organizerを開き、ダブルクリックします。

Section
106
USBメモリーやDVDに写真を保存しよう

写真データを持ち運んだり、人に渡したりする手段として一般的なのはUSBメモリーなどの外部記憶装置やCD-R、DVDに保存することです。それぞれ特性があるので、用途に合わせて保存方法を選ぶとよいでしょう。

1 USBメモリーに写真を保存する

❶USBメモリーをパソコンに接続します。

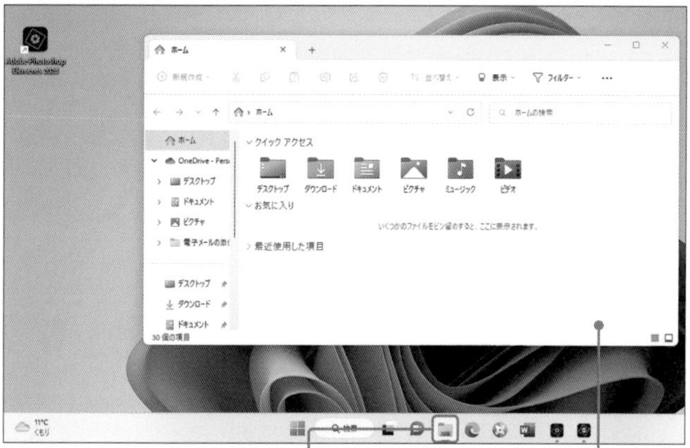

❷タスクバーの［エクスプローラー］をクリックして、

❸エクスプローラーを開きます。

❹Elements Organizerでコピーしたい写真を選択します。

❺ Ctrl + C （macOSでは command + C ）を押します。

KEY WORD

USBメモリー

USBメモリーは、手軽にファイルをコピーできるリムーバブルディスク（取り外し可能な記憶装置）です。

MEMO

複数の写真の選択

Ctrl （macOSでは command ）を押しながらクリックすると複数の写真を選択できますが、数が多いとかなりの手間になります。
選択したい写真が連続して並んでいる場合は、 Shift （macOSでは shift ）を押しながら、選択したい範囲の最初と最後の写真をクリックするだけでまとめて選択することができます。

❻エクスプローラー（macOSではFinder）でコピー先のフォルダーを開いて、

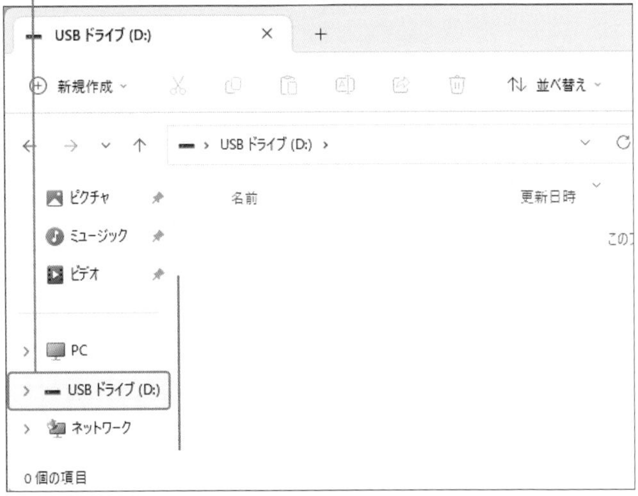

❼ Ctrl ＋ V （macOSはFinderで command ＋ V ）を押します。

❽ファイルがコピーされます。

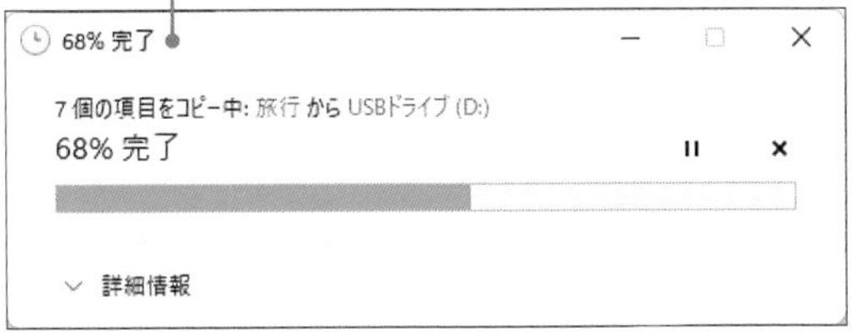

❾選択したファイルがコピーされます。

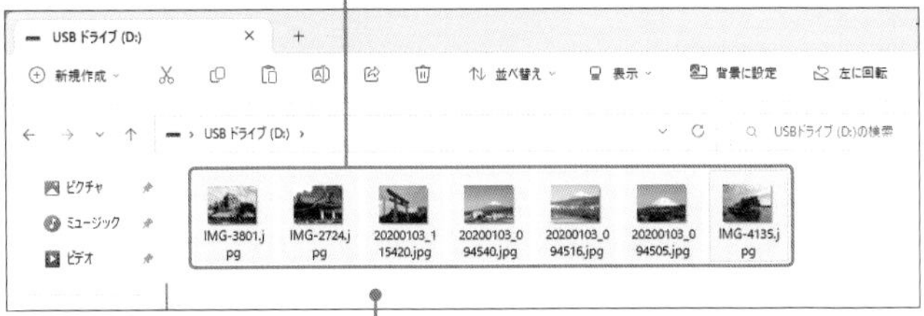

❿何もないところをクリックして、選択を解除します。

⓫［取り出す］をクリックして、USBメモリーを外します。

MEMO

フォルダーへのコピー

Elements Organizerで管理しているパソコンの中の写真を、USBメモリーのフォルダーにドラッグ＆ドロップする方法でも、ファイルをコピーすることができます。また、エクスプローラーの［貼り付け］ をクリックしてもコピーできます。

HINT

アルバムやイベントの写真をまとめてコピーする

アルバムやイベントを選択して、その中の写真を表示した状態で、 Ctrl ＋ A （macOSでは command ＋ A ）を押すと、アルバムやイベント内のすべての写真をまとめて選択することができます。後はフォルダーウィンドウにドラッグするだけです。

② DVDに写真を保存する

❶空のDVDをドライブに挿入するとメッセージが表示されるので、クリックします。

❷[ファイルをディスクに書き込む]をクリックします。

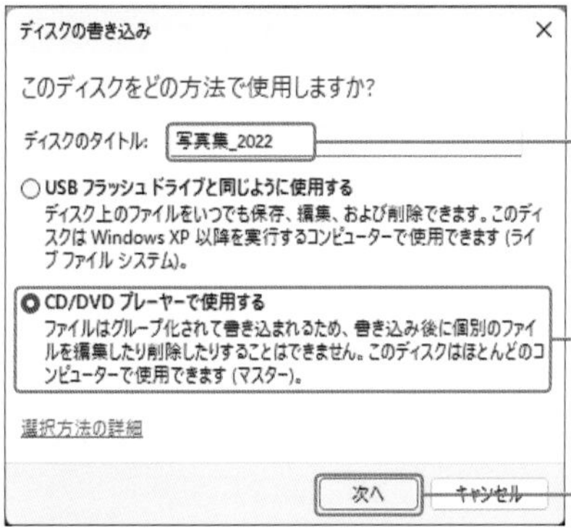

❸ディスクのタイトルを入力し、

❹[CD/DVDプレーヤーで使用する]を選択して(右下のMEMO参照)、

❺[次へ]をクリックします。

❻エクスプローラーを開いて、DVDドライブを開いておきます。

❼Elements Organizerで[フォルダー]をクリックしてフォルダーを表示し、

❽コピーしたい写真が保存されているフォルダーを右クリックし、

❾[ファイルの保存場所を表示]をクリックします。

MEMO

CDやDVDへの書き込み

CDやCD-R、CD-RW、DVD-Rなどの書き込み可能なディスクにデータを保存します。ここではDVDで解説しています。これらのディスクへ書き込む場合、ドラッグ＆ドロップで直接ファイルをコピーすることができません。Elements Organizerから保存場所のフォルダーを開き、そこからコピーします。これらのディスクはUSBメモリーに比べると少々取り扱いは面倒ですが、非常に安価な記録メディアなので、写真を人にプレゼントする用途に最適です。

HINT

ディスクのフォルダーウィンドウを開く

ディスクをドライブに挿入しても手順❶の画面が表示されない場合は、エクスプローラーを開き、[コンピューター]→[ドライブ名]の順にクリックします。

MEMO

ディスクの書き込み方式

ディスクへの書き込み方式には、「ライブファイルシステム」と「マスター」の2種類があります。ライブファイルシステムにはファイルの削除や編集ができるというメリットがありますが、古いパソコンなどで読み込めない場合があります。手順❹では「マスター」を選択しています。

⑩フォルダーが表示されるので、保存する写真を選択し、

⑪DVDドライブのフォルダーウィンドウにドラッグします（ほかの写真も同様にコピーします）。

⑫保存する写真が揃ったら、ここをクリックして、

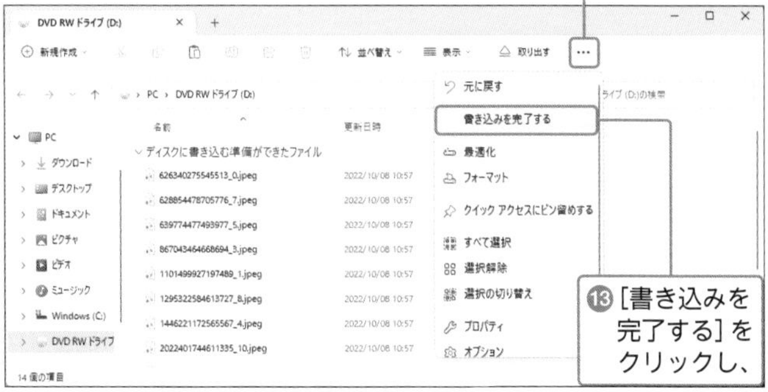

⑬［書き込みを完了する］をクリックし、

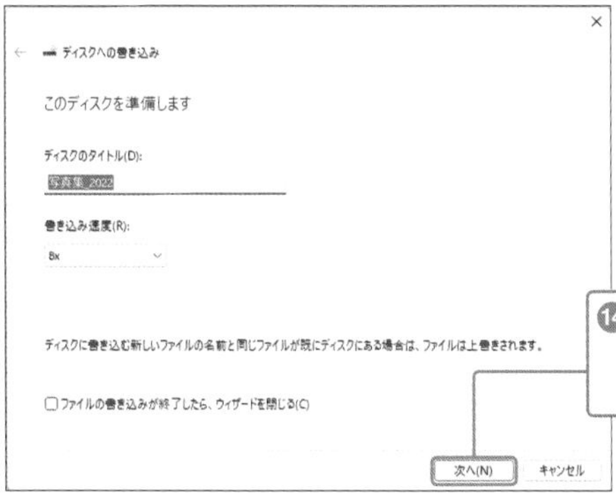

⑭［次へ］をクリックすると、書き込みが実行されます。

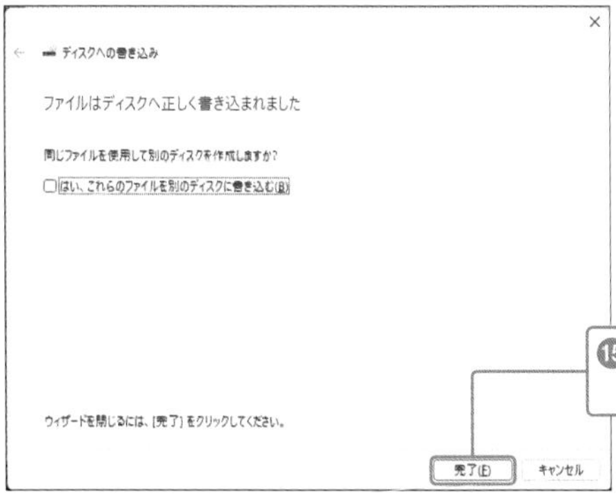

⑮［完了］をクリックします。

HINT

書き込み後のDVDに写真を追記する

マスター方式で書き込んだディスクでも、このページで説明する手順を繰り返せば、後から写真を追記することができます。ただし、同名のファイルがあった場合、古いファイルは上書きされるので、注意してください。

MEMO

macOSでのDVDへの書き込み

macOSでElements Organizerの写真をDVDに保存するには、次の手順に従います。なお、手順❼から手順❿まではWindowsと同様です。

❶Macにディスクをセットして、

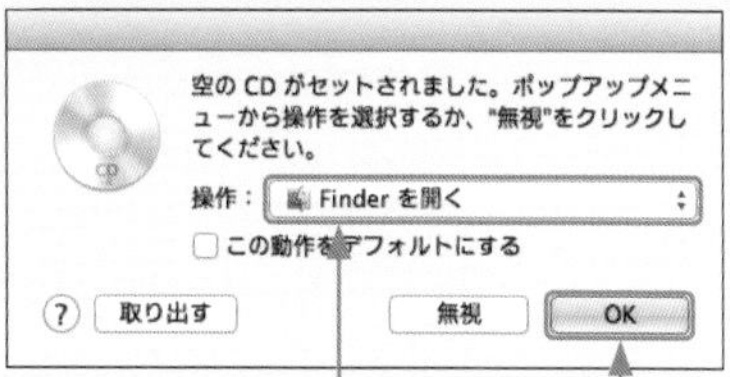

❷［Finderを開く］を選択し、

❸［OK］をクリックします。

❹ディスクのウィンドウが開きます。

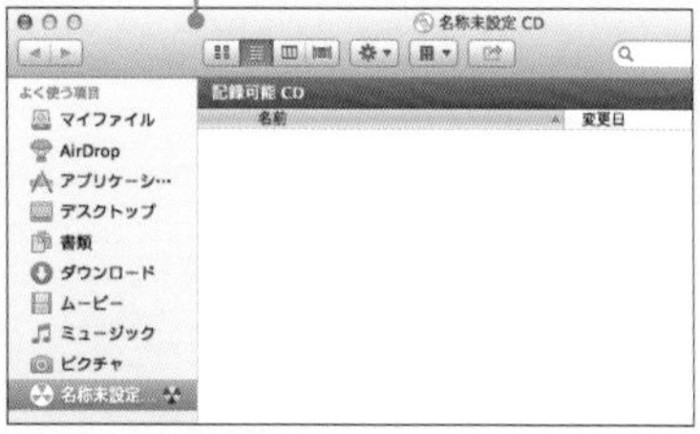

Section

107 写真のバックアップを作成しよう

Elements Organizerに取り込んだ写真は、パソコン以外のバックアップとして、書き込み可能なCD／DVD、USBメモリーや外付けハードディスクに保存しておくとよいでしょう。カタログのバックアップを利用するとかんたんです。

1 カタログのバックアップをとる

Elements Organizerを開いた状態にしておきます。また、保存先にしたいCD／DVDの挿入、USBメモリーや外付けハードディスクの接続をしておきます。なお、CD／DVDはP.304の手順❶～❻を参考に書き込みのできる状態にしておきます。

❶［ファイル］メニュー→［カタログのバックアップを作成］の順にクリックして、

❷［完全バックアップ］を選択して、

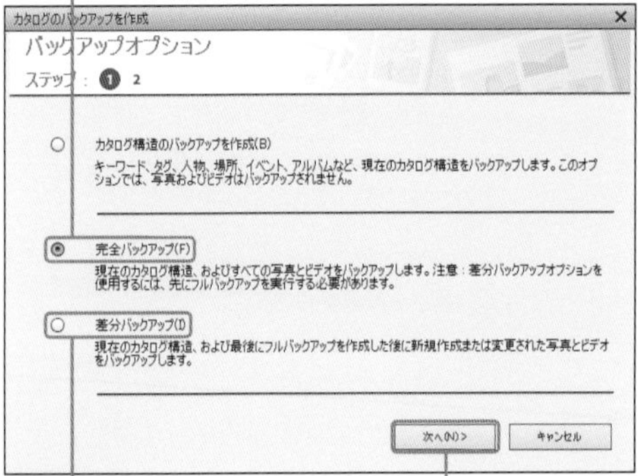

HINT参照

❸［次へ］をクリックします。

KEYWORD

カタログ

カタログとは、Elements Organizerで読み込まれた写真とそれに関する情報を管理しているファイルです。カタログのバックアップを取ることで、Photoshop Elementsをアンインストールして違うパソコンに再インストールした場合でも、同じ環境を再現できます。

MEMO

見つからないファイル

バックアップ作成前に、見つからないファイルがあった場合は、以下の画面が表示されます。［再リンク］は、見つからないファイルを確認できます。［続行］は、そのままバックアップの作成が進められます。

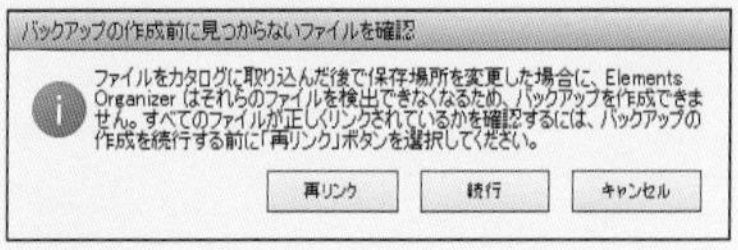

HINT

差分バックアップ

以前にバックアップをとったことがある場合は、その差分データのみがバックアップされます。

❹ [D:] を選択して(MEMO参照)、

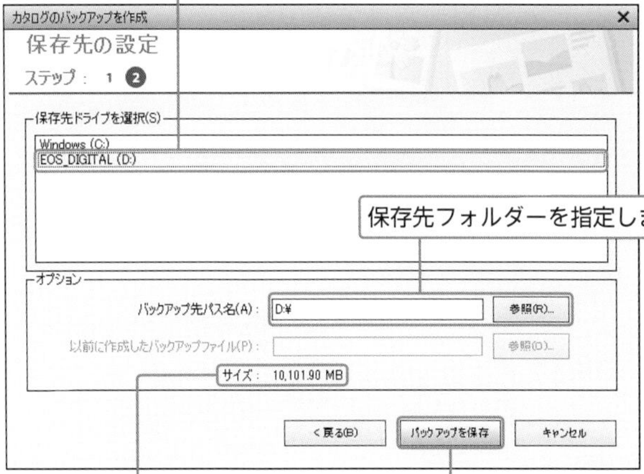

保存先フォルダーを指定します。

バックアップする写真のサイズが表示されます。

❺ [バックアップを保存] をクリックすると、

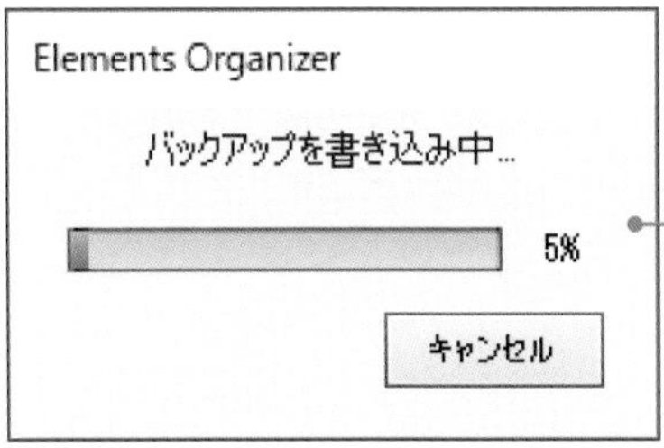

❻ 書き込みが行われます。

❼ [OK] をクリックします。

MEMO

バックアップの作成先

手順❹では、保存先ドライブにSDメモリーカードを指定していますが、CD／DVD、USBメモリーや外付けハードディスクをパソコンに接続して指定することもできます(macOSの場合は、CD／DVDには作成できません)。

STEP UP

カタログの復元

バックアップの内容をカタログに復元する場合は、Elements Organizerを起動し、[ファイル] メニュー→[カタログを復元] の順にクリックして、表示されるダイアログボックスの指示に従います。

STEP UP

カタログの新規作成

仕事用とプライベート用など目的別にカタログを分けたい場合や、複数のユーザーごとに違うカタログを使用したい場合などは、新しく専用のカタログを作成することもできます。

❶ [ファイル] メニュー→ [カタログを管理] の順にクリックして、

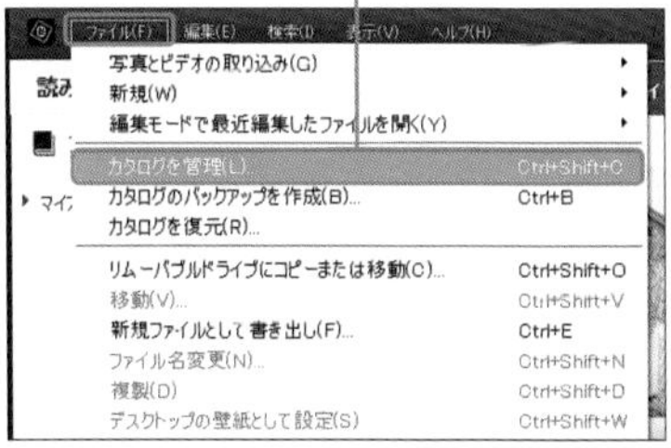

❷ カタログマネージャーで設定を行います。

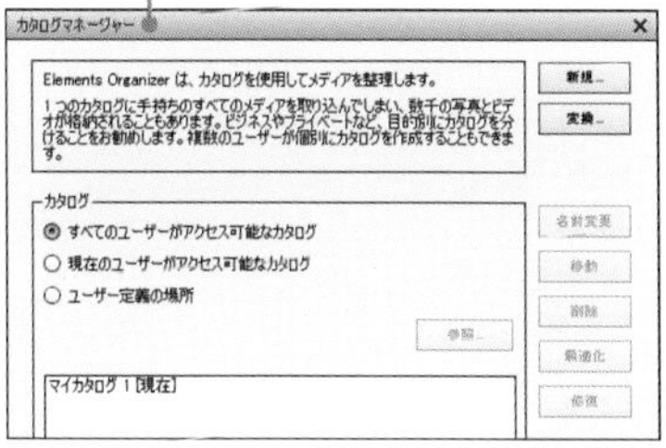

Appendix 01

写真を共有しよう

TwitterなどのSNSや電子メールを利用して、お気に入りの写真を家族や友人たちと共有することができます。SNSを利用する場合、最初にアカウントの認証が必要です。また、電子メールアドレスを登録するだけで、メールを利用できます。

1 写真と配信先を選択する

❶Elements Organizerを開き、共有する写真を選択します。

❷[配信]をクリックして、

❸利用するSNS(ここでは[Twitter])をクリックします。

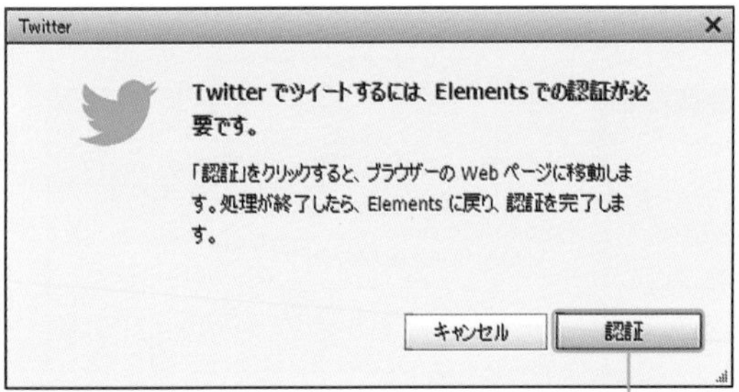

❹[認証]をクリックします。

MEMO **共有できるサイト**

Elements Organizerでは、電子メール、Flickr、Twitter、Vimeo、YouTubeなどのオプションから選択できます。

Elements Editorでは、FlickrまたはTwitterから選択できます。各サイトについては、P.309のHINTを参照してください。

共有に利用するSNSは、事前にアカウントを作成して、ログインしておきます。

MEMO **Editor画面での操作**

Elements Editorで写真を共有する場合は、[クイック]または[エキスパート]の画面右上の[配信]をクリックします。

⑤ はじめて共有操作をする場合は、認証画面が表示されます。

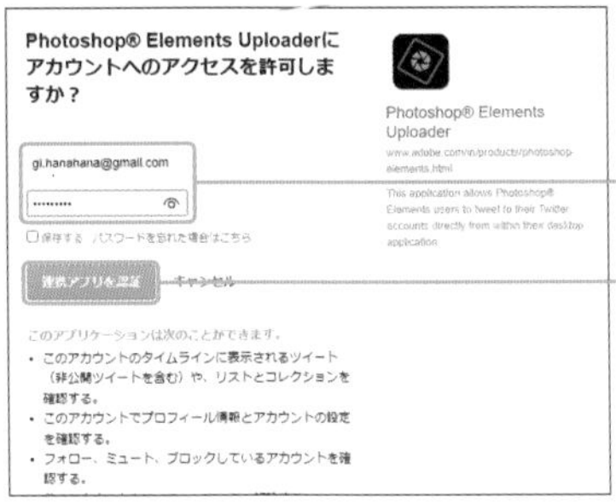

Photoshop® Elements Uploaderにアカウントへのアクセスを許可しますか？
Photoshop® Elements Uploader
gi.hanahana@gmail.com
キャンセル
このアプリケーションは次のことができます。
• このアカウントのタイムラインに表示されるツイート（非公開ツイートを含む）や、リストとコレクションを確認する。
• このアカウントでプロフィール情報とアカウントの設定を確認する。
• フォロー、ミュート、ブロックしているアカウントを確認する。

⑥ ユーザー名とパスワードを入力して、

⑦ [連携アプリを認証] をクリックします。

⑧ [アプリを認証する] をクリックします。

Photoshop®エレメントアップローダーがあなたのアカウントにアクセスすることを承認しますか?
フォトショップ®要素アップローダー
キャンセル
このアプリケーションは、次のことができるようになります。
• タイムラインのツイート(保護されたツイートを含む)と、リストやコレクションを表示します。
• Twitterのプロフィール情報とアカウント設定を確認します。
• フォロー、ミュート、ブロックしたアカウントを確認できます。
• アカウントをフォローしたり、フォローを解除したりします。
• プロフィールとアカウント設定を更新します。

Twitter
twitter.com での Elements の承認が完了すると、このウィンドウに戻ります。
ブラウザーで Elements の承認が完了したら、「完了」をクリックして、ツイートを始めます。
キャンセル
完了

⑨ [完了] をクリックすると、

⑩ Twitter画面が表示されるので、コメントを入力します。

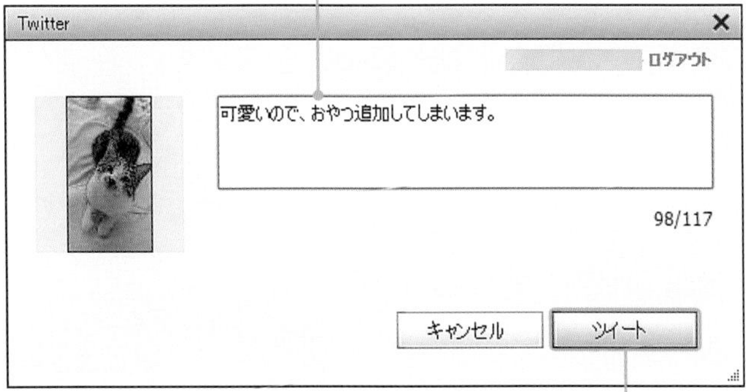

Twitter
ログアウト
可愛いので、おやつ追加してしまいます。
98/117
キャンセル
ツイート

⑪ [ツイート] をクリックして配信します。

MEMO

アカウント認証

Photoshop Elementsではじめて共有する場合は、Photoshop ElementsでSNSのアカウントにアクセスするための認証が必要です。

HINT

各サービスの種類

写真を共有できるサービスには、以下のようなものがあります。

- **Flickr**
  オンラインの 写真共有サービスです。Flickrサーバーに写真を保存して、共有ができます。
- **Twitter**
  140文字以内の文章を投稿する無料のウェブサービスです。日常の出来事をすばやく、広く発信できます。
- **Vimeo**
  クリエイター向けの動画共有サイトで、自身で制作した動画のみアップロードできます。クオリティの高いオリジナルの動画を見ることができます。
- **YouTube**
  オンライン 動画共有サイトです。撮影した動画をアップロードして、世界中の人に見てもらうことができます。

② 電子メールで共有する

❶ P.308の手順❶～❸の操作をします。

❷ [電子メール] をクリックすると、

❸ [環境設定] 画面が表示されます。

❹ [新規] をクリックして、

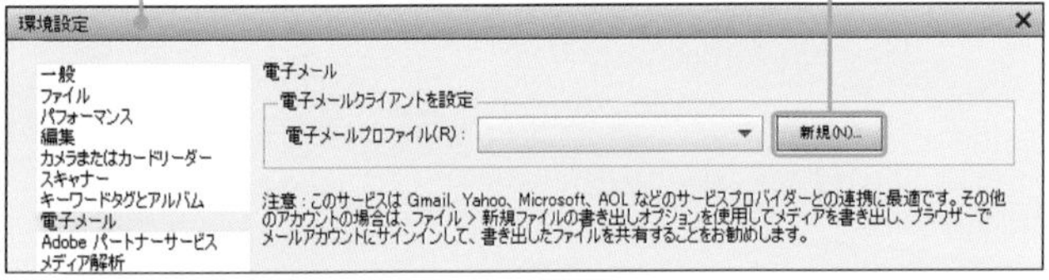

❺ プロファイル名（表示名）を入力して、

❻ メールプロバイダー（ここでは「Gmail」）を指定します。

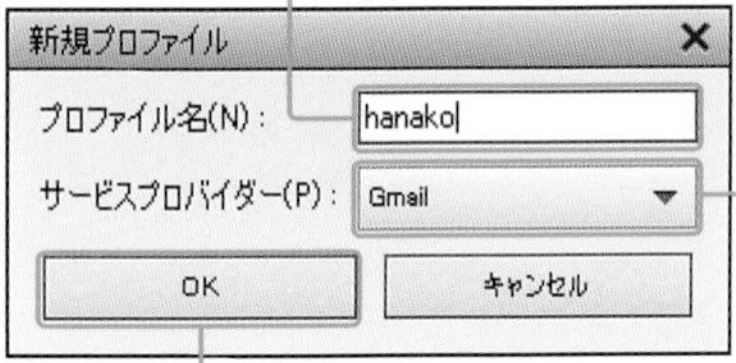

❼ [OK] をクリックします。

❽ メールアドレスやパスワードを入力して、

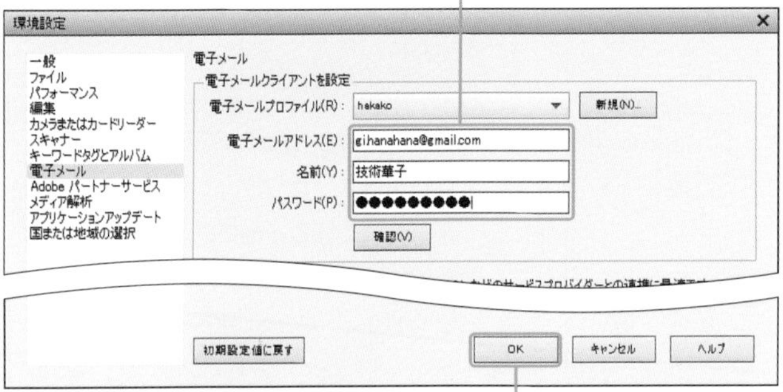

❾ [OK] をクリックします（右下のMEMO参照）。

MEMO

電子メールを利用する

電子メールは、Gmail、Yahoo、Microsoftなどのアカウントを利用するのが最適です。そのほかのプロバイダーの場合は、手順❼で [その他] をクリックして、サーバーやポート番号を指定します（下のHINT参照）。電子メールを設定すると、次回以降プロファイル設定画面は表示されません。

HINT

ブラウザーのメール

手順❼でメールアプリ以外（その他）を利用する場合は、この手順操作ではなく、[ファイル] メニューの [新規ファイルとして書き出し] をクリックして、書き出したファイルをブラウザーのメールで送信して共有する方法が推奨されています。

STEP UP

電子メールの設定を変更する

電子メールを新規に設定したい場合は、[編集] メニュー→ [環境設定] → [電子メール] の順にクリックします。手順❸の画面が表示されるので、設定を変更するか、[新規] で新規に作成します。

MEMO

メールアドレスの確認

メールアドレスやパスワードが誤っているとメールを送信できません。念のため、[確認] をクリックして、確認しておくとよいでしょう。

⑩ファイルが添付されたメール画面が表示されます。

⑪[次へ] をクリックします。

⑫[アドレス帳] をクリックして、

⑬アドレス帳を開き、宛先をクリックして(HINT参照)、

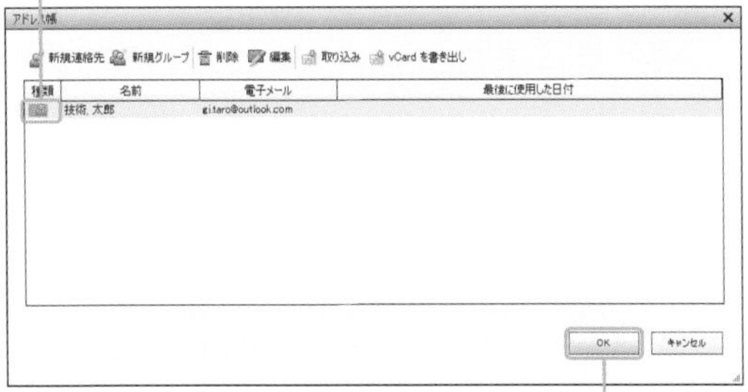

⑭[OK] をクリックします。

⑮メッセージを入力して、

⑯[次へ] をクリックして、送信します。

HINT

宛先の指定

電子メールでの宛先は、アドレス帳の登録者を指定します。登録していない場合は、アドレス帳画面の [新規登録] をクリックして、新たに宛先を登録することができます。

HINT

Gmailでの不具合

Gmailで電子メール機能を設定する際に、GmailとOrganizerで指定したユーザー名とパスワードの組み合わせが同じ設定の場合、アカウントの認証に失敗する可能性があります。Gmailアカウントで2段階認証を有効にして、アプリ固有のパスワードを生成し、このパスワードを利用してログインすると解消されます。

Appendix 02

Photoshop Elements 体験版のインストール

Photoshop Elementsを購入する前に、体験版を利用することができます。お使いのパソコンでの動作を確認したり、各機能を試したりできるので安心です。体験版は基本的に30日間無償で使用できます。ここでは、アカウントの取得方法も解説します。

1 ダウンロード・インストールする

① 下のURLをWebブラウザーのアドレスバーに入力して、ダウンロード専用のWebサイトを表示します。

② [すべての無料体験を見る] をクリックして、

③ [Photoshop Elements] をクリックします。

HINT

macOS版の体験版のインストール

macOSの場合も、ダウンロードアシスタントをインストールする手順はWindowsとほぼ同じです。手順⑫の後、[ダウンロード] フォルダーにインストールされるダウンロードアシスタントをダブルクリックし、[Adobe Photoshop Elements 2023] → [install] の順にダブルクリックして画面指示に従います。

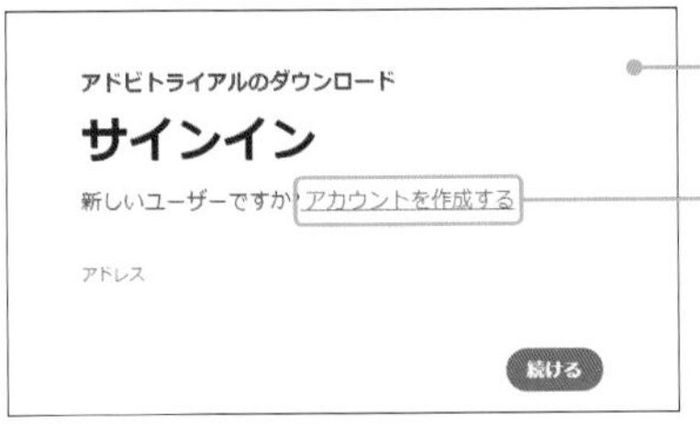

4 サインイン画面が表示されます。

5 ［アカウントを作成する］をクリックします（MEMO参照）。

6 メールアドレスとパスワードを入力して、

7 ［続ける］をクリックします。

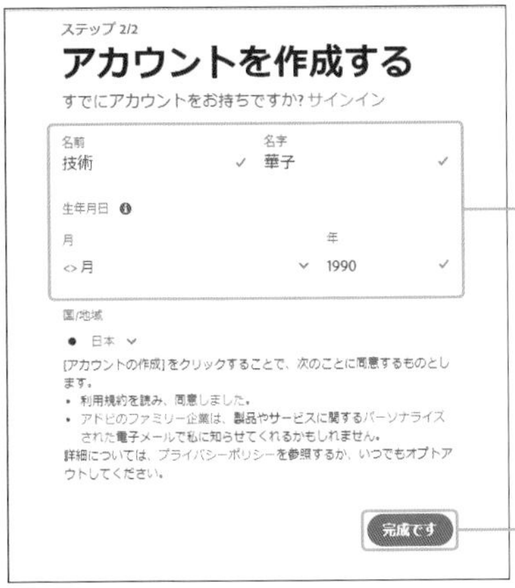

8 氏名と生年月日を入力して、

9 ［完成です］をクリックします。

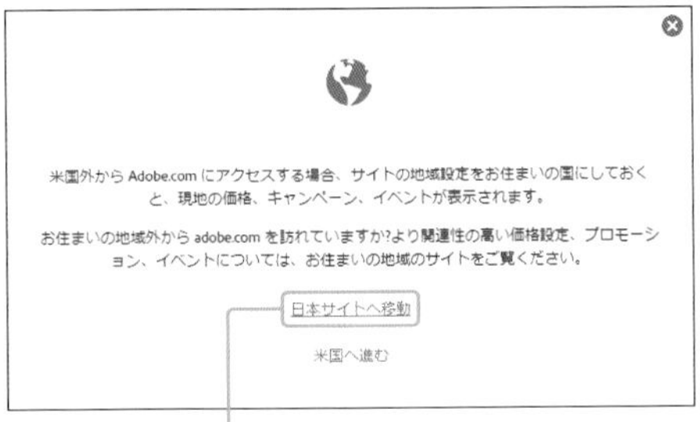

10 この画面が表示されたら、ここをクリックします。

KEY WORD

Adobe ID（アドビアカウント）

Adobe ID（アドビアカウント）は、アドビ製品のユーザー登録をしたり、各種サービスを利用するために必要なメールアドレスとパスワードの組み合わせです。

MEMO

アカウントを持っている場合

すでにアカウント（Adobe ID）を持っている場合は、ここで作成する必要はありません。メールアドレスまたはサインイン方法を指定してダウンロード画面に進みます。

⑪ダウンロード画面が表示されます。

⑫ここをクリックして、

⑬[Windows 64bit | Japanese | 9.55MB]をクリックします。

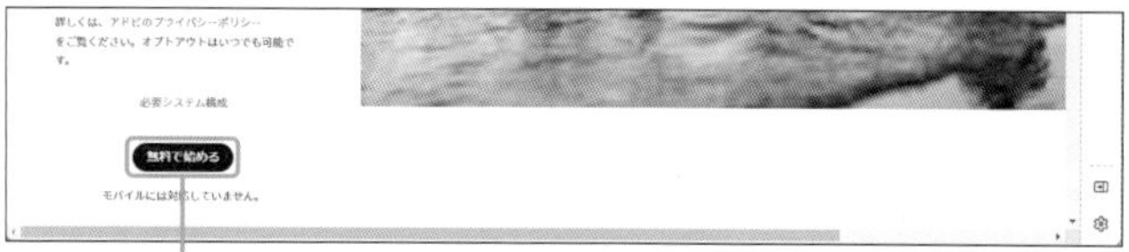

⑭[無料で始める]をクリックすると、

⑮体験版がダウンロードされます。

⑯[ファイルを開く]をクリックします。

⑰インストーラー画面が表示されます。

⑱言語と場所を確認して、

⑲[続行]をクリックすると、

MEMO

macOSの場合

macOSの場合は手順⑬で[Mac | Japanese | 9.89MB]を選択します。

MEMO

利用許諾の確認

手順⑭では、利用条件やプライバシーポリシーの内容を確認できます。

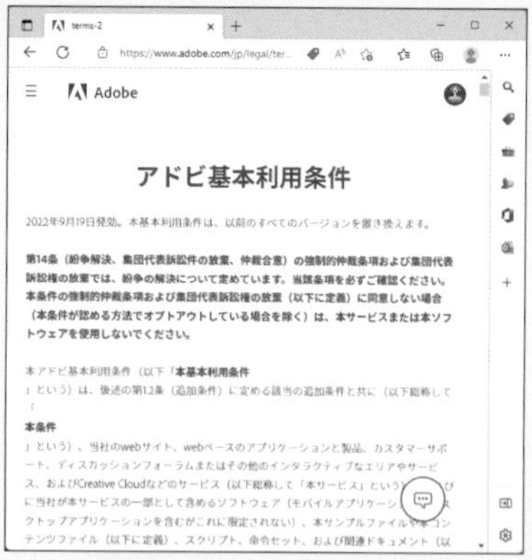

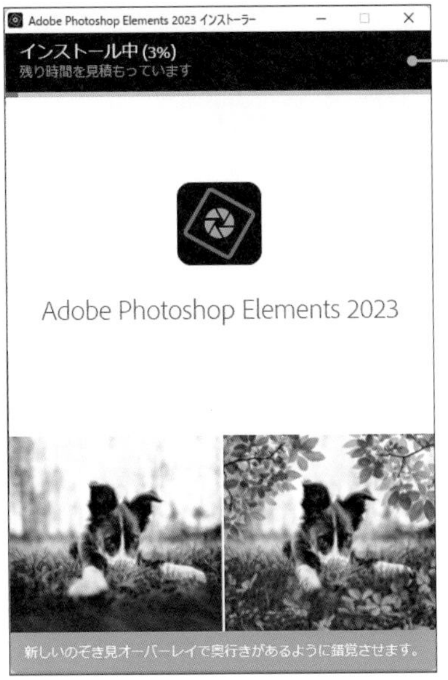

⑳インストールが開始します。

㉑インストールが完了すると、ホーム画面が表示されます。

MEMO参照

㉒いずれかをクリックします。

㉓はじめて利用する場合は、使用許諾契約画面が表示されるので、

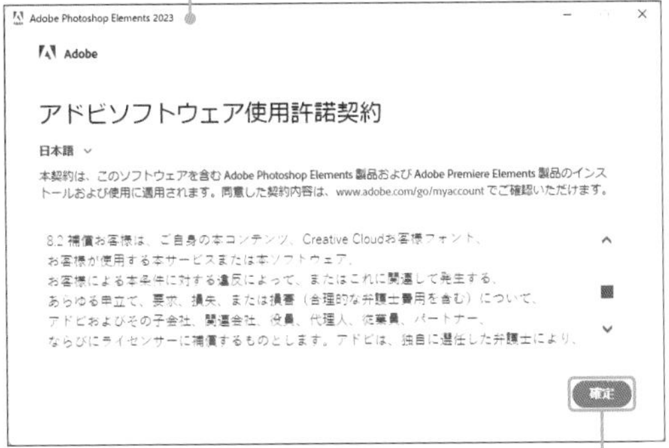

㉔内容を確認して、[確定] をクリックします。

HINT

製品版を購入する

体験版を使用期限後も継続して使用するには、製品のシリアル番号を使ってライセンス認証をします。ライセンス認証をすることで、使用期限の制限が解除された製品版になります。
シリアル番号は、家電量販店などでパッケージ版を購入する方法（P.024参照）のほかに、Photoshop Elementsの公式サイトからも購入できます。メールなどで送付されたシリアル番号を、Photoshop Elementsの起動時に表示される下図の画面から入力すると、ライセンス認証が完了します。

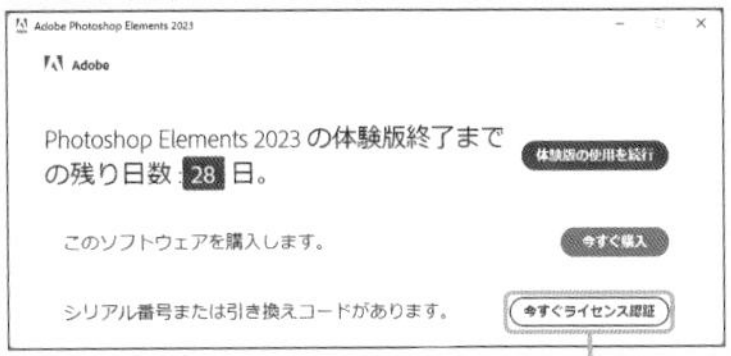

[今すぐライセンス認証する] をクリックして手順を進めます（P.031参照）。

MEMO

新機能の確認

インストール直後のホーム画面では、以前利用していたPhotoshop Elementsのバージョンを指定すると、それ以降の新機能を確認することができます。
[Photoshop Elements] の [バージョンを選択] をクリックして、利用していたバージョンをクリックします。

Appendix
03

Photoshop Elementsの アンインストール

Photoshop Elementsが不要になった場合や、ほかのパソコンにインストールして使いたい場合は、Photoshop Elementsをアンインストールして、パソコンから削除しましょう。最初に、サインアウトしておくと、ほかのパソコンに再インストールができます。

1 Windows版をアンインストールする

❶Elements Editorを起動して、[ヘルプ] メニュー→[サインアウト] の順にクリックします。

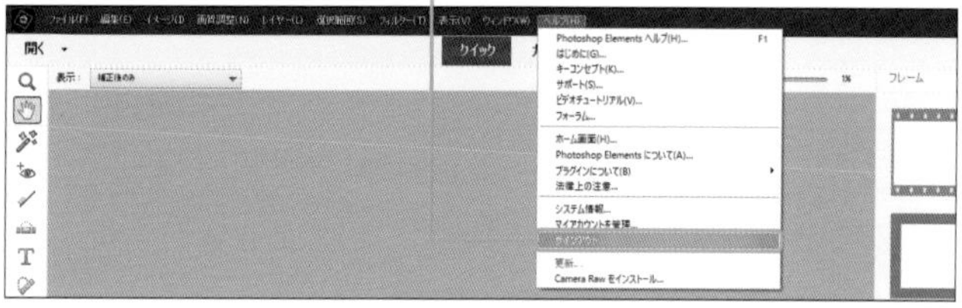

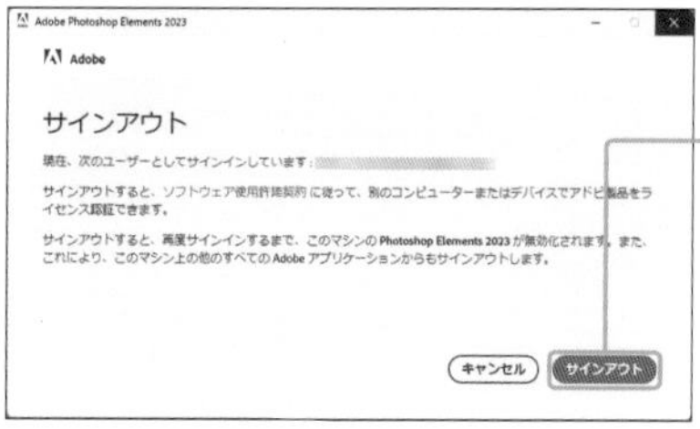

❷[サインアウト] をクリックします。

❸Photoshop Elementsを終了します。

❹[設定] 画面を開いて (HINT参照)、

❺[アプリ] をクリックし、

❻[インストールされているアプリ] をクリックします。

MEMO

アンインストール前にサインアウトが必要

Photoshop Elementsをアンインストールする前に、必ず [ヘルプ] メニューからサインアウトしてください。サインアウトするとPhotoshop Elementsのライセンスが解除され、ほかのパソコンに再インストールできるようになります。なお、サインアウトする際はインターネットに接続している必要があります。

HINT

[設定] 画面の表示

タスクバーの [スタート] をクリックして、スタートメニューを表示し、[設定] をクリックすると [設定] 画面が表示されます。

❼ [Adobe Photoshop Elements 2023]の右のここをクリックして、

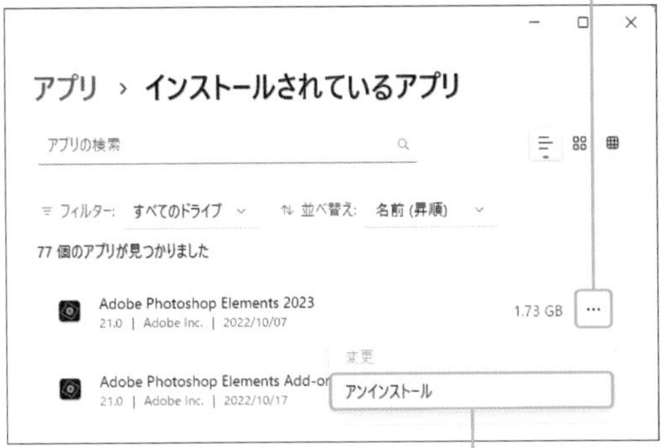

❽ [アンインストール]をクリックし、

❾ [アンインストール]をクリックします。

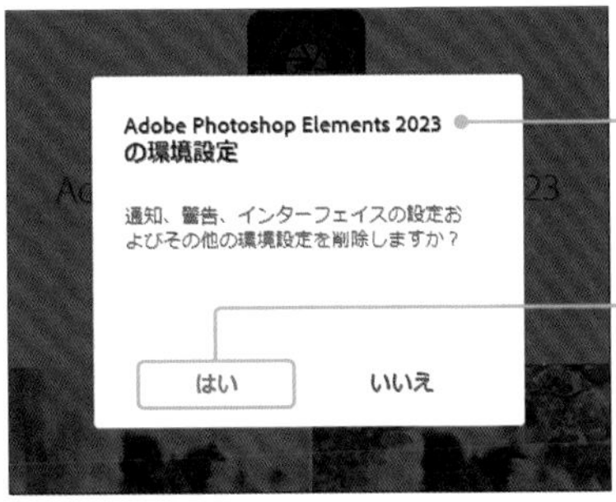

❿ 確認画面が表示されるので、

⓫ [はい] をクリックします。

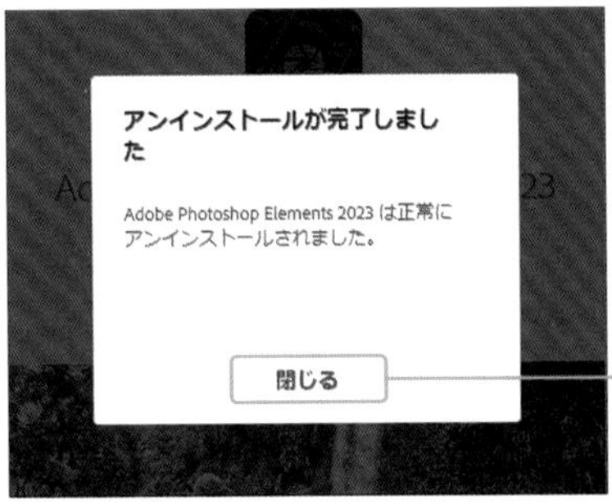

⓬ アンインストールが完了したら、[閉じる] をクリックします。

HINT

環境設定を削除する

手順❿の画面で [はい] をクリックすると、Photoshop Elementsの使用中に記憶された設定情報がまとめて削除されます。[いいえ] をクリックした場合は環境設定が残るため、同じパソコンにPhotoshop Elementsを再インストールしたときに、前と同じ設定を引き継ぐことができます。

MEMO

macOS版をアンインストールする

アンインストールする手順は、Windows版とほぼ同じです。P.316の手順❹以降は、[Launchpad]をクリックして、[Adobe Photoshop Elements 2023をアンインストール] をクリックします。管理者パスワードを入力して、[OK] をクリックすると、手順❿の確認画面が表示されるので、同様に操作します。

索引

た行

な行

は行

ま行

や行

ら行

わ行

お問い合わせについて

本書に関するご質問については、本書に記載されている内容に関するもののみとさせていただきます。本書の内容と関係のないご質問につきましては、一切お答えできませんので、あらかじめご了承ください。また、電話でのご質問は受け付けておりませんので、必ずFAXか書面にて下記までお送りください。
なお、ご質問の際には、必ず以下の項目を明記していただきますようお願いいたします。

1 お名前
2 返信先の住所またはFAX番号
3 書名（今すぐ使えるかんたん　Photoshop Elements やさしい入門［2023/2022/2021対応版］）
4 本書の該当ページ
5 ご使用のOSとソフトウェアのバージョン
6 ご質問内容

なお、お送りいただいたご質問には、できる限り迅速にお答えできるよう努力いたしておりますが、場合によってはお答えするまでに時間がかかることがあります。また、回答の期日をご指定なさっても、ご希望にお応えできるとは限りません。あらかじめご了承くださいますよう、お願いいたします。

問い合わせ先

〒162-0846
東京都新宿区市谷左内町21-13
株式会社技術評論社　書籍編集部
「今すぐ使えるかんたん　Photoshop Elements
やさしい入門［2023/2022/2021対応版］」質問係
FAX番号　03-3513-6167

https://book.gihyo.jp/116

■お問い合わせの例

FAX

1 お名前
技術　太郎

2 返信先の住所またはFAX番号
03-XXXX-XXXX

3 書名
今すぐ使えるかんたん
Photoshop Elements
やさしい入門［2023/2022
/2021対応版］

4 本書の該当ページ
124ページ

5 ご使用のOSとソフトウェアのバージョン
Windows 11 Home
Adobe Photoshop Elements
2023

6 ご質問内容
［効果］パネルが表示されない

※ご質問の際に記載いただきました個人情報は、回答後速やかに破棄させていただきます。

今《いま》すぐ使《つか》えるかんたん
Photoshop《フォトショップ》 Elements《エレメンツ》
やさしい入《にゅう》門《もん》［2023/2022/2021対《たい》応《おう》版《ばん》］

2023年2月2日　初版　第1刷発行

著　者●AYURA《アユラ》
発行者●片岡 巌
発行所●株式会社 技術評論社
東京都新宿区市谷左内町21-13
電話　03-3513-6150　販売促進部
03-3513-6160　書籍編集部
カバーデザイン●田邊恵里香
カバーイラスト●山内庸資
本文デザイン●リブロワークス・デザイン室
編集／DTP●AYURA
担当●青木 宏治
製本／印刷●大日本印刷株式会社

定価はカバーに表示してあります。

ISBN978-4-297-13257-6 C3055
Printed in Japan